U0291335

住房和城乡建设部"十四五"规划教材
高等学校土木工程专业应用型人才培养系列教材
"十三五"江苏省高等学校重点教材（编号：2020-1-047）

建筑结构设计软件 （PKPM）应用

（第二版）

厉见芬　周军文　主　编

李青松　副主编

王　燕　主　审

中国建筑工业出版社

图书在版编目（CIP）数据

建筑结构设计软件（PKPM）应用/厉见芬，周军文主编；李青松副主编. —2 版. —北京：中国建筑工业出版社，2021.10（2024.2重印）

住房和城乡建设部"十四五"规划教材　高等学校土木工程专业应用型人才培养系列教材　"十三五"江苏省高等学校重点教材

ISBN 978-7-112-26659-3

Ⅰ.①建… Ⅱ.①厉… ②周… ③李… Ⅲ.①建筑结构-计算机辅助设计-应用软件-高等学校-教材　Ⅳ.①TU311.41

中国版本图书馆 CIP 数据核字（2021）第 196816 号

本教材结合土建行业最新规范、规程、标准、图集等修订而成，讲解 PKPM 结构设计系列软件（最新版本）的工程应用，共分 8 章，内容包括：软件简介、钢筋混凝土框剪结构的 PMCAD 建模过程和 SATWE 分析计算以及梁板柱墙的施工图绘制、钢筋混凝土排架厂房设计、STS 门式刚架轻钢厂房设计和钢框架结构设计、JCCAD 基础设计与施工图绘制等，相应章节后面还附有对应视频。书末附所引用工程实例的施工图。各章还列出了学习要点、目标以及小结，便于对重点内容的掌握。

本教材可作为高等学校土木工程专业应用型人才培养教学用书，还可供工程设计人员以及软件初学者学习参考。

为了更好地支持教学，我社向采用本书作为教材的教师提供课件，有需要者可与出版社联系，索取方式如下：建工书院 http://edu.cabplink.com，邮箱 jckj@cabp.com.cn，电话（010）58337285。

* * *

责任编辑：仕　帅　吉万旺　王　跃
责任校对：张　颖

住房和城乡建设部"十四五"规划教材
高等学校土木工程专业应用型人才培养系列教材
"十三五"江苏省高等学校重点教材（编号：2020-1-047）
建筑结构设计软件（PKPM）应用
（第二版）

厉见芬　周军文　主　编
李青松　副主编
王　燕　主　审

*

中国建筑工业出版社出版、发行（北京海淀三里河路9号）
各地新华书店、建筑书店经销
霸州市顺浩图文科技发展有限公司制版
廊坊市海涛印刷有限公司印刷

*

开本：787 毫米×1092 毫米　1/16　印张：22　字数：543 千字
2021 年 12 月第二版　　2024 年 2 月第三次印刷
定价：58.00 元（赠教师课件及配套数字资源）
ISBN 978-7-112-26659-3
（38007）

出 版 说 明

党和国家高度重视教材建设。2016 年，中办国办印发了《关于加强和改进新形势下大中小学教材建设的意见》，提出要健全国家教材制度。2019 年 12 月，教育部牵头制定了《普通高等学校教材管理办法》和《职业院校教材管理办法》，旨在全面加强党的领导，切实提高教材建设的科学化水平，打造精品教材。住房和城乡建设部历来重视土建类学科专业教材建设，从"九五"开始组织部级规划教材立项工作，经过近 30 年的不断建设，规划教材提升了住房和城乡建设行业教材质量和认可度，出版了一系列精品教材，有效促进了行业部门引导专业教育，推动了行业高质量发展。

为进一步加强高等教育、职业教育住房和城乡建设领域学科专业教材建设工作，提高住房和城乡建设行业人才培养质量，2020 年 12 月，住房和城乡建设部办公厅印发《关于申报高等教育职业教育住房和城乡建设领域学科专业"十四五"规划教材的通知》（建办人函〔2020〕656 号），开展了住房和城乡建设部"十四五"规划教材选题的申报工作。经过专家评审和部人事司审核，512 项选题列入住房和城乡建设领域学科专业"十四五"规划教材（简称规划教材）。2021 年 9 月，住房和城乡建设部印发了《高等教育职业教育住房和城乡建设领域学科专业"十四五"规划教材选题的通知》（建人函〔2021〕36 号）。为做好"十四五"规划教材的编写、审核、出版等工作，《通知》要求：（1）规划教材的编著者应依据《住房和城乡建设领域学科专业"十四五"规划教材申请书》（简称《申请书》）中的立项目标、申报依据、工作安排及进度，按时编写出高质量的教材；（2）规划教材编著者所在单位应履行《申请书》中的学校保证计划实施的主要条件，支持编著者按计划完成书稿编写工作；（3）高等学校土建类专业课程教材与教学资源专家委员会、全国住房和城乡建设职业教育教学指导委员会、住房和城乡建设部中等职业教育专业指导委员会应做好规划教材的指导、协调和审稿等工作，保证编写质量；（4）规划教材出版单位应积极配合，做好编辑、出版、发行等工作；（5）规划教材封面和书脊应标注"住房和城乡建设部'十四五'规划教材"字样和统一标识；（6）规划教材应在"十四五"期间完成出版，逾期不能完成的，不再作为《住房和城乡建设领域学科专业"十四五"规划教材》。

住房和城乡建设领域学科专业"十四五"规划教材的特点：一是重点以修订教育部、住房和城乡建设部"十二五""十三五"规划教材为主；二是严格按照专业标准规范要求编写，体现新发展理念；三是系列教材具有明显特点，满足不同层次和类型的学校专业教学要求；四是配备了数字资源，适应现代化教学的要求。规划教材的出版凝聚了作者、主审及编辑的心血，得到了有关院校、出版单位的大力支持，教材建设管理过程有严格保障。希望广大院校及各专业师生在选用、使用过程中，对规划教材的编写、出版质量进行反馈，以促进规划教材建设质量不断提高。

住房和城乡建设部"十四五"规划教材办公室

2021 年 11 月

第二版前言

本教材第一版出版发行已有 5 年多，承蒙读者厚爱，使用情况良好。随着我国土木工程技术的快速发展，多本规范、标准已出新版，PKPM 软件也由 3.0 版升级到了 5.0 版，本教材第一版中有些内容已不能适应教学要求，本次修订在保留第一版特色与优势的基础上，依据现行最新规范、标准、图集和 PKPM5.0 最新版本更新修订教材的原有内容，并将原有教材中的 4 个工程案例升级优化，更具有综合性、实用性。

基于移动互联网技术，本次修订建成以纸质教材为载体，嵌入工程案例教学视频，为推进线上线下混合式教学改革提供支撑条件。

本次修订由常州工学院厉见芬、周军文担任主编。厉见芬编写修改第 6、7 章和附录 I ～附录 VII、附录 X、附录 XI；周军文负责新规范、规程、图集等数字化资源的整理以及附录 VIII、附录 IX 的修改；江苏海洋大学李青松任副主编，编写修改第 4 章和第 8 章；常州大学的耿犟编写修改第 5 章；徐州工程学院的赵众编写修改第 1、2、3 章；江苏太阳城建筑设计院徐有明（国家一级注册结构工程师，高级工程师，上海构力科技有限公司 PKPM 外聘专家讲师）录制了教材实例的建模过程、后处理、基础设计等 5 个相关视频。

青岛理工大学的王燕教授审阅了全稿并提出了许多宝贵的修改意见，在此表示衷心的感谢。

限于编者理论水平，书中错误或不当之处在所难免，恳请读者批评指正。

编 者

2021 年 7 月

第一版前言

建筑结构 PKPM 系列设计软件是一套集建筑、结构、设备设计于一体的集成化 CAD 系统，目前在国内建筑设计行业占绝对优势，市场占有率达 90％以上，已成为国内应用最为普遍的 CAD 系统。

本教材以 2010 版的 PKPM 结构设计系列软件为蓝本，紧密结合最新规范规程相关内容，注重与相关课程的关联融合，明确学习的重点和难点，注重知识体系的实用性，辅以 4 个具体的工程实例，详细介绍了 PMCAD 建模过程、SATWE 分析计算、PK 建模设计钢筋混凝土排架厂房、STS 门式刚架轻型房屋钢结构设计、STS 全钢框架结构设计和 JC-CAD 基础设计六大核心模块以及楼板、梁、柱、剪力墙平法施工图、排架施工图、门式刚架施工图、钢框架施工图四大后处理模块的使用方法。

本教材以学生毕业设计、课程设计及就业所需的专业知识和操作技能为着眼点，着重讲解应用型人才培养所需的内容和关键点，适合高等院校土建类专业学生、工程设计人员及软件初学者使用。

本教材由常州工学院厉见芬任主编，淮海工学院李青松任副主编。全书由厉见芬和李青松负责统稿。其中，厉见芬制定编写大纲，并编写第 6、7 章和附录；李青松编写第 4 章的第 1、2 节和第 8 章；常州大学的耿犟编写第 3 章的第 5、6 节，第 4 章的第 3 节和第 5 章；徐州工程学院的赵众编写第 1、2 章和第 3 章的 1～4 节。另外，常州常工建筑设计有限公司的高凯，参与了附录和附图的部分编写工作。

青岛理工大学的王燕教授审阅了全稿，并提出许多宝贵的建议，在此表示衷心的感谢。

限于编者理论水平，书中错误或不当之处在所难免，恳请读者批评指正。

编　者
2016 年 3 月

目　　录

第 1 章　PKPM 系列软件简介

本章要点及学习目标

本章要点：
(1) PKPM 系列软件的基本介绍；
(2) PKPM 系列软件基本模块的基本介绍；
(3) PKPM 系列软件设计流程。

学习目标：
了解 PKPM 系列软件的基本功能和应用现状，了解各模块的分类及应用范围，了解在软件设计流程中，PKPM 各个模块的相互衔接。

1.1　PKPM 系列软件的基本组成

PKPM 系列软件是由中国建筑科学研究院研发，包括建筑、结构、设备全过程的大型建筑工程综合 CAD 系统，是国内建筑行业用户最多、覆盖面最广的一套 CAD 系统。

PKPM 结构软件几乎覆盖所有类型的结构设计，采用独特的人机交互输入方式，配有先进的结构分析软件包，容纳了国内外流行的各种计算方法，全部结构计算模块均按照最新的规范要求。

从 2011 年至本书出版前，PKPM 官网上总共更新 40 余次，充分体现了该软件与时俱进的特点。目前 PKPM 更新到最新的 V5.2.3 版本，本书中案例也是按照最新版本的 PKPM 软件进行编写修订的。关于最新版本的改进说明，官网上有详细的讲解，并且免费供 PKPM 使用者下载，在此不再赘述，具体链接如下：https://update.pkpm.cn/PK-PM2010/Soft/V5/V523/PKPM2010_V523_Update_20201231.pdf。

该软件具有以下优点：(1) 人机交互方式、操作简便、功能强大、汉化菜单易于使用；(2) 可以进行整体建筑结构设计；(3) 具有单机版和网络版两种形式；(4) 版本修改更新及时，计算所得数据修改量小；(5) 软件之间接口方便，传输数据准确；(6) 很好地适用于各个版本 Windows 操作系统。

其结构设计常用模块有 PMCAD、SATWE、TAT、STS、PK、JCCAD、PMSAP、墙梁柱施工图等，现分别介绍如下。

1.1.1　PMCAD 模块

PMCAD 是 PKPM 系列结构设计软件的核心，通过人机交互方式建立结构设计模型，作为二维、三维结构计算软件的前期处理部分，是梁、柱、剪力墙、楼板等施工图设计软件和基础 JCCAD 的必备接口软件。模块下常用的主菜单有"建筑模型与荷载输入"（用于新建一个工程，建立建筑各个结构平面标准层构件和荷载，形成全楼三维模型）、"平面荷载显示校核"（检查交互输入和自动导算的荷载是否准确，但并不会对荷载进行修改）、"画结构平面图"（进行楼板施工图的配筋设计）。作为前导模块，后续可与 SATWE、PMSAP、TAT、PK、STS、JCCAD 等模块配合使用。

1.1.2　SATWE 模块

SATWE 是高层建筑结构空间有限元分析软件，对上部结构进行整楼三维空间有限元分析设计，用于进行多层和高层的钢筋混凝土框架、框架-剪力墙结构、剪力墙结构、多高层钢结构、钢-混凝土组合结构的计算。

SATWE 通过接收 PMCAD、STS、QITI 等前导模块数据，分析处理后将数据转入墙梁柱施工图模块。SATWE 程序采用空间杆-墙元模型，即采用空间杆单元模拟梁、柱及支撑等杆件，用在壳元基础上凝聚而成的墙元模拟剪力墙。墙元是专用于模拟高层建筑结构中剪力墙的，对于尺寸较大或带洞口的剪力墙，按照子结构的思路，由程序自动进行细分，然后用静力凝聚原理将由于墙元的细分而增加的内部自由度消去，从而保证墙元的精度和有限的出口自由度，这种墙元对于剪力墙洞口（仅考虑矩形洞）的大小及空间位置无限制，具有较好的适应性。墙元不仅具有平面内刚度，也具有平面外刚度，可以较好地模拟工程中剪力墙的实际受力状态。对于楼板，该程序给出了四种简化假定，即楼板整体平面内无限刚性、楼板分块平面内无限刚性、楼板分块平面内无限刚性带有弹性连接板带和弹性楼板、平面外刚度均为零。在应用时，可根据工程实际情况和分析精度要求，选用其中的一种或几种。

1.1.3　STS 模块

用于建立多高层钢框架、门式刚架、桁架、支架、排架、框排架等钢结构的二维和三维模型，绘制钢结构施工图纸，与 PMCAD、PMSAP 交叉运行，共享模型数据。通过前导模块 SATWE、TAT 导入分析数据，返回至 STS 进行节点计算，STS 工具箱是其后续模块。

1.1.4　PK 模块

目前主要用于平面框架、排架设计、连续梁设计与绘图。通过选取整体结构中的一榀框架或者排架，以立面的形式进行设计。由于 PKPM 的其他模块大多数基于平面的设计分析，所以在需要立面分析时，PK 被广泛采用。一般设计排架、门式刚架等以单向受力为主的结构体系时很常用，也用于桁架或者框架的局部受力分析。前导模块为 PMCAD，后续模块为图形编辑打印 TCAD。

1.1.5　PMSAP 模块

PMSAP 是一个线弹性组合结构有限元分析程序，能够对结构做线弹性范围内的静力分析、固有振动分析、时程反应分析和地震反应谱分析，并依据规范对混凝土构件、钢构件进行配筋设计或验算。对于多高层建筑中的剪力墙、楼板、厚板转换层等关键构件提出高精度分析方法，并可做施工模拟分析、温度应力分析、预应力分析、活荷载不利布置分析等，与一般通用的专业程序不同，PMSAP 中提出"二次位移假定"的概念并加以实现，使得结构分析的精度与速度得到兼顾。

1.1.6　墙梁柱施工图模块

此模块用于绘制剪力墙、梁、柱平法或立剖面表示的施工图。前导模块为 SATWE、TAT、PMSAP、STS，后续模块为图形编辑打印通过 TCAD，把 PKPM 生成的 T 图形文件，转换成 DWG 格式的文件。

1.1.7　JCCAD 模块

基础设计模块，用于创建各类基础设计模型，对基础分析与设计，绘制施工图，前导模块为 SATWE、TAT、PMSAP、STS，后续模块为图形编辑打印 TCAD。

1.1.8　LTCAD 模块

此模块用于进行单跑、两跑、三跑等梁式及板式楼梯和螺旋楼梯及悬挑等各种异形楼梯的结构模型及计算设计。LTCAD 是结构 CAD 系统的一个重要组成部分，该模块用人机交互方式建立各层楼梯的模型，继而完成钢筋混凝土楼梯的结构计算、配筋设计和施工图绘制。

1.1.9　TAT 模块

TAT 是多高层建筑结构三维分析与设计软件，为三维空间杆件薄壁柱程序，主要用于进行多高层的钢筋混凝土框架、框架-剪力墙、剪力墙和钢框架结构的计算。TAT 程序采用空间杆-薄壁柱计算模型。该程序不仅可以计算钢筋混凝土结构，而且对钢结构中的水平支撑、垂直支撑、斜柱以及节点域的剪切变形等均予以考虑，可以对高层建筑结构进行动力时程分析和几何非线性分析。TAT 和 SATWE 都可以与 PKPM 系列 CAD 系统连接，与该系统的各功能模块接力运行，可从 PMCAD 中生成数据文件，从而省略计算数据填表。程序运行后，可接力 PK 绘制梁、柱施工图，并可为各类基础设计软件提供柱、墙底的组合内力作为各类基础的设计荷载。

1.2　常用建筑结构的 PKPM 软件设计流程

上一节分别介绍了各模块的具体功能。本节通过表格的方式列出多高层钢筋混凝土结构、单层工业厂房、钢结构等常见结构的 PKPM 设计流程，可以更加直观地看到 PKPM 各个模块之间的衔接配合。

1.2.1 多高层钢筋混凝土结构（表1-1）

多高层钢筋混凝土结构设计流程　　　　　表1-1

序号	步骤	具体操作
1	PMCAD创建结构设计模型	AutoCAD平面图向建筑模型转化或者自己定义轴网、楼层定义、荷载输入、楼梯处理、设计参数、楼层组装、平面荷载显示校核
2	PMSAP（选做）	多塔定义、温度场定义、弹簧-阻尼支座定义等
3	SATWE或TAT三维空间分析与设计	分析与设计参数定义、内力计算与配筋计算、次梁计算与设计分析结果评价
4	SATWE（选做）	弹性动力时程分析、框支剪力墙分析
5	PMSAP（选做）	多塔等结构分析计算、分析结果评价（薄弱层判断、地下室嵌固端判断、结构整体受力参数评价）
6	墙梁柱施工图	梁平法施工图、柱平法施工图、剪力墙施工图、图纸校审
7	画结构平面图	绘制楼板配筋图、图纸校审
8	JCCAD基础设计	SATWE二次分析、地质资料输入、基础设计、基础分析结果评价、绘制基础施工图、图纸校审
9	TCAD/AutoCAD	过梁、构造柱、檐口、外挑现浇等详图及楼梯施工图等绘制

1.2.2 单层工业厂房（表1-2）

单层工业厂房设计流程　　　　　表1-2

序号	步骤	具体操作
1	PMCAD创建单厂模型/用PK模块	屋架可简化为两端简支刚性杆、创建模型后生成PK文件/直接交互创建排架模型
2	PK分析与设计	定义布置吊车、分析与绘图、分析结果评价、绘制排架施工图、图纸校审
3	JCCAD基础设计	地质资料输入、导入PK荷载、杯型基础设计、基础分析结果评价、绘制基础施工图、图纸校审
4	TCAD/GJ/QITI/AutoCAD	墙梁、抗风柱、斜撑、构造柱、天窗板、檐口、外挑线脚等详图及楼梯施工图等绘制

1.2.3 钢结构（表1-3）

钢结构设计流程　　　　　表1-3

序号	步骤	具体操作
1	STS创建钢结构模型	网格输入、模型输入、屋面、墙面设计、结构计算、钢架绘图、门式刚架三维效果图、三维框架设计图、三维框架节点施工图、三维框架构件施工图
2	SATWE/PMSAP	门式刚架的结构计算在STS中进行，钢框架根据所设计结构特点，选用适当的分析模块、分析结果及分析评价
3	JCCAD基础设计	地质资料输入、导入荷载、墙下基础设计、基础分析结果评价、绘制基础施工图、图纸校审

本章小结

　　PKPM 结构设计常用的模块有 PMCAD、SATWE、STS、PK、TAT、JCCAD、PMSAP 等。一个完整的设计往往根据需求选择不同的模块，因此模块之间就有"先导"和"后续"的关系。掌握各模块的基本功能后，可用于具体工程的设计流程。对于多高层钢筋混凝土结构、单层工业厂房、钢结构等工程中常见的结构形式，软件均可实现。

第 2 章　PMCAD——结构平面 CAD 软件

本章要点及学习目标

本章要点：

(1) 轴线输入与网格生成；

(2) 楼层定义（包括梁、柱、墙、板的布置）；

(3) 荷载输入；

(4) 楼层组装；

(5) 板平法施工图。

本章要点不仅要求掌握上述四条操作中的某一项操作，而且要把这些操作串成整体，形成一套完整的操作过程，建模的过程是首要掌握的整体大框架，在此基础上，把细部的操作填充完善进去，让设计者能够更快更好地绘制出每一层模型，从而进行优化。

学习目标：

熟悉 PMCAD 建模常用菜单操作，掌握结构设计参数确定方法，熟悉相应的规范条款，掌握梁间荷载及楼面荷载的统计和布置，了解荷载等效操作，掌握楼层组装的基本方法，熟练掌握轴线输入→网格生成→楼层定义→荷载输入→楼层组装等系统操作，并掌握板平法施工图的绘制。

PMCAD 是 PKPM 系列软件建模的核心，在一套完整的设计过程中属于前期处理部分，中期会对这个模型框架进行各种数据的输入与补充，后期则是结果的输出与纠正。在最新版本的 PKPM 中，PMCAD 在新建工程后软件直接进入到 PMCAD 模块，老版的软件是需要单独点开 PMCAD 进入编辑。新版的 PKPM 界面采用了类似 CAD 软件的软件操作窗口，更加便捷，老版的选项在新版中都变成了快捷按钮的形式，内容一致，只是新版更加简洁方便，这也体现了 PKPM 软件一直以设计师为本不断优化创新的精神。在点开 PMCAD 后最常用的是建筑模型与荷载输入，平面荷载显示校核和画结构平面图等几个常用操作。为了方便读者理解，凡是下文中出现软件中用到的选项按钮，一律用【】来表示；键盘上的按键一律用［］来表示；每一个操作界面选项卡题头一律用""来表示，方便读者观看和查找，以后不再赘述。

2.1　PMCAD 的文件管理

2.1.1　创建新的工程文件

开始创建 PMCAD 模型，首先要指定工作目录，再给创建的结构模型命名，后续

PMCAD 生成的大量以该工程名为文件名的文件,将保存在预先设定的文件夹内。

在创建模型过程中,PMCAD 会生成若干后缀为 PM 的文件,对该工程进行操作时,要将整个工作目录复制保存。

对于新工程,【改编目录】按钮下拉选择或者直接输入要创建工作目录的路径,指定或创建当前工程的工作目录。在弹出【请输入 PKPM 工程名】对话框后输入要建立的新工程名,点击确认即可。

2.1.2　打开已有的工程文件

打开一个之前已有的结构模型进行修改或者继续进行建模工作,首先从 PKPM 的主界面上选定该工程的工作目录,之后点击【新建/打开】,进入交互建模界面并直接打开以前所创建的结构模型。

2.2　轴线输入与网格生成

在主界面中,如图 2-1 所示,点击【结构】→【结构模型】→【新建/打开】→【确认】后,输入工程名称(图 2-2)后,进入工作界面。

二维码 2-1　文件基本操作

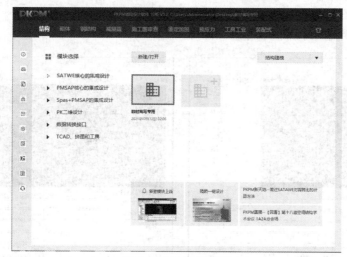

图 2-1　PKPM 主界面

2.2.1　轴线输入

在轴线输入的快捷菜单里可以选择的选项有"节点""两点直线""平行直线""折线""矩形""辐射线""圆环""圆弧""三点圆弧""正交轴网""圆弧轴网""轴线命名""轴线显示""梁板交点",如图 2-3 所示。轴线具体输入时,可采取键盘坐标、追踪线方式、鼠标键盘配合输入相对距离等,同时利用捕捉工具配合。

1. 节点

点击【节点】,鼠标选中位置单击左键屏幕上出现一个白点,此点即为"节点",此操作的目的实质上是确定了轴线的位置。

2. 两点直线

图2-2　工程名称输入界面

图2-3　轴线输入的快捷菜单

点击【两点直线】，鼠标左击确定第一点，点击第二次确定第二个点，操作完成后，在两点之间形成轴线。

3. 平行直线

点击【平行直线】，绘制第一条直线，按照命令提示框提示，输入直线复制间距和次数，绘制一组平行轴线。

4. 正交轴网

点击【正交轴网】→弹出对话框（图2-4）→输入具体的开间进深尺寸（图2-5）→点击【确定】直接在绘图区绘制轴网。

（1）开间进深的输入方法可以是"尺寸，尺寸，尺寸""尺寸 * 数字"。

（2）"上""右"为正，"下""左"为负。

（3）一般设计输入下开间和左进深即可。

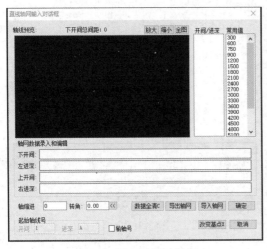

图2-4　正交轴网对话框

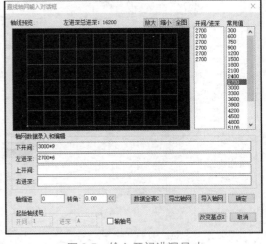

图2-5　输入开间进深尺寸

5. 圆弧轴网

点击【圆弧轴网】→弹出对话框（图2-6）→输入具体的开间进深尺寸→点击【确定】→按照命令提示输入径向轴线端部延伸长度和环向轴线端部延伸角度，如图2-7所示。

6. 轴线命名

点击【轴线命名】→命令提示框显示"轴线名输入，请用光标选择轴线，［Tab］成批输入"→此时可以直接选择轴线单一输入，也可以按住［Tab］→命令提示框显示"移光标点取起始轴线"→点取起始轴线→命令提示框显示"移光标去掉不标的轴线［（ESC）没有］"→可以选定不需要命名的轴线或者点（ESC）→命令提示框显示"输入起始轴线"→

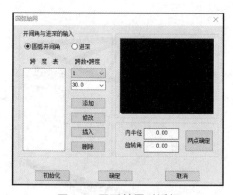

图 2-6 圆弧轴网对话框

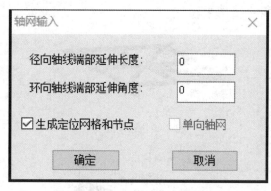

图 2-7 输入延伸长度和延伸角度

回车或者输入 1→轴线统一命名完毕。

2.2.2 网格生成

在网格生成的下拉菜单里可以选择的选项有"删除节点""删除网点""上节点高""网点平移""归并距离""节点下传""形成网点""网点清理",如图 2-8 所示。

图 2-8 网格生成快捷菜单

1. 网点编辑

"删除节点""删除网点""上节点高""网点平移"等相应的选项点击后选中相应对象即可完成操作。

2. 归并距离

如果工程规模较大,"形成网点"菜单会产生一些误差而引起网点混乱,此时应点击【归并距离】→程序初始值设定为 50mm,凡是间距小于 50mm 的节点都视为同一个节点。

3. 上节点高

点击【上节点高】→弹出上节点高对话框,如图 2-9 所示。

调整前的模型,如图 2-10 所示。

选择上节点高值→输入数值 2700→选择中间的指定节点→得到结果,如图 2-11 所示。

指定两个节点→输入数值 0,2700→选择两个指定节点→得到结果,如图 2-12 所示。

指定三个节点确定一个平面→输入数值 0,1600,3200→按照提示选择节点→得到结果,如

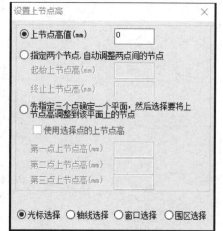

图 2-9 上节点高对话框

图 2-13 所示。

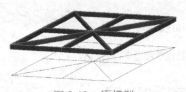

图 2-10   原模型

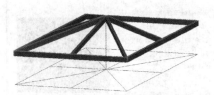

图 2-11   选择中间节点高后的模型

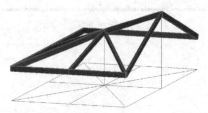

图 2-12   指定两个节点抬高后的模型

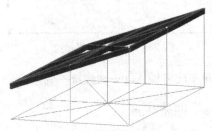

图 2-13   指定三个节点抬高后的模型

2.2.3   楼层定义

楼层定义菜单包括楼层定义、楼板生成、本层修改、层编辑、截面显示、绘墙线、偏心对齐。

图 2-14   柱截面列表

1. 柱布置

点击【柱布置】→弹出"柱截面列表"窗口（图 2-14）→点击【新建】→弹出"输入第一标准柱参数"对话框（图 2-15），里面有柱截面类型、截面尺寸、材料类别可供选择。

1）柱截面类型

单击截面类型右侧的选择按钮，然后弹出截面类型选择对话框，在其中选择类型即可，如图 2-16 所示。

2）截面尺寸

不同的截面类型程序智能地给出相应的参数设置对话框，如果选择工字形，智能的弹出对话框如图 2-15 所示，默认的是矩形截面，可在图 2-15 所示对话框中直接输入宽度和高度。

3）材料类别

程序将材料进行了编号，1~99 号，每一个号代表一种材料，在其右侧的文本框中直接输入材料编号即可，或者可以单击其右侧的倒三角按钮，在下拉选项框中选择常用的材料类别。

柱截面类型、截面尺寸、材料类别都选择完

成后单击【确定】按钮→返回到"柱截面列表"窗口，比刚才多出了设置好的柱可供选择（图2-17）→选中已经设置好的柱→单击【布置】按钮→弹出对话框（图2-18），在此基础上，按照"沿轴偏心""偏轴偏心""轴转角"等方式，在创建完成的轴网基础上，通过"光标选择""轴线选择""窗口选择""围区选择"四种方式进行柱布置即可。

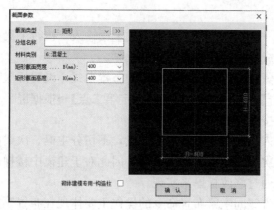

图 2-15　输入标准柱参数

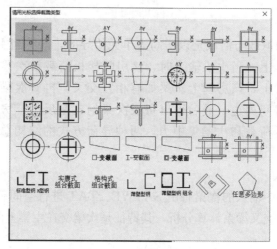

图 2-16　柱截面类型

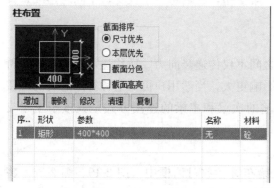

图 2-17　列表中设置好的柱可供选择　　　　图 2-18　柱布置的方式选择

2. 梁布置

1）主梁布置

【楼层定义】→【主梁布置】

主梁的布置与柱的布置完全相同，不再赘述。

2）次梁布置

（1）【楼层定义】→【主梁布置】。次梁当成主梁输入，执行主梁布置命令，将次梁按主梁输入时，可直接形成房间，能修改房间的板厚。

（2）【楼层定义】→【次梁布置】→按照柱的布置方式，设置好次梁尺寸后回到"梁截面列表"对话框→【双击】→【指定第一点】→【指定第二点】→根据屏幕下方提示栏按［ESC］→根据屏幕下方提示栏按［ESC］。

次梁当成次梁输入，次梁端点不形成节点，不切分主梁，次梁的单元是房间两支撑点之间的梁段，次梁与次梁之间也不形成节点，因此对于建模中楼梯间板厚应为0以及其他的板厚修改，则不能通过修改板厚来实现。

次梁布置的操作方式同主梁布置命令的操作主要体现在布置顺序。如果所有梁全部布置为主梁，主梁上承受的只有分布荷载。如果布有次梁，程序会把荷载先传给次梁，再导算到主梁上。

① 楼板荷载

作用于楼板上的恒载与活载是以房间为单元传导的，次梁当主梁输入时，楼板荷载直接传导到周边的梁上，当次梁输入时，该房间楼板荷载被次梁分隔成若干板块，楼板荷载先传导到次梁上，该房间上次梁如有相互交叉，再对次梁做交叉梁系分析，程序假定次梁简支于房间周边，最后得出每根次梁的支座反力，房间周边梁将得到由次梁围成板块传来的线荷载和次梁集中力，两种导荷方式的结构总荷载应相同，但平面局部会有差异。

② 结构计算模式

在PM主菜单1中输入的次梁将由SATWE、TAT进行空间整体计算，次梁和主梁一起完成各层平面的交叉梁系计算分析，其特征是次梁交在主梁上的支座是弹性支座，有竖向位移。

有时，主梁和次梁之间是互为支座的关系，在PM主菜单2输入的次梁是按照连续梁的二维计算模式计算，计算时，次梁铰接于主梁支座，其端跨一定铰支，中间跨连续，其各支座均无竖向位移。

③ 梁的交点连接性质

按主梁输入的次梁与主梁为刚接连接，之间不仅传递竖向力，还传递弯矩和扭矩，特别是端跨处的次梁和主梁间这种固端连接的影响更大，当然用户可对这种程序隐含的连接方式人工干预指定为铰接端，PM主菜单2输的次梁和主梁的连接方式是铰接于主梁支座，其节点只传递竖向力，不传递弯矩和扭矩。

3）斜梁布置

输入梁标高参数方式：布置主梁时，在梁布置参数对话框中（图2-19、图2-20）将梁顶标高1和梁顶标高2设置为不同标高即可生成斜梁。

3. 楼板布置

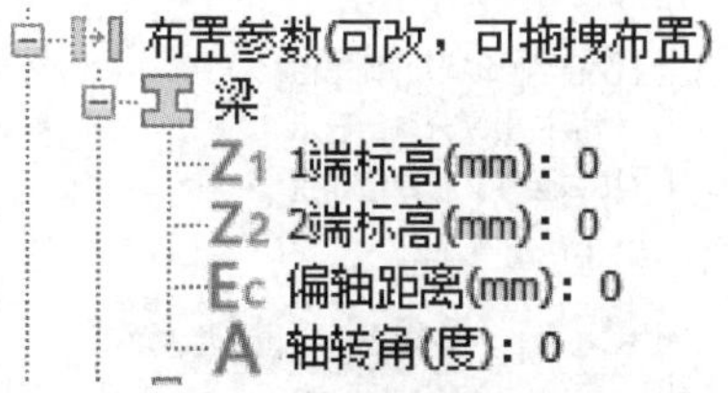

图 2-19   梁布置参数信息对话框（一）

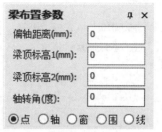

图 2-20   梁布置参数信息对话框（二）

【楼层定义】→【楼板生成】→老版本 PKPM 程序提示"当前层没有生成楼板，是否自动生成"（图 2-21）选择【是】→自动按照梁的布置生成楼板（图 2-22），最新版本的 PKPM 点击【楼板生成】快捷键后自动生成楼板。然后将显示出楼板生成的下级子菜单。下级子菜单包括：生成楼板、楼板错层、修改板厚、板洞布置/全房间洞、板洞删除、布悬挑板/布预制板、删悬挑板/删预制板、层间复制等，下面一一介绍。

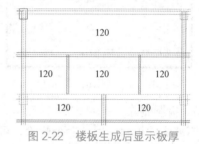

图 2-21   楼板生成

图 2-22   楼板生成后显示板厚

1）生成楼板

在楼板生成菜单下，选择生成楼板菜单命令，程序按照设置的板厚信息，将板厚标注在相应板上。

2）楼板错层

在结构设计中，有时要将楼板进行错层处理，比如卫生间和阳台，在楼板生成菜单下，选择楼板错层，弹出对话框（图 2-23），在屏幕下方文本框中输入相应参数，选择需要错层的楼板即可。

3）修改板厚

结构楼板的板厚，根据各房间的跨度和荷载不同而采用不同的板厚，在楼板生成的菜单下，选择修改板厚菜单命令，弹出对话框（图 2-24），在其中提供的文本框中设置板厚参数后，选择需要局部修改板厚的楼板即可。

4）板洞布置/全房间洞

全房间洞的布置是板洞布置的特殊情况，全房间洞就是整个闭合的范围内没有楼板，一旦设置后，则不能再设置与楼板相关的任何属性，包括板厚、高差、荷载等，在工程建模中，当实际上不存在楼板或者不考虑这个区域内楼板的作用时，就可以设置全房间洞。

执行全房间洞命令，根据命令行提示，直接选择楼板即可将该楼板设置为洞口。

在楼板生成菜单下，选择板洞布置菜单，弹出楼板洞口截面列表（图 2-25），设置板洞大小，然后布置在相应楼板中。

图 2-23　楼板错层对话框

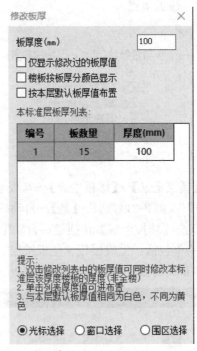

图 2-24　修改板厚对话框

5）板洞删除

不需要的板洞，用该命令删除，可以删除局部板洞和全房间洞。

6）布悬挑板/布预制板

在楼板生成菜单下，选择布悬挑板菜单命令，弹出悬挑板截面列表的对话框（图 2-26），同板洞布置一样，首先设置尺寸参数，然后进行布置即可。

7）删悬挑板/删预制板

执行此命令（图 2-27），直接点取相应悬挑板或预制板即可删除。

8）层间复制

执行此命令，弹出楼板层间复制目标层选择对话框（图 2-28），其所选标准层号为复制所得到的标准层，而后再根据需要选择要复制的构件或图素后单击确定。

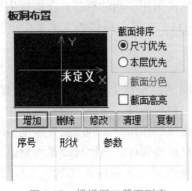

图 2-25　楼板洞口截面列表

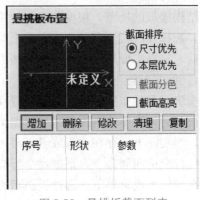

图 2-26　悬挑板截面列表

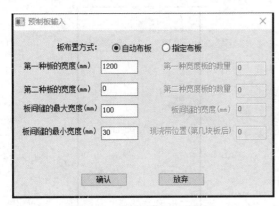

图 2-27 预制板输入对话框

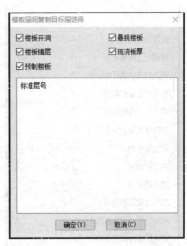

图 2-28 层间复制对话框

4. 其他楼层定义菜单

1）墙布置

【构件】→【墙布置】。

布置方法同柱布置。

在结构设计中，墙是指承重墙，而非填充墙，比如剪力墙结构或框架-剪力墙结构的钢筋混凝土墙设计。

2）洞口布置

【构件】→【洞口布置】。

此处的洞口是指在剪力墙上开洞，如果剪力墙洞口宽度大于 800，按照结构的设计要求，就必须在洞口的上下设置补强暗梁（连梁）。

3）斜杆布置

【构件】→【空间斜杆】。

布置斜杆的作用是增强抗剪作用，相当于支撑。

4）本层信息

【构件】→【本层信息】。

执行此命令，弹出当前标准层的基本信息对话框，如图 2-29 所示，用光标点明要修改的项目，在其后的文本框中输入修正值后，单击确定按钮即可。

5）材料强度

【构件】→【材料强度】

执行此命令，弹出构件材料设置对话框，可局部修改相应的构件材料强度，如图 2-30 所示。

6）构件删除

【构件】→【构件删除】→弹出构件删除对话框（如图 2-31 所示），在其中勾选构件，然后用程序提供的四种选取方式取其一后，再选择要删除的构件。

【构件】→【删除节点】，删除节点命令的使用，即是删除相应节点并删除此节点上的构件。

图 2-29　标准层基本信息对话框

图 2-30　构件材料强度

【构件】→【删除网格】。

7）层编辑

【构件】→【层间编辑】。弹出对话框，如图 2-32 所示。

（1）删标准层/插标准层

使用【层间编辑】对话框相应命令，可插入或者删除多余的标准层。另外就是屏幕右侧下拉当前标准层，弹出相应对话框，如图 2-32 所示，可以快速增加标准层，但此操作没法删除标准层。

图 2-31　构件删除对话框

图 2-32　全部复制标准层

（2）层间编辑

该功能主要针对多个楼层的同时修改，比如某工程有四个标准层，当楼层建好后，需要对多个标准层的某个相同位置进行修改，比如在四个标准层的某处加一个柱子，此时就可用到层间编辑，只需在其中一层布置一个柱子即可完成其他三层柱子的布置。执行此命令，弹出层间编辑设置对话框，点取左侧文本框中的标准层号添加到右侧的文本框即可，如图 2-33 所示。

8）参数修改

【构件】→【单参修改】

执行此命令，弹出修改布置参数对话框，选择相应构件，再勾选相应的参数，然后，在其右侧出现的文本框中输入新的参数值，最后选择构件进行查改即可，如图 2-34 所示。

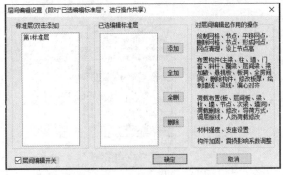

图 2-33   层编辑对话框

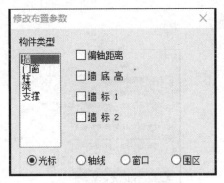

图 2-34   修改布置参数

2.2.4   荷载输入

执行荷载输入菜单下子菜单命令，布置结构上的荷载、楼面荷载以及梁间荷载，常用材料和构件的自重见附录Ⅱ。

（1）楼面恒载

楼面的建筑做法的单位面积重量，根据建筑图上楼板面层的做法，20mm 厚板底抹灰取 0.4kN/m^2，120mm 后现浇板取 3.0kN/m^2，20mm 厚 1：3 干硬性水泥砂浆结合层取 0.4kN/m^2；10 厚釉面砖取 0.7kN/m^2，因此楼面恒载输入 4.5kN/m^2。

（2）楼面活载

根据《建筑结构荷载规范》GB 50009—2012（后面简称《荷载规范》）中第 5 章楼面和屋面活荷载相关规定确定。如教工宿舍的楼面活载，通过查找《荷载规范》5.1.1 节中的表 5.1.1 可知取为 2.0kN/m^2。

（3）梁间恒荷载

比如一般 200 厚的加气混凝土砌块墙体自重加两侧粉刷层自重共计 2.5kN/m^2，若墙高 3.6m，则 $q=2.5\times3.6=9.0\text{kN/m}$。

（4）梁间活荷载

当楼梯间按照板洞布置处理，楼梯间梯板等上的面荷载传导到梯间梁上时，才需要计算梁间的活荷载，如果将楼梯间处理为板厚为 0，则不用输入梁间活荷载。

1. 楼面荷载输入

楼屋面荷载输入的数值确定，是根据建筑施工图中建筑设计说明部分，注明的楼地面做法、屋面做法等为依据，计算楼板自重及面层重。

1）恒活设置

执行此命令，弹出荷载定义对话框（图 2-35），按照计算出的楼板恒荷载和选取的活荷载，输入到相应的文本框中。若采用"自动计算现浇楼板自重"，则恒荷载不包含板自重（由程序自动计算），只输入面层重量即可，后续再调整楼板厚度时，程序对楼面恒载能够自动修改，比较灵活方便，是目前工程界比较受欢迎的一种做法。

2）楼面恒载

楼面各部分可能建筑做法不同，因此楼面恒载有所不同，执行此命令，可以在弹出的修改恒载对话框（图 2-36），输入适当的荷载值，替换某些楼板的恒载。

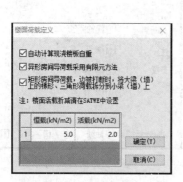

图 2-35　荷载定义对话框

图 2-36　修改恒载对话框

3）楼面活载

楼面活载也因各房间的功能作用不同而不同，也需要局部修改，执行此命令，弹出修改活载对话框（图 2-37），局部修改楼面活载。

4）导荷方式

作用于楼板上的恒荷载是以房间为单元传导的，楼板荷载直接传导到周边的主梁上，执行此命令，弹出导荷方式对话框，此时程序自动显示当前板结构的荷载传导方式（图 2-38）。PKPM 导荷方式有三种，"对边导荷""梯形三角形传导""周边导荷"，对于单向板和双向板，程序默认按照"梯形三角形传导"方式导荷；对于异形板，程序按照"周边导荷"方式导荷。

图 2-37　修改活载对话框

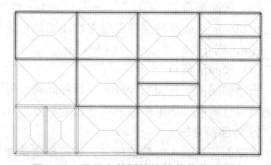

图 2-38　显示当前板结构的荷载传导方式

5）调屈服线

执行此命令，选择某块板，随后弹出调屈服线对话框，通过调整塑性角 1（R1）、2（R2）以调整屈服线的形状，如图 2-39 所示。

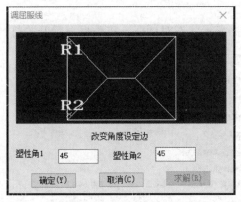

图 2-39　屈服线的形状调整

2. 楼梯荷载处理

楼梯荷载的输入，有两种方法：

1）方法 1

将楼梯间处理为板厚为 0，或绘成预制板，将斜梯板上的荷载按照斜边与水平边的对应关系，相应取值，此处可按经验取楼梯楼板恒荷载值为 $6 \sim 8 \mathrm{kN/m^2}$，活载一般取 $3.5 \mathrm{kN/m^2}$（按疏散楼梯考虑），布置在楼梯板上。

2）方法 2

将楼梯间按照板洞处理，并将楼梯板处的荷载传导方式设置为对边传导，然后将楼梯间梯板上的面荷载折算为线荷载，将其布置到梯间两边的梁上。

3. 梁间荷载

梁间荷载的布置包括恒载输入和活载输入，在程序提供的梁间荷载的子菜单里，除了荷载输入还有相应的荷载编辑菜单命令。

1）梁荷定义

执行此命令，将事先计算好的梁间恒、活荷载值进行一一定义，如图 2-40、图 2-41 所示。

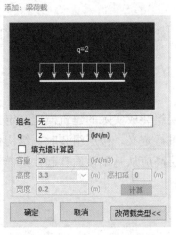

图 2-40　选择要布置的梁荷载

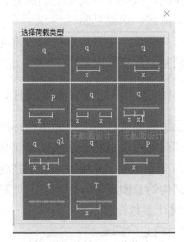

图 2-41　选择梁上荷载类型

2) 数据开关

执行此命令，弹出数据显示状态对话框，将数据显示开关打开，如图 2-42 所示。

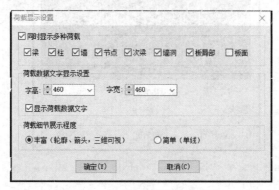

图 2-42 梁上荷载数据显示状态

3) 恒载输入

执行此命令，弹出选择要布置的梁间荷载对话框，选中荷载后单击布置按钮，然后布置在相应的梁上即可。

4) 活载输入

执行此命令，同样弹出选择要布置的梁荷载对话框，布置方法同恒载一样，不再详述。

5) 荷载编辑

（1）恒载、活载修改，执行此命令，按照命令行提示选择梁间恒活荷载，随后弹出对话框，修改和再操作。

（2）恒载、活载显示

执行此命令，按照命令行提示，可以将已经布置的恒载活载的荷载数值显示出来。

（3）恒载、活载删除

按照命令行提示，选择梁即可删除此梁上的所有相应荷载，此命令不能智能地选择删除某一荷载，只能删除其梁上的所有荷载。

（4）恒载、活载复制

执行此命令，按照命令提示，首先选择源梁荷载，然后，选择目标梁，即可将原来梁上的荷载复制到目标梁上。

2.2.5 楼层组装与设计参数选择

楼层组装是将已定义好的结构标准层和荷载标准层组装成实际的建筑模型，定义结构标准层和荷载标准层时必须按照建筑从下到上的顺序进行定义，楼层组装时，结构标准层与荷载标准层亦可交叉组装，底层柱连接基础，底层层高应从基础顶面算起，这样对地震作用下结构的总刚度都有影响，其计算结果偏于安全。

1. 设计参数设置

1) 总信息（图 2-43）

（1）结构体系

　　按结构布置的实际情况确定，分为框架结构、框剪结构、框筒结构、筒中筒结构、板柱剪力墙结构、剪力墙结构、短肢剪力墙结构、复杂高层结构、砖混底框结构 9 种结构。

　　（2）结构主材

　　钢筋混凝土、钢和混凝土、钢结构、砌体四种可供选择。

　　（3）结构重要性系数

　　1.1、1.0、0.9。《混凝土结构设计规范》GB 50010—2010（2015 年版）（后面简称《混凝土规范》）3.2.2 条规定："安全等级为一、二、三级的建筑结构，重要性系数分别不应小于 1.1、1.0、0.9"；3.3.2 条规定："在持久设计状况和短暂设计状况下，对安全等级为一级的结构构件不应小于 1.1，对安全等级为二级的结构构件不应小于 1.0，对安全等级为三级的结构构件不应小于 0.9；对地震设计状况下应取 1.0。"

　　（4）底框层数

　　可以选择 1、2、3、4，但工程实际一般不超过 3 层。

　　（5）地下室层数

　　可以选择 0～12，但工程实际最多 4 层。

　　（6）与基础相连的最大楼层号

　　平地建筑选 1，坡地建筑可填大于 1。

　　（7）梁钢筋的混凝土保护层厚度（mm）

　　根据《混凝土规范》9.2 章确定。

　　（8）柱钢筋的混凝土保护层厚度（mm）

　　根据《混凝土规范》9.2 章确定。

　　（9）框架梁端负弯矩调幅系数

　　默认值 0.85，可采用也可修改。

　　2）材料信息（图 2-44）

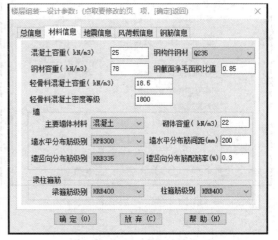

图 2-43　总信息　　　　　　　　　　图 2-44　材料信息

　　（1）混凝土重度（kN/m³）

　　隐含值 25，计算构件自重时，梁柱墙与板重叠部分都未扣除，同样程序也未考虑构件表面装饰抹灰。综合考虑下，一般该项可以选择 25～28 之间的数值。

（2）钢材重度（kN/m^3）

隐含值 78。

（3）钢材

按钢材牌号输入，有 Q235、Q345、Q390、Q420 四种。

（4）钢截面净毛面积比值

默认 0.85。

（5）梁柱箍筋类别

HPB300、HRB335、HRB400、RRB400 和冷轧带肋 550 五种。

3）地震信息（图 2-45）

（1）设计地震分组、地震烈度、场地类别

根据《建筑抗震设计规范》GB 50011—2010（2016 年版）（后面简称《抗震规范》）附录 A 选择。每个地区不同，一般情况下，地质报告要给出。

（2）抗震等级

根据《抗震规范》6.1.2 规定，《高层建筑混凝土结构技术规程》JGJ 3—2010（后面简称《高规》）4.8.2 和 4.8.3 条规定。

（3）计算振型个数

填小于层数 3 倍的数。

（4）周期折减系数

根据《高规》3.3.17 确定。

4）风荷载信息（图 2-46）

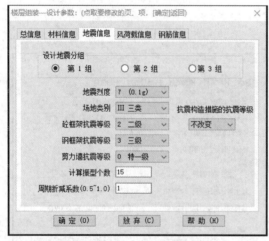

图 2-45　地震信息

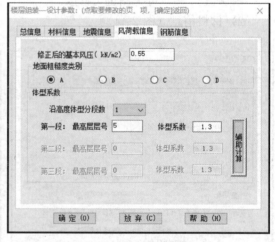

图 2-46　风荷载信息

（1）修正后的基本风压（kN/m^2）

风荷载标准值的重现期为 50 年一遇，《高规》3.2.2 条规定，对于 B 级高度的高层建筑或特别重要的高层建筑，应采用 100 年一遇的风压值。

（2）地面粗糙度类别

分为 A、B、C、D 四个类别,《荷载规范》7.2.1 条规定。

（3）体形系数及分段

其指的是含高度变化等因素的综合系数,应根据《荷载规范》第 7 节,《高规》附录 A 及 3.2 节确定。体型系数分段最多为 3。

5）钢筋信息（图 2-47）

提供各钢筋等级的钢筋强度等级。

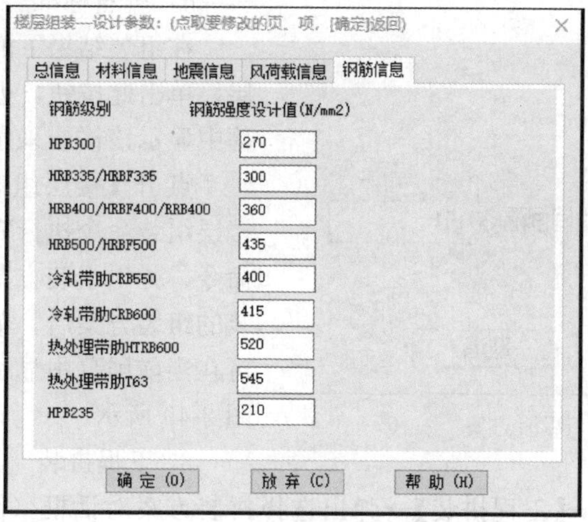

图 2-47　钢筋信息

2. 楼层组装

点击【楼层组装】进入操作界面,如图 2-48 所示。

图 2-48　标准层的组装

1）增加

单击此按钮,按照之前设置好的楼层顺序创建此时的顶层楼层→选择复制层数→选择标准层→选择层高→单击【增加】→完成标准层的组装。

2）修改

在组装结果下的选择框中选择需要修改的楼层,然后重新设置选择复制层数→选择标准层→选择层高→单击【修改】,即可按照新参数值组装楼层。

3）插入

在组装结果下的文本框中选择某一楼层，并设置楼层参数，然后单击此按钮，即可在此楼层前插入楼层，生成的是此楼层的下一楼层。

4）删除

在组装结果下的文本框中选中某一楼层，单击此按钮，即可删除此楼层。

5）全删

单击此按钮，清空已经添加的楼层组装信息。

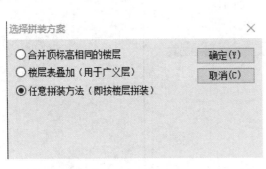

图 2-49　组装方案

6）查看标准层

在组装结果下的文本框中选择某一楼层，单击此按钮，返回到屏幕中，此时屏幕中显示该楼层采用的标准层平面图。

点击【楼层组装】→【动态模型】。在楼层组装命令执行完毕后，执行整楼模型命令，弹出组装方案对话框，选择重新组装的组装方案后，单击确定按钮，程序即可在当前屏幕中显示组装的整楼模型，如图 2-49 所示。

3. 工程拼装

点击【楼层组装】→【工程拼装】→弹出选择拼装方案对话框（图 2-50）→选择拼装方案，单击确定按钮→弹出选择工程名对话框（图 2-51）→选择不同分工程的 XX. JWS 工程文件后→单击单开按钮→完成工程拼装。

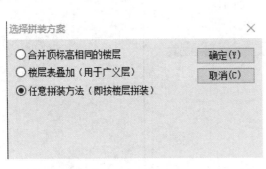

图 2-50　选择拼装方案

图 2-51　选择工程名

2.3　实例练习

本节以某框剪结构青年教工宿舍为例，完整演示 PKPM 建模过程。

2.3.1　工程概况

本工程为框架-剪力墙结构，使用用途为宿舍，共 9 层，无地下室，基本柱网为 8m×（5.8m＋4.0m），建筑平面、立面、剖面等施工图详见附录Ⅷ。

2.3.2 建立工程文件和结构

在 PKPM2010 中，一个工程对应一个工程目录，首先要创建新工程目录。

双击 PKPM 图标启动软件→选择【SATWE 核心的集成设计】→【新建/打开】→单击【改变目录】按钮→弹出选择工作目录对话框→新建一个新工作目录命名为【教工宿舍】→选择【PMCAD|建筑模型与荷载输入】菜单→单击应用→在弹出的对话框中输入"sushe"→单击确定→进入结构模型输入界面。

2.3.3 绘制轴网

1. 绘制轴网

在右侧屏幕菜单中执行"轴线输入|正交轴网"命令，弹出"直线轴网输入"对话框。在"下开间"后的文本框中输入开间值"900 1800 2200 700 1100 2200 2200 1800 2400 1600 4000 1800 2200 2200 1800 4000 4000 1800 2200 2200 1800 4000 1600 2400 1800 2200 2200 1100 2200 1800"。"左进深"后的文本框中输入进深值"1500 4300 1900 2100 1000 2300"，点击【确定】，在屏幕上选中位置插入轴网。

2. 轴线命名

执行"轴线命名"命令，按照下部窗口命令行的提示，对轴网进行命名。

3. 轴线编辑

执行"轴线输入|平行直线"命令，生成平行直线，执行"两点直线命令，连接节点"，执行"网格生成|删除网格"命令，删除部分网格。该命令是对正交轴网的补充，如果在正交轴网中为方便可输入主要轴线，剩余轴线可通过该命令补充完整。

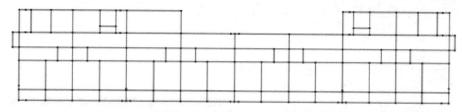

图 2-52 标准层轴网示意图

如图 2-52 所示为本工程的标准层轴网示意图，先绘制一个标准层即可，其余的层先进行复制然后通过增加、减少轴网和节点即可。

2.3.4 墙、柱、梁布置

1. 执行"楼层定义|柱布置"命令，在"柱截面列表"对话框中单击"新建"按钮，创建混凝土矩形柱，如图 2-53 所示，选择所需的截面，按照框架柱的实际位置，在相应网格节点上布置柱。

2. 执行"楼层定义|墙布置"命令，在"墙截面列表"对话框中单击"新建"按钮，选择所需的尺寸，创建混凝土墙，如

图 2-53 柱截面列表

图 2-54 所示，布置完成的柱墙示意，如图 2-55 所示。

3. 执行"主梁布置"命令，同布置墙柱一样，选择梁的截面尺寸，如图 2-56 所示，按照建筑图上的布置原则，布置主梁。

4. 执行"轴线输入｜平行直线"，绘制次梁轴线，执行"主梁布置"，将次梁当主梁布置，主梁、次梁的布置如图 2-57 所示。

5. 执行"本层信息"命令，在随后弹出的"用光标点明要修改的项目［确定］返回"对话框中设置本层信息。

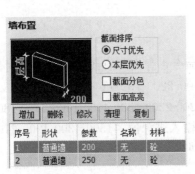

图 2-54 墙截面列表

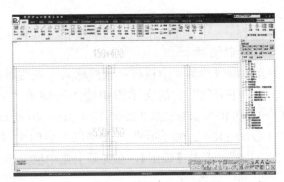

图 2-55 柱截面尺寸显示

图 2-56 梁截面列表

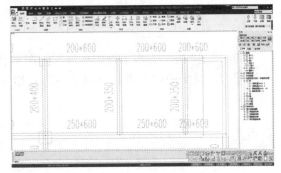

图 2-57 梁截面尺寸显示

2.3.5 楼板布置

1. 执行"楼层定义｜生成楼板｜楼板生成"命令，弹出"PKPM APP"对话框，单击"是"按钮，程序自动生成楼板。

2. 执行"楼层定义｜生成楼板｜修改板厚"命令，修改楼梯板厚为 0，如图 2-58 所示。

3. 执行"楼层定义｜生成楼板｜楼板错层"命令，卫生间的板向下降板错层。

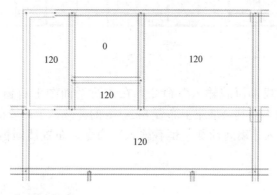

图 2-58　执行修改板厚命令

2.3.6　楼面荷载布置

1. 设置楼面的恒活荷载，执行"荷载输入｜恒活设置"命令，弹出"荷载定义"对话框，在其中设置荷载后单击确定按钮即可。

2. 执行"荷载输入｜楼面荷载｜楼面恒载"命令，修改楼梯间板面恒荷载为 $7kN/m^2$，其余荷载恒载为 $4.5kN/m^2$、$4.6kN/m^2$ 和 $5.1kN/m^2$，如图 2-59 所示。

3. 执行"荷载输入｜楼面荷载｜楼面活载"命令，根据不同的房间功能修改相应板面活荷载为 $2.0\sim2.5kN/m^2$，楼梯活载 $3.5kN/m^2$。

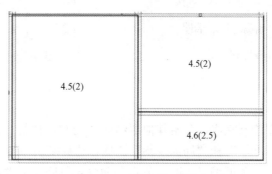

图 2-59　荷载局部显示

4. 执行"楼面荷载｜导荷方式"命令，将楼梯处的导荷方式修改为"对边传导"，如图 2-60 所示。

2.3.7　梁间荷载布置

1. 执行"梁间荷载｜梁荷定义"命令，定义值为图 2-61 所示的各种均布线荷载。

2. 执行"梁间荷载｜数据开关"命令，在"数据显示状态"对话框中勾选"数据显

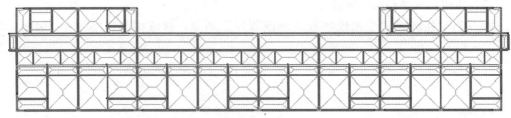

图 2-60　楼面导荷方式

示"选项。

3. 执行"梁间荷载｜恒载输入"命令，在建筑平面图上有窗户的地方，布置值为 6.5kN/m 的梁间荷载，在其余墙梁上布置 8kN/m 的荷载，半砖墙荷载为 5.0kN/m。

4. 执行"荷载输入｜墙间荷载｜恒载输入"命令，布置墙间恒荷载，此案例中无须布置，如图 2-62 所示。

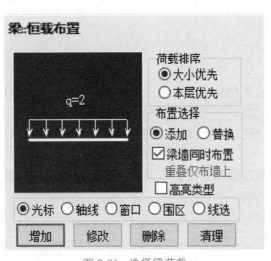

图 2-61　选择梁荷载

No.	类型	组名	值
1	1	无	2
2	1	无	5
3	1	无	6.5
4	1	无	7
5	1	无	7.5
6	1	无	8
7	2	无	左q=7,x=1.5
8	2	无	左q=7.5,x=1.9
9	3	无	右q=7.5,x=4.3
10	3	无	右q=8,x=2.3
11	4	无	P=20,x=1
12	4	无	P=25,x=1
13	4	无	P=30,x=1.65
14	4	无	P=30,x=2
15	4	无	P=40,x=0
16	4	无	P=40,x=1.075
17	4	无	P=40,x=1.5
18	4	无	P=40,x=3
19	4	无	P=40,x=3.5
20	4	无	P=40,x=5.5
21	4	无	P=40,x=7
22	4	无	P=60,x=1.05
23	4	无	P=60,x=1.5
24	4	无	P=130,x=1.05
25	4	无	P=130,x=1.65

图 2-62　梁荷载布置

2.3.8　换标准层

当首层结构平面图绘制完成，开始其他层结构的绘制，执行"楼层定义｜换标准层"命令，选择"添加新标准层"和"局部复制"选项，选择复制除屋顶外的构件。

在下拉菜单中执行"模型编辑｜删除节点"命令，删除不需要的节点然后编辑网格，形成所需要的标准层的网格。

执行"楼层定义｜构件删除"命令，删除不需要的梁、柱、墙。

执行"楼层定义｜主梁布置"命令，布置需要增加的梁。

执行"楼层定义｜墙布置"命令，布置需要增加的墙。

执行"楼层定义｜洞口布置"命令，布置此层上的洞口。

执行"楼层定义｜楼板生成｜修改板厚"命令，确定楼梯间处楼板为 0，并改变导荷方式。

执行"楼层定义｜楼板生成｜楼板错层"命令,将需要错层的卫生间板进行错层。

执行"荷载输入｜楼面荷载｜楼面恒载"命令,将楼梯处荷载修改为 $7kN/m^2$。

执行"荷载输入｜楼面荷载｜楼面活载"命令,补充需要修改活载的位置。

执行"荷载输入｜楼面荷载｜荷载传导"命令,确定楼梯处楼面荷载传导方式为对边传导。

执行"荷载输入｜楼面荷载｜荷载删除"命令,删除不需要的梁荷载。

执行"荷载输入｜楼面荷载｜荷载输入"命令,输入需要重新布置的荷载。

2.3.9 楼层组装

全楼数据设置好后,可查看整栋建筑的三维模型,按照如下步骤进行操作。

1. 执行"设计参数"命令,在随后弹出的"楼层组装-设计参数"对话框中设置此结构的设计参数。分别在"总信息""材料信息""地震信息""风荷载信息""钢筋信息"五个选项卡中设置相应参数,如图 2-63~图 2-67 所示。

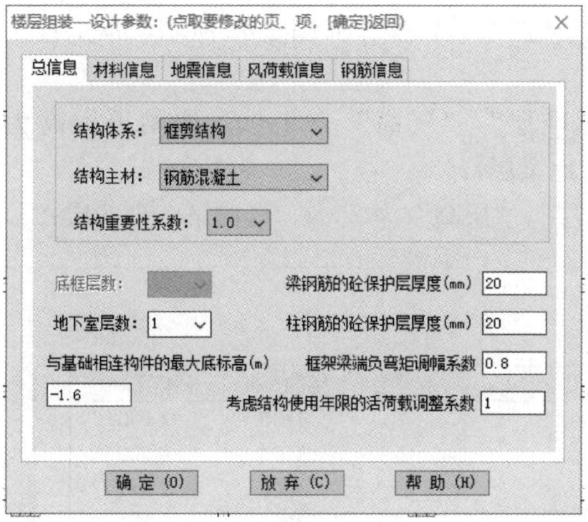

图 2-63 总信息

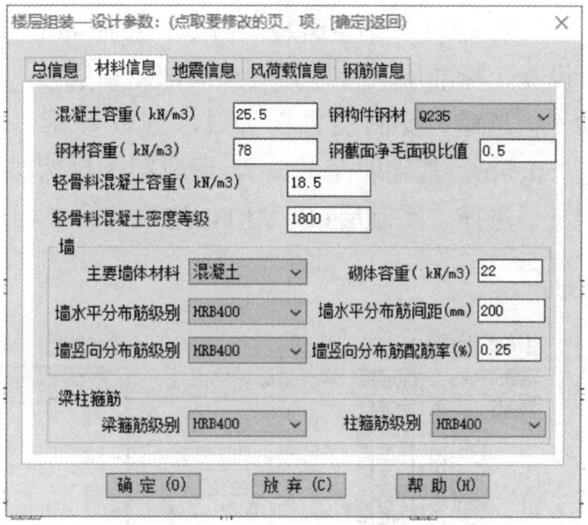

图 2-64 材料信息

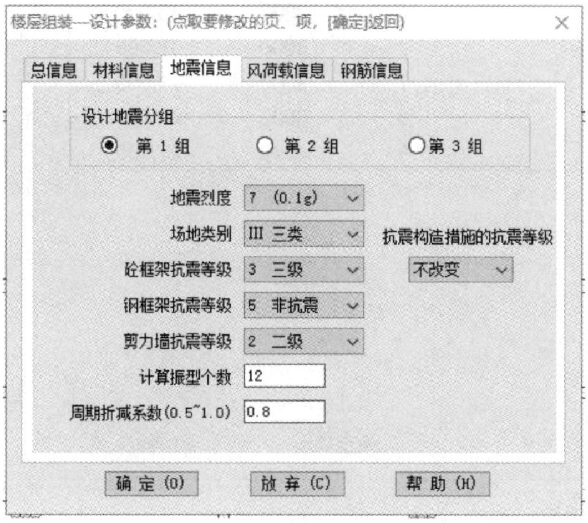

图 2-65 地震信息

图 2-66 风荷载信息

图 2-67　钢筋信息

2. 执行"楼层组装"命令，按照如下方式楼层组装，操作如图 2-68 所示，本工程共设 9 个标准层（含地梁层和局部屋顶层）。

选择"复制层数"为 1，选取"第一标准层"，"层高"为 1100，地梁顶标高为 −0.5m，基础埋深 1.6m，形成第 1 自然层（地梁层）；

选择"复制层数"为 1，选取"第二标准层"，"层高"为 3500，形成第 2 自然层；

图 2-68　楼层组装

选择"复制层数"为 1，选取"第三标准层"，"层高"为 3000，形成第 3 自然层；

选择"复制层数"为 2，选取"第四标准层"，"层高"为 3000，形成第 4～5 自然层；

选择"复制层数"为 1，选取"第五标准层"，"层高"为 3000，形成第 6 自然层；

选择"复制层数"为 1，选取"第六标准层"，"层高"为 3000，形成第 7 自然层；

选择"复制层数"为 2，选取"第七标准层"，"层高"为 3000，形成第 8～9 自然层；

选择"复制层数"为 1，选取"第八标准层"，"层高"为 3000，形成第 10 自然层；

选择"复制层数"为 1，选取"第九标准层"，"层高"为 4500，形成第 11 自然层。

3. 执行"楼层组装｜整楼模型"命令，查看整楼模型，如图 2-69 所示。

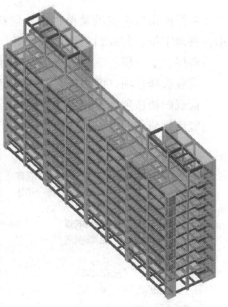

图 2-69　整楼组装效果图

4. 执行"保存"命令后执行"退出"命令，选择存盘退出，完成 PMCAD 的建模操作。

2.4　平面荷载显示校核

在主界面中，点击【前处理及计算】→【平面荷载校核】（图 2-70）→进入荷载校核界面（图 2-71）。该界面主要是检查交互输入和自动导算的荷载是否正确，不会对结果进行修改或者重写，也有荷载归档功能，可进行打印检查。

荷载检查有多种方法，如文本方式和图形方式，按层检查和竖向检查，按荷载类型和种类检查，通过右侧菜单均可实现。

二维码 2-2
建模过程

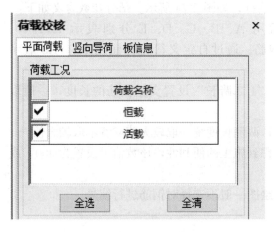

图 2-70　主菜单

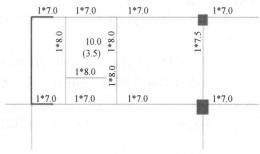

图 2-71　平面荷载显示校核操作界面

在操作窗口左侧的菜单栏中，包括选择楼层、上一层、下一层、荷载选择、字符大小、移动字符、荷载归档、查荷载图、竖向导荷、导荷面积等选项。

楼层、上一层、下一层三个选项用来选择需要校核的楼层。

荷载选择选项（图 2-72）用来设定查看的荷载位置、荷载类型和显示方式。

荷载归档选项选择相应的楼层归档，如图 2-73 所示。

竖向导荷和导荷面积选项可分别查看竖向导荷情况和导荷的面积。

图 2-72　荷载校核选项　　　　图 2-73　荷载归档楼层选项

2.5　板平法施工图绘制

在主界面中，点击【画施工图】→工作目录下的第 1 标准层平面图。右侧主菜单中包含绘新图、计算参数、绘图参数、楼板计算、预制楼板、楼板钢筋、画钢筋表、楼板剖面、退出等选项。

2.5.1　绘图参数设定

点击【绘图参数】，弹出楼板绘图参数对话框，如图 2-74 所示。部分参数含义如下：

1. 钢筋标注采用简化标注：勾选后用 A、B、C、D、E 分别表示 HPB300、HRB335、HRB400、RRB400 和冷轧带肋钢筋。通过自定义简化标注用 K6、K8 表示 Φ6@200、Φ8@200 等。

2. 多跨负筋长度：选取"1/4 跨长"或"1/3 跨长"设置支座负筋的长度，一般取 1/4 跨长。

3. 两边长度取大值：对于中间支座负筋，两侧长度统一取较大值或者不取较大值。

4. 负筋自动拉通距离：一般情况下，考虑到施工的便利性，该数值可设置为 300，或更大的数据。

5. 钢筋编号：不同于手工绘图，计算机绘图一般不选择对钢筋进行编号。

2.5.2　现浇楼板计算

1. 板计算参数设定

点击【参数】或【计算参数】，弹出楼板配筋参数对话框。

含有计算选筋参数（图 2-75～图 2-77）、板带参数、工况信息三个部分，对其中部分参数解释如下：

1）双向板计算方法：程序提供两种算法，弹性算法和弹塑性算法。

提示：通常采用弹性算法偏于安全，但此法计算出的支座配筋量比较大，而弹塑性算法配筋量相对比较经济；由于弹塑性算法用钢量较少，一定要认真校核计算结果，可能会出现裂缝和挠度超限的问题，因此要核查裂缝和挠度是否满足规范要求。

2）有错层楼板算法：程序提供两种算法，按简支计算和按固支计算。

提示：此处所指的"错层楼板"不是错层结构的楼板，而是不在层高处而又相差不大的特殊房间楼板，如卫生间楼板。

3）近似按矩形计算时面积相对误差：对于外轮廓和面积与矩形楼板相差不大的异形楼板，如缺角的、局部凹凸的、弧形边的、对边不平行的楼板，其板内计算结果与规则板的计算结果很接近，可以近似按规则板计算。为保证计算结果的正确性，建议板面积的相对误差宜控制在 15％以内。

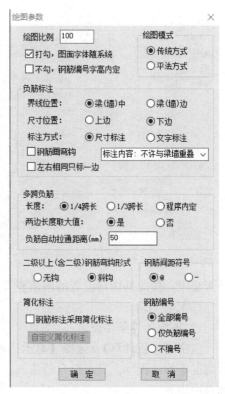

图 2-74　绘图参数选项卡

4）使用矩形连续板跨中弯矩算法：选择该项，程序采用《建筑结构静力手册》第四章第一节（四）中推荐的考虑活荷载最不利布置的算法。

5）板跨中正弯矩按不小于简支板跨中正弯矩的一半调整：这是规范对梁的规定，如

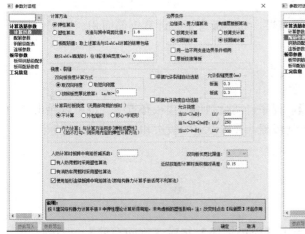

图 2-75　计算参数

图 2-76　配筋参数

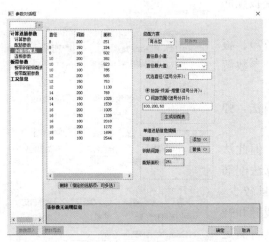

图 2-77　钢筋级配表

要求板也参照执行，可以选择该项。

6）准永久系数：程序在进行板挠度计算时，荷载组合取准永久组合，活荷载的准永久值系数采用此处用户设定的数值。

7）人防计算时板跨中弯矩折减系数：根据《人民防空地下室设计规范》GB 50038—2005 4.6.6 条的规定，当板的周边支座横向伸长受到约束时，其跨中截面的计算弯矩值可乘以折减系数 0.7，用户可以自行设定板跨中弯矩折减系数。

8）挠度限值：程序计算的挠度值是否超限，按此处用户设置的限值验算。

2. 楼板计算

1）楼板边界条件设定

点击【楼板计算】→选择【显示边界】，显示程序自动设定的楼板边界条件，如果与实际情况不符，设计人员可以自行修改。楼板边界条件共有三种选择：固定边界、简支边界和自由边界。

2）楼板自动计算

点击【楼板计算】→选择【自动计算】，程序自动完成本楼层所有房间的楼板内力和配筋计算。

3）连续板串计算

点击【楼板计算】→选择【连板计算】，在图上用两点画直线，凡是与直线相交的楼板按连续板串计算，这是程序提供的一种协调相邻板块负弯矩的算法，供用户选择使用。

3. 计算结果显示

点击各显示命令，可以显示楼板计算结果，如楼板弯矩、计算钢筋面积、实配钢筋面积、裂缝、挠度、剪力和计算书等。

2.5.3　预制楼板绘图

点击【预制楼板】→选择【板布置图】，程序自动绘制预制楼板布置图。也可以点击【预制楼板】→选择【板标注图】，自动生成预制板图，并按设定的板边和板缝尺寸进行标注。

2.5.4　绘制楼板施工图

1. 绘制楼板钢筋

程序提供七种楼板钢筋绘图方式：

（1）在一个房间内绘制楼板钢筋，点击【楼板钢筋】然后【逐间布筋】，程序自动在指定房间按计算结果绘制板底钢筋和支座钢筋。值得注意的是，如果该房间有悬挑板，支座钢筋伸到悬挑板边。当支座钢筋相距较近时（小于负筋自动拉通距离），程序自动将支座负筋拉通。

（2）绘制一根（对）楼板钢筋，点击【板底正筋】或【支座负筋】，程序自动在指定的位置绘制楼板正、负筋。

（3）绘制补强钢筋，点击【补强正筋】或【补强负筋】，程序自动在指定的区域增加楼板正、负筋。布置补强钢筋通常应在支座钢筋拉通之后进行。

（4）绘制通长楼板钢筋，点击【板底通长】或【支座通长】，程序自动在指定的多跨房间内布置通长正、负筋取代原有的正、负筋，如各房间配筋不同取大值。布置通长钢筋不必点取轴线，板底筋可以点取房间内任意点，支座钢筋可以点取房间外任意点。

（5）在区域内绘制楼板钢筋。点击【区域布筋】，程序自动在指定的区域内（含多块楼板）布置板钢筋。区域钢筋通常标注垂直钢筋方向的布置范围。同一区域内可以多次标注布置范围，同一方向钢筋可以多次绘出，钢筋表不会重复统计。

（6）绘制标准间钢筋。点击【房间归并】→选择【自动归并】，程序将楼板配筋相同的房间归并为一类，统一编号，点击【定样板间】和【重画钢筋】，可以仅在样板间绘制楼板钢筋，与其配筋相同的房间仅标注板号。

（7）绘制楼板洞口附加钢筋。点击【洞口钢筋】，程序自动在指定的规则板洞周边布置附加钢筋。

2. 编辑楼板钢筋

程序提供了多种楼板钢筋和标注的修改、移动、删除、归并、编号等功能。

需要注意的是【钢筋修改】中简化标注，是指当支座负筋与梁侧长度相等时，仅标注负筋的总长度。【同编号修改】，是指相同编号的钢筋同时修改。

新版软件增加了点击鼠标右键快捷钢筋修改方式和点击鼠标左键对话框钢筋修改方式，以及【设计中心】等编辑方式。

点击【钢筋编号】，弹出钢筋编号参数对话框，软件允许任意调整钢筋编号顺序，标注角度和起始编号，使命名钢筋编号更加随意方便。

2.5.5 工程案例

在 PKPM 软件主页面【结构】页中选择【PMCAD】的第 3 项【画结构平面图】点击【应用】进入板施工图设计。

1. 计算参数

点击【计算参数】按钮，钢筋级别选 HRB400，其他参数采用程序默认值。

2. 自动计算

单击【自动计算】按钮，完成楼板内力和配筋计算。

3. 裂缝与挠度图查看

单击【裂缝】【挠度】直接查看计算结果（图 2-78、图 2-79）。

4. 计算钢筋面积和实配钢筋面积

单击【计算钢筋面积】，主界面显示板受力钢筋的具体面积，如图 2-80 所示。单击【实配钢筋面积】，程序自动配出钢筋，如图 2-81 所示。

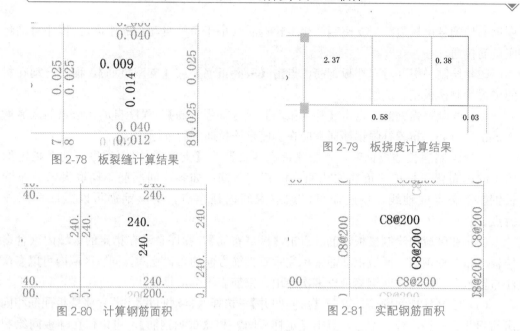

图 2-78　板裂缝计算结果

图 2-79　板挠度计算结果

图 2-80　计算钢筋面积

图 2-81　实配钢筋面积

5. 楼板配筋

单击【楼板布筋】【逐间布筋】，用光标点取所需布置钢筋的房间，进行逐间布筋。按照板的平法施工图绘制出图，如图 2-82 所示。

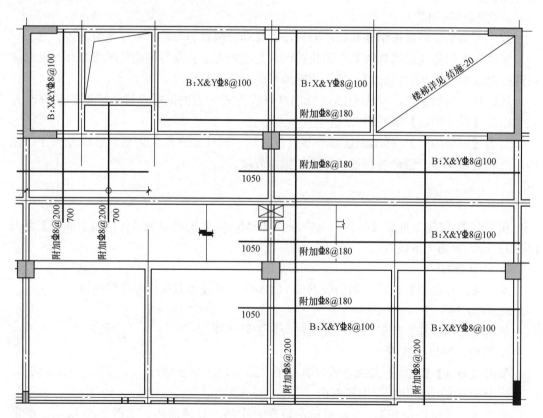

图 2-82　绘制板平法施工图

本章小结

本章首先讲解了 PMCAD-结构平面 CAD 软件的文件管理，包括新建文件和打开已有文件；第二阶段是 PMCAD 建模，包括轴线输入、网格生成、楼层定义、荷载输入、设计参数选取、楼层组装；本章以某框剪结构的青年宿舍为案例具体讲解建模的过程；第三阶段是平面荷载显示校核，来查看之前建模时设定的各项荷载是否准确合理；最后是板平法施工图绘制，包括绘图参数设定、现浇楼板计算、预制楼板绘图、绘制楼板施工图、板平法施工图案例等几个部分。相比于老版本 PKPM 将这些模块分开，新版本 PKPM 将这些板块连接在一起，操作时一气呵成，更加流畅。初学者在练习时首先要掌握完整的步骤，熟悉完整的一套建模流程，随着操作熟练，再对建模中每个环节细节的处理进一步学习推敲，最终达到熟练掌握的目的。

第3章 SATWE——多高层建筑结构有限元分析

本章要点及学习目标

本章要点：

本章是继 PMCAD 建模并完成楼层组装后，利用 SATWE 软件设置相应参数并进行内力分析计算和配筋设计，主要包括接 PM 生成 SATWE 数据（包括计算控制参数设置、特殊构件补充定义、启动计算分析过程）、结构内力配筋计算分析、结果图形与文本显示等。

学习目标：

(1) 熟悉 SATWE 的功能和特点；

(2) 掌握 SATWE 各种参数的设置方法，能够熟练查找到需要应用的相应规范条文；

(3) 掌握 SATWE 特殊构件补充定义操作要领；

(4) 掌握 SATWE 特殊风荷载及坡屋面风荷载的处理方法及操作；

(5) 掌握 SATWE 分析结果输出检查、评价及常规的模型调整方法及操作。

3.1 SATWE 前处理——接 PM 生成 SATWE 数据

在老版本主界面中，PMCAD 与 SATWE 是主菜单下的两个选项，运行时要退出 PMCAD 再进入 SATWE（图 3-1）。而新版本 PKPM 是把 PMCAD 和 SATWE 都放到一个界面下，操作起来更连续方便，但是核心思想依然没变。点击【前处理和计算】就直接

图 3-1 老版本 PKPM SATWE 主菜单

进入到 SATWE 前处理——接 PMCAD 生成数据这一步（图 3-2）。

图 3-2 新版本 PKPM SATWE 主菜单

3.1.1 计算控制参数设置

圈内点选【补充输入及 SATWE 数据生成】→选择【1. 分析与设计参数补充定义（必须执行）】→显示参数设置对话框，该对话框由 10 个选项卡组成。

1. 总信息

点开总信息选项卡，得到总信息设置界面（图 3-3）。

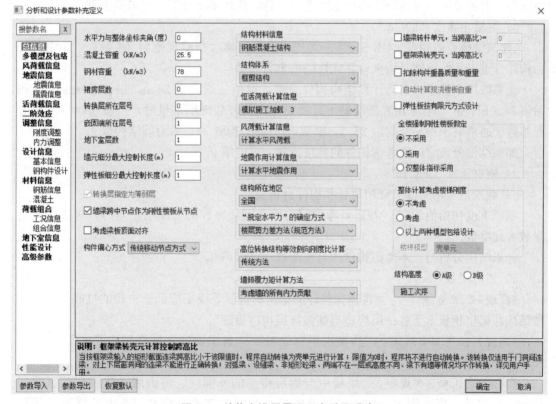

图 3-3 总信息设置界面（容重即重度）

1）水平力与整体坐标夹角（度）

《建筑抗震设计规范》GB 50011—2010（2016 年版）（后面简称《抗震规范》）5.1.1-1 条规定："一般情况下，应至少在结构的两个主轴方向分别计算水平地震作用，各方向的水平地震作用应由该方向的抗侧力构件承担。"

《抗震规范》5.1.1-2 条规定："有斜交抗侧力构件的结构，当相交角度大于 15°时，应分别计算各抗侧力构件方向的水平地震作用。"《高层建筑混凝土结构技术规程》JGJ 3—2010（后面简称《高规》）4.3.2条也有类似规定。

该参数为地震力作用方向或风荷载作用方向与结构整体坐标的夹角，逆时针方向为正。如地震沿着不同方向作用，结构地震反应的大小一般也不相同，那么必然存在某个角度使得结构地震反应最为剧烈，此方向就称为最不利地震作用方向。严格意义上讲，规范中所讲的主轴是指地震沿着该轴方向作用时，结构只发生沿着该轴的平动侧移而不发生扭转位移的轴线。当结构不规则时，地震作用的主轴方向就不一定是 0°和 90°。如最大地震方向与主轴夹角较大时，应输入该角度考虑最不利作用方向的影响。

设计人员事先很难估算结构的最不利地震作用，可以先取初始值为 0°，SATWE 计算完成后通过查看周期文本 WZQ. OUT 中输出的最不利方向角，若该角度与主轴角度大于±15°，应将该角度输入重新计算，以考虑最不利地震作用方向的影响。

需注意：①为避免填入该角度后图形旋转带来不便，可将最不利地震作用方向在地震信息中输入斜交抗侧力构件方向附加地震数和相应角度来实现；②此参数也可以考虑风荷载方向，但需要用户自行设定多个角度进行计算，比较多次计算结果取最不利值。

2）混凝土重度（kN/m^3）

《建筑结构荷载规范》GB 50009—2012（后面简称《荷载规范》）附录 I 常用材料和构件自重表。此重度是用来计算梁柱墙板重力荷载。

此参数用于程序，自动计算结构构件自重，取值一般大于 25.0，钢筋混凝土重度初始值 25.0kN/m^3，若采用轻质混凝土或需要考虑构件装饰层重量时，应按实际情况放大此参数。通常对于框架结构取 25.5，框架-剪力墙结构取 26，剪力墙结构取 27。

如果结构分析时，不考虑构件的自重荷载，可以填 0。

3）钢材重度（kN/m^3）

《荷载规范》附录 I 常用材料和构件自重表。

钢材重度初始值 78.5，若需要考虑钢构件表面装饰和防火涂层重量时，应按实际情况放大此参数。

如果结构分析时，不考虑构件的自重荷载，可以填 0。

4）裙房层数

《高规》3.9.6 条，"与主楼连为整体的裙房的抗震等级不应低于主楼的抗震等级，主楼结构在裙房顶板上下各一层应适当加强抗震构造措施"。

《高规》10.6.3-2 规定："转换层不宜设置在底盘屋面的上层塔楼内。"《抗震规范》6.1.3-2 条条文说明也有类似要求。

《高规》10.6.3-3 规定："塔楼中与裙房相连的外围柱、剪力墙，从固定端至裙房屋面上一层的高度范围内，柱纵向钢筋的最小配筋率宜适当提高，剪力墙宜按本规程 7.2.15 条的规定设置约束边缘构件，柱箍筋宜在裙楼屋面上、下层的范围内全高加密。"

对于带裙房的大底盘结构，用户应输入裙房层数，其中包含地下室层数。

5）转换层所在层号

《抗震规范》3.4.4-2 规定："竖向抗侧力构件不连续时，该构件传递给水平转换构件的地震内力应乘以 1.25～2.0 的增大系数。"

程序没有自动搜索转换构件和自动判断转换层的功能，如果结构有转换层，输入对应转换层号，可实现规范对转换构件地震内力放大的规定。

如果有转换层必须输入转换层号，允许输入多个转换层号，以逗号或者空格隔开。转换楼层号从地下室算起。

6）地下室层数

当上部结构与地下室共同分析时，通过该参数屏蔽地下室部分风荷载，并提供地下室外围回填土约束作用数据。

输入地下室层数即可。如该参数为0，【地下室信息】选项卡为灰色，无法对其进行操作，不为0时，点开该选项卡可输入相关信息。

7）嵌固端所在层号

嵌固端指上部结构的计算嵌固端。当地下室顶板作为嵌固部位时，即嵌固端所在层为地上一层；当基础顶面为嵌固部位时，嵌固端所在层号为1。

SATWE除了定义嵌固端层号，还能在结构分析之前依照规范条文，自动确定底部加强区；自动将嵌固端下一层柱纵向钢筋放大10%，梁端弯矩放大1.3倍；自动输出楼层侧向刚度供设计人员检查各层刚度比是否满足规范要求。

8）墙元细分最大控制长度

《高规》5.3.6条规定："当采用有限元模型时，应在截面变化处合理地选择和划分单元。"SATWE进行有限元分析时，对于较长的剪力墙，程序要将其细分成一系列小壳元，05版和08版默认为2m，10版默认为1m，《SATWE说明书》建议如把08版模型导入10版重新计算时，应注意将尺寸修改为1m，因此对该系数可统一采用1m。

9）对所有楼层强制采用刚性楼板假定

《抗震规范》3.4.3、3.4.4条文说明，"对于结构扭转不规则，按刚性楼盖计算"。

选择该项后，程序可以将用户设定的弹性楼板强制为刚性楼板参与计算。

初始值不选择该项。

如果设定了弹性楼板或者楼板开大洞，在计算位移比、周期比等控制参数时，应选择该项，将弹性楼板强制为刚性楼板参与计算，以满足规范要求的计算条件，计算完成后应去掉此项选择，以弹性楼板方式进行配筋和其他计算分析。

如果没有定义弹性板或者楼板开大洞，一般不选择此选项。

需注意：①对于复杂结构，如果采用此项，会影响结构分析准确性，此类结构可以查看位移的"详细输出"，或者观察结构的动态变形图，考察结构的扭转效应；②对于错层或者带夹层的结构，常伴有较多的越层柱，如采用刚性楼板假定，所有越层柱将受到楼层约束，造成计算结果失真。

10）地下室强制采用刚性楼板假定

强制地下室楼面板（包括自定义的弹性板）为刚性楼板，即只考虑平面内刚度，不考虑平面外刚度，因此在计算地下室墙柱内力时，必须选此项。

11）墙元侧向节点

墙元侧向节点是墙元刚度矩阵凝聚的一个控制参数，若选"出口"，则把墙元因细分而在其内部增加的节点凝聚掉，四边上的节点作为出口节点，墙元的变形协调性好，分析结果符合实际的剪力墙，但计算量较大；若选内部，则只把墙元上、下边的节点作为出口节点，墙元的其他节点均作为内部节点而被凝聚掉，墙元的变形协调性差。

对于多层结构，由于剪力墙较少，可选"出口节点"。对于高层结构，由于剪力墙相对较多，可选"内部节点"。

12）结构材料信息

程序按照设计人员指定的材料信息执行有关规范。

（1）钢筋混凝土结构：按混凝土结构有关规范计算地震力和风荷载。

（2）钢与混凝土组合结构：《组合结构设计规范》JGJ 138—2016，参照有关规范执行。

（3）有（无）填充墙钢结构：按钢结构有关规范计算地震力及风荷载。

（4）砌体结构：旧版本按照混凝土结构有关规范计算地震力和风荷载，并对砌体墙进行抗震验算。新版本将砌体结构计算功能移到 QITI 分析模块中。

按照工程实际情况设定结构材料信息。

需注意：①型钢混凝土和钢管混凝土结构属于钢筋混凝土结构，不是钢结构；②即使选择"无填充墙钢结构"，也还应按无填充墙钢构筑物的实际情况计算基本风压。

13）结构体系

《高规》3.1.3条规定，"高层建筑混凝土结构可采用框架、剪力墙、框架-剪力墙、筒体和板柱-剪力墙结构体系"。

程序按设计人员设计的结构体系，执行规范对相应的结构规定的计算和调整方式，目前有"框架""框剪""框筒""筒中筒""剪力墙""板柱-剪力墙""异形柱框架"和"异形柱框剪"等结构体系选项。

14）恒活荷载计算信息

《高规》5.1.9条规定，"高层建筑结构在进行重力荷载作用效应分析时，柱、墙、斜撑等构件的轴向变形宜采用适当的计算模型考虑施工过程的影响；复杂高层建筑及房屋高度大于150m 的其他高层建筑结构应考虑施工过程的影响"。

（1）不计算恒活荷载：不计算竖向力。

（2）一次性加载：整体刚度一次加载，适用于多层结构、有上传荷载的情况，高层框剪结构当竖向荷载一次加上时，由于墙与柱的竖向刚度相差很大，墙柱间的连梁协调两者之间的位移差，使柱子的轴力减小，墙的轴力增大；层层调整累加的结果，有时会使高层结构的顶部出现拉柱或梁没有负弯矩的不真实情况。

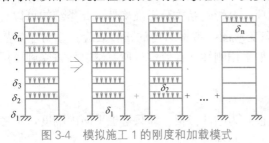

图3-4　模拟施工1的刚度和加载模式

（3）模拟施工加载 1：在实际施工中竖向荷载逐层增加，逐层找平，下层的变形对上层基本没有影响，连梁的调节作用也不大，出现模拟施工中逐层加载、逐层找平的加载方式计算竖向力，但为了简化计算过程，程序没有逐层增加结构刚度，而是采用整体刚度分层加载模型计算（图3-4）。

（4）模拟施工加载 2：整体刚度分次加载，但分析时将竖向构件的刚度放大 10 倍，是一种近似方法，改善模拟施工加载 1 的不合理处，使结构传给基础的荷载比较合理，仅用于框剪结构或框筒结构的基础计算，不得用于上部结构的设计，采用"模拟施工加载

2"后，外围框架柱受力会增大，剪力墙核心筒受力略有减小。

（5）模拟施工加载 3：这是新版本增加的选项，采用分层刚度分层加载模型，在每层加载时不用总体刚度，只用本层及以下层的刚度，虽然计算工作量大了，但其更符合施工实际情况（图 3-5）。

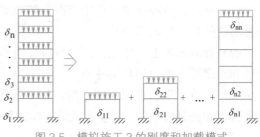

图 3-5　模拟施工 3 的刚度和加载模式

不计算恒活荷载：仅用于研究分析。

一次性加载：主要用于多层结构、钢结构和有上传荷载的结构。

模拟施工加载 1：适用于多高层结构。

模拟施工加载 2：仅可用于框剪、框筒结构向基础软件传递荷载。

模拟施工加载 3：适用于多高层无吊车结构，更符合工程实际情况。

15）风荷载计算信息

不计算风荷载。

计算风荷载：计算 X 和 Y 两个方向的风荷载。

一般选择初始项"计算风荷载"。

16）地震作用计算信息

《抗震规范》3.1.2 条，"抗震设防烈度为 6 度时，除本规范有具体规定外，对乙、丙、丁类建筑可不进行地震作用计算"。

《抗震规范》5.1.6-1 条，"6 度时的建筑，以及生土房屋和木结构房屋等，应符合有关的抗震措施要求，但应允许不进行截面抗震验算"。

《抗震规范》5.1.6-2 条，"6 度时不规则建筑、建造于Ⅳ类场地上较高的高层建筑，7 度和 7 度以上的建筑结构，应进行多遇地震作用下的截面抗震验算"。

《抗震规范》5.1.1-4 条规定，"8、9 度时的大跨度和长悬臂结构及 9 度时的高层建筑，应计算竖向地震作用"。

《高规》4.3.2-3 条规定，"高层建筑中的大跨度、长悬臂结构，7 度（0.15g）、8 度抗震设计时应计入竖向地震作用"。

《高规》4.3.2-4 条规定，"9 度抗震设计时应计算竖向地震作用"。

（1）不计算地震作用：对于不进行抗震设防的地区或者抗震设防烈度为 6 度时的部分结构，规范规定可以不进行地震作用计算。在选择"不计算地震作用后"，仍然要在"地震信息"选项卡中指定抗震等级，以满足抗震构造措施的要求。

（2）计算水平地震作用：计算 X、Y 两个方向的地震作用。

（3）计算水平和规范简化方法竖向地震作用：按《抗震规范》5.3.1 条规定的简化方法计算竖向地震。

（4）计算水平和反应谱方法竖向地震作用：《高规》4.3.14 条规定，"跨度大于 24m 的楼盖结构、跨度大于 12m 的转换结构和连体结构、悬挑长度大于 5m 的悬挑结构，结构竖向地震作用效应标准值宜采用时程分析方法或振型分解反应谱方法进行计算"。采用振型分解反应谱法计算竖向地震作用时，程序输出每个振型的竖向地震力，以及楼层的地震反力和竖向作用力，并输出竖向地震系数和有效质量系数。

按照规范规定，依据当地抗震等级及工程实际情况进行选择即可，适用情况如下：

（1）不计算地震作用：用于抗震设防烈度6度以下地区的建筑（6度甲类建筑和6度Ⅳ类场地的高层建筑除外）。

（2）计算水平地震作用：用于抗震设防烈度7、8度地区的多高层建筑，及6度甲类建筑和6度Ⅳ类场地的高层建筑。

（3）计算水平和竖向地震作用：用于抗震设防烈度9度地区的高层建筑，8、9度地区大跨度和长悬臂结构，8度地区带有连体和转换结构的高层建筑。

17）结构所在地区

全国：程序执行国家规范。

上海：程序除执行国家规范外，还执行上海市有关的地方规范。

广东：程序除执行国家规范外，还执行广东省有关的地方规范。

全国除上海、广东以外的地区都应选择国家规范。

18）施工次序

在采用模拟施工加载时，为适应某些复杂结构施工次序调整的特殊情况，新版软件增加这个参数，用于分别指定各自然层的施工顺序。

如采用广义楼层概念建立模型，有可能打破楼层号由低到高的排列次序，为了正确进行模拟施工计算，需要用户指定施工次序。

2. 风信息

风信息选项卡界面如图3-6所示。

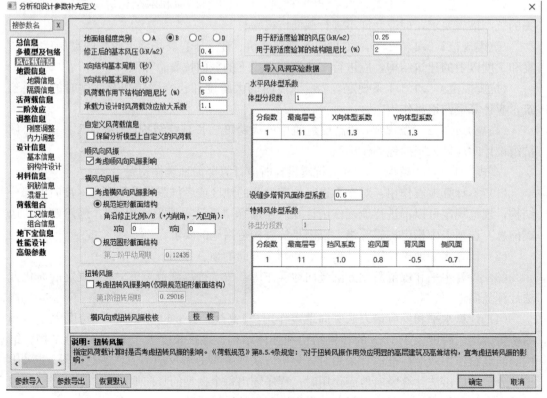

图3-6　风信息选项卡界面

1）地面粗糙度类别

《荷载规范》8.2.1条，"地面粗糙度可分为 A、B、C、D 四类"。A 类：近海海面、海岛、海岸、湖岸及沙漠地区。B 类：田野、乡村、丛林、丘陵及中小城镇和大城市郊区。C 类：有密集建筑群的城市市区。D 类：有密集建筑群且房屋较高的城市市区。

2）修正后的基本风压

《荷载规范》8.1.2 条规定，"基本风压应按本规范附录Ⅳ中附表给出的 50 年一遇的风压采用，但不得小于 $0.3kN/m^2$"。

《高规》4.2.2 条及条文说明规定，"对于特别重要或对风荷载比较敏感的高层建筑，其基本风压应按 100 年重现期的风压值采用"。

3）结构基本周期

结构基本周期主要是计算风荷载中的风振系数用的。分别指定 X 向和 Y 向的基本周期，进行 X 向和 Y 向风荷载的详细计算。

结构基本自振周期可以根据规范的近似公式手工计算输入，采用程序简化计算的初始值，在完成一次计算后，将计算书 WZQ. out 中结构第 1、2 两个平动振型周期值输入重算。

4）体型分段数/各段最高层号

程序默认此参数为 1。当体型分段数为 1 时，即结构最高层。其他情况按分段的最高层号输入，高层立面复杂时，可考虑体型系数分段。

当定义了地下室层数后，SATWE 程序会自动扣除地下室高度，不必将地下室单独分段。

5）各段体形系数

《高规》4.2.3 条规定，"计算主体结构的风荷载效应时，风荷载体形系数 μ_s 可按下列规定采用。"

圆形平面建筑取 0.8。

正多边形及截面三角形平面建筑，由下式计算：

$$\mu_s = 0.8 + 1.2/\sqrt{n} \tag{3-1}$$

式中　n——多边形的边数。

高宽比 H/B 不大于 4 的矩形、方形、十字形平面建筑取 1.3。

V 形、Y 形、弧形、双十字形、井字形平面建筑取 1.4。

L 形、槽形和高宽比 H/B 大于 4、L/B 不大于 1.5 的矩形、鼓形平面建筑取 1.4。

《荷载规范》第 8.3 节表 8.3.1 也详细规定了风载体型系数的选取。

根据规范规定的和结构的实际情况输入结构的体型系数，各段的最高层号和体形系数，初始值分段数为 1，第一段最高层号为结构总层数，第一段体形系数为 1.3。

6）设缝多塔背风面体型系数

对于设缝的多塔结构，缝隙两边的墙体不受或很少受风荷载影响，程序在计算风荷载时通过此参数对背风面风荷载进行修正。

按实际情况输入背风面的体形系数，初始值为 0.5，该值如果取 0，表示背风面不考虑风荷载影响。

与此参数相配合，在其后"多塔结构补充定义"中，应在平面图上指定结构的风荷载遮挡（背风面）的确切位置。

7）特殊风体形系数

只有在"总信息"选显卡中选定了"计算特殊风荷载"时，才会被激活。其与水平风体型系数的区别在于其区分了迎风面、背风面和侧风面体型系数，其对风荷载的计算比水平风荷载更为细致。

挡风系数是为了考虑结构外轮廓并非全部为受风面，而存在部分镂空的情况，当该系数为 1.0 时，表示该建筑外轮廓全部为受风面；小于 1.0 时，表示建筑外轮廓有效受风面所占全部轮廓的比例；程序计算风荷载时，按有效受风面积比例生成风荷载。填 0 时，则为全部敞开建筑，不承受风荷载。

设缝多塔背风面体形系数：该参数主要用在带变形缝结构的有关风荷载的计算中，由于遮挡造成的风荷载折减系数通过该系数来指定。对于设缝多塔结构，用户可以在 SATWE 完成参数补充定义之后的"多塔结构补充定义"中指定各塔的挡风面，程序再计算风荷载时会自动考虑挡风面的影响，并采用此处输入的背风面图形系数对风荷载进行修正。

3. 地震信息

地震信息选项卡如图 3-7 所示。

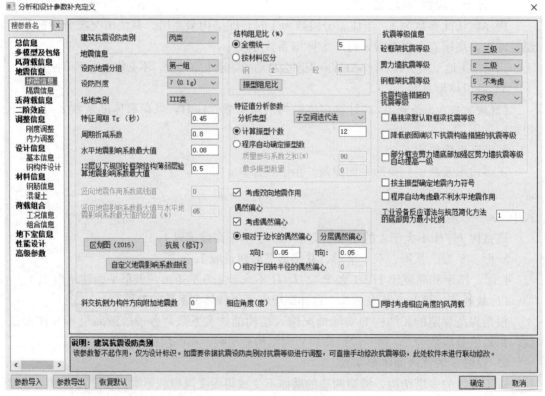

图3-7 地震信息选项卡

1）结构规则性信息

《抗震规范》5.2.3-1 条规定，"规则结构不进行扭转耦联计算时，平行于地震作用方向的两个边榀各构件，其地震作用效应应乘以增大系数。一般情况下，短边可按 1.15 采用，长边可按 1.05 采用，当扭转刚度较小时，周边各构件宜按不小于 1.3 采用"。

考虑到扭转耦联计算适用于任何空间结构的分析，SATWE 软件去掉了扭转耦联选项，不论结构是否规则总进行扭转耦联计算，因此不必考虑结构边榀地震效应增大。

初始值为不规则。

2）设计地震分组

《抗震规范》3.2.3 条规定，本规范的设计地震共分为三组。

《抗震规范》3.2.4 条规定，设计地震分组，可按本规范附录 A 采用。

根据《抗震规范》附录 A 设置本地区地震分组，初始值为一组。

3）设防烈度

《抗震规范》3.2.2 条规定，"抗震设防烈度和设计基本地震加速度取值的对应关系，应符合表 3.2.2 的规定。设计基本地震加速度为 0.15g 和 0.30g 地区内的建筑，除本规范另有规定外，应分别按抗震设防烈度 7 度和 8 度的要求进行抗震设计"。

根据《抗震规范》附录 A 设置本地区抗震设防烈度。该参数共有六个选项，6（0.05g）、7（0.10g）、7（0.15g）、8（0.20g）、8（0.30g）、9（0.40g），初始值为 7（0.15g）。

4）场地类别

《抗震规范》4.1.6 条规定，"建筑的场地类别，应根据土层等效剪切波速和场地覆盖层厚度按表 3-1 划分为四类"。

根据规范规定按各地区情况输入场地类别，该参数共有五个选项，0 代表上海地区，1、2、3、4 分别代表全国其他地区的Ⅰ、Ⅱ、Ⅲ、Ⅳ类场地。

各类建筑场地的覆盖层厚度（m） 表 3-1

岩石的剪切波速或土的等效剪切波速(m/s)	场地类别				
	I_0	I_1	Ⅱ	Ⅲ	Ⅳ
$v_s > 800$	0				
$800 \geqslant v_s > 500$		0			
$500 \geqslant v_s > 250$		<5	≥5		
$250 \geqslant v_s > 150$		<3	3~50	>50	
$v_s \leqslant 150$		<3	3~15	15~50	>80

注：表中 v_s 系岩土剪切波速。

5）抗震等级

按照《抗震规范》6.1.2 条规定，"钢筋混凝土房屋应根据设防类别、烈度、结构类型和房屋高度采用不同的抗震等级，并应符合相应的计算和构造措施要求。丙类建筑的抗震等级应按表 6.1.2 确定"，现浇钢筋混凝土房屋和钢结构房屋的抗震等级表详见附录Ⅵ。

对于复杂高层，因不同结构部位的抗震等级不同，如带转换层的高层建筑、底部加强部位和非底层加强部位以及地下二层以下抗震等级不一样。程序给出两种指定方式，程序以手工修改抗震等级为最优级别进行计算。

方式一：在该两项填入底部加强部位剪力墙和框架的抗震等级，然后在特殊构件补充定义中，人工调整非加强部位（包括地下二层及以下楼层）的抗震等级，此时应注意，填入的抗震等级为按照《高规》表3.9.3、表3.9.4查出的抗震等级，对于转换层在3层及以上时，其框支柱、剪力墙底部加强部位抗震等级的提高由程序自动完成，不必再人工干预底部加强部位的柱墙抗震等级。

方式二：在该两项填入非底部加强部位剪力墙和框架的抗震等级，然后在特殊构件补充定义中，人工调整的框支梁、柱及剪力墙的抗震等级应为提高以后的最终等级。另外，对于转换层在3层及以上时，底部加强部位的剪力墙的抗震等级难以准确定位。

6) 中震（或大震）设计

中震（或大震）设计属于结构性能设计的范围。目前我国的抗震设计，多以小震为设计基础的，中震和大震则是通过调整系数和各种抗震构造措施来保证的，但对于复杂结构、超高超限结构，基本都要求进行中震验算。

地震影响系数按中震（大震）采用，地震分项系数为1.0取消"强柱弱梁、强剪弱弯"调整，材料强度取标准值，不同于中震（大震）弹性设计，这时应采用的地震影响系数，将抗震等级改为四级（不进行相关调整）。

进行中震（大震）不屈服设计时选择此项，还应按抗震等级修改（多遇地震影响系数最大值），一般中震取2.8倍的小震值，大震取4.5~6倍的小震值，基于性能的抗震设计还有中震（大震）弹性设计，此时不选择"中震（大震）的不屈服做结构设计"，但地震最大影响系数取为中震或大震值，构件抗震等级不考虑"取消地震组合内力调整，及强柱弱梁、强剪弱弯调整"。

SATWE在中震（大震）弹性设计和中震（大震）不屈服设计均自动处理为不考虑风荷载，不屈服设计增加竖向地震主控组合，自动进行柱墙受剪截面验算，取消组合内力调整，取消强柱弱梁、强剪弱弯调整。

7) 考虑偶然偏心作用

《高规》4.3.3条规定，"计算单向地震作用时应考虑偶然偏心的影响"。

《抗震规范》3.4.3条及条文详细规定了建筑形体及构件布置的平面、竖向不规则性。

当计算双向地震作用时，程序仅对无偏心的地震作用效应进行双向地震作用，无论左偏心还是右偏心均不做双向地震作用计算。

无论是否考虑双向地震作用，均应勾选本参数。

8) 考虑双向地震作用

《抗震规范》5.1.1-3条规定，"质量和刚度分布明显不对称的结构，应计算双向水平地震作用下的扭转影响"。

《高规》4.3.2-2条规定，"质量和刚度分布明显不对称、不均匀的结构，应计算双向水平地震作用下的扭转影响"。

考虑双向地震扭转效应，在 X 和 Y 方向地震作用的效应分别为 S_x 和 S_y，程序对柱采用与其他构件略有不同的双向地震的组合方式，柱的剪力和弯矩只考虑地震作用主方向的双向地震组合，次方向不作双向地震组合。在进行柱双偏压配筋计算时，这种调整后的组合方式会使计算结果更合理，考虑双向地震时，输出双向地震作用下楼层最大位移及位移比，将原地震工况内力替换成双向地震作用工况内力。

当建筑结构的质量和刚度明显不对称、不均匀时，应选择该项。初始值为不选择。

不对称、不均匀的结构是不规则结构的一种，指同一平面内质量、刚度布置不对称，或虽在本层内对称，但沿高度分布不对称的结构。

从计算公式可以看出，考虑双向水平地震作用，对 X 和 Y 方向地震作用予以放大，构件配筋也会相应增大。

允许同时考虑偶然偏心和双向地震作用，程序按照规范要求分别计算，不进行叠加，取不利结果。

9）计算振型个数

计算振型个数一般取 3 的倍数，程序采用既适用于刚性楼板又适用于弹性楼板的通用方法计算各地震方向的有效质量系数，用于判定振型个数是否取够。振型数不能超过结构的固有振型总数。

计算后应查看计算书 WZQ. OUT，检查 X 和 Y 两个方向的有效质量系数是否大于 0.9，如都大于 0.9 则表示振型个数合理，否则应增加振型个数重新计算。

10）活荷载质量折减系数

《抗震规范》5.1.3 条规定，"计算地震作用时，建筑的重力荷载代表值应取结构和构件自重标准值和各可变荷载组合值之和。各可变荷载组合值系数，应按表 3-2 采用"。查表可知按等效活荷载计算的楼面活荷载书库档案库 0.8，其他民用建筑取 0.5。

《高规》4.3.6 条规定，"楼面活荷载按实际情况计算时取 1.0，按等效均布活荷载计算时，藏书库、档案库、库房取 0.8，一般民用建筑取 0.5"。

该参数是计算重力荷载代表值时的活荷载组合系数，初始值为 0.5，设计人员可以根据工程实际情况修改。

该折减系数只改变楼层质量，不改变荷载总值，即对竖向荷载作用的内力计算没有影响。

组合值系数　　　　　　　　　　　　　　　　　　表 3-2

可变荷载种类		组合值系数
雪荷载		0.5
屋面积灰荷载		0.5
屋面活荷载		不计入
按实际情况计算的楼面活荷载		1.0
按等效均布荷载计算的楼面活荷载	藏书库、档案库	0.8
	其他民用建筑	0.5
起重机悬吊物重力	硬钩吊车	0.3
	软钩吊车	不计入

11）周期折减系数

《高规》4.3.16 条规定，计算各振型地震影响系数所采用的结构自振周期应考虑非承重墙体的刚度影响予以折减。

《高规》4.3.17 条规定，当非承重墙体为填充墙时，高层建筑结构的计算自振周期折减系数可按下列规定取值：

框架结构 0.6～0.7；

框架-剪力墙结构 0.7～0.8；

框架-核心筒结构可取 0.8～0.9；

剪力墙结构可取 0.8～1.0。

对于其他结构体系或采用其他非承重墙体时，可根据工程实际情况确定周期折减系数。

周期折减系数的目的是为了考虑框架结构和框架-剪力墙结构填充墙刚度对计算周期的影响，因为建模时没有输入填充墙，仅考虑其荷载，没有考虑其实际提供的刚度，根据工程实际情况确定周期折减系数，取值范围 0.7～1.0，初始值 0.8。

12）结构的阻尼比

《抗震规范》5.1.5-1 条规定，"除有专门规定外，建筑结构的阻尼比应取 0.05"。

《抗震规范》8.2.2-1 条规定，"钢结构在多遇地震下的计算，高度不大于 50m 时，可取 0.04；高度大于 50m 且小于 200m 时，可取 0.03；高度不小于 200m 时，宜取 0.02"。

《抗震规范》8.2.2-3 条规定，"钢结构在罕遇地震下的分析，阻尼比可采用 0.05"。

13）特征周期

《抗震规范》5.1.4 条规定，"建筑结构的地震影响系数应根据烈度、场地类别、设计地震分组和结构自振周期以及阻尼比确定。其水平地震影响系数最大值应按表 3-3 采用；特征周期应根据场地类别和设计地震分组，应按表 3-4 采用，计算罕遇地震作用时，特征周期应增加 0.05s"。

水平地震影响系数最大值 表 3-3

地震影响	6 度	7 度	8 度	9 度
多遇地震	0.04	0.08（0.12）	0.16（0.24）	0.32
罕遇地震	0.28	0.50（0.72）	0.90（1.20）	1.40

注：括号中数值分别用于设计基本地震加速度为 0.15g 和 0.30g 的地区。

特征周期值（s） 表 3-4

设计地震分组	场地类别				
	I₀	I₁	II	III	IV
第一组	0.20	0.25	0.35	0.45	0.65
第二组	0.25	0.30	0.40	0.55	0.75
第三组	0.30	0.35	0.45	0.65	0.90

根据工程实际情况输入特征周期值，初始值为 0.45。

14）斜交抗侧力构件方向附加地震数/相应角度

根据《抗震规范》5.1.1-2 条规定，"当计算地震夹角大于 15°时，应计算抗侧力构件方向的水平地震作用"。

当建筑结构中有斜交抗侧力构件，其与主轴方向相交角度大于 15°时，应输入斜交构件的数量和角度。

程序内定斜交抗侧力构件方向附加地震数取值范围是 0～5，初始值为 0。

4. 活荷载信息

活荷载信息选项卡如图 3-8 所示。

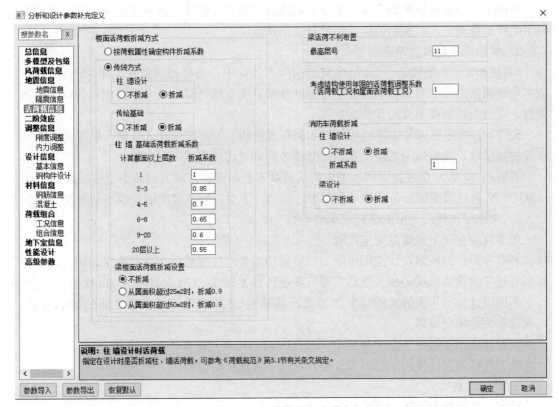

图 3-8　活荷载信息选项卡

1）柱、墙设计时活载/传给基础的活荷载

程序只对标准层（楼面）的梁折减，对屋面梁不折减。当次梁按照主梁输入时，结构主梁可能被分成几段引起导荷面积减少，程序无法判断而少折减部分活荷载，程序无法判断大底盘主楼以外的屋面梁而统一按照楼面梁进行折减，程序无法判断汽车通道及汽车库的楼板为单向板或双向板，按同一折减系数进行折减，SATWE 计算时，直接按照折减后的楼面梁荷载向下传递。

2）柱、墙、基础活荷载折减系数

《荷载规范》5.1.2 条规定，"设计墙柱基础时的折减系数，第 1 项应按表 3-5 规定采用"。

活荷载按楼层的折减系数　　　　　　　　　　　　　　　　　　　　　　　表 3-5

墙、柱、基础计算截面以上的层数	1	2～3	4～5	6～8	9～20	＞20
计算截面以上各楼层活荷载总和的折减系数	1.00 (0.90)	0.85	0.70	0.65	0.60	0.55

注：当楼面梁的从属面积超过 $25m^2$ 时，应采用括号内的系数。

作用在楼面上的活荷载，不可能同时布满在所有的楼层上，根据规范规定，在柱、墙、基础设计时，可对活荷载进行折减，程序初始值采用规范表 4.1.2 规定的楼层活荷载折减系数。结构计算完成后，在计算书 WDCNL.OUT 中输出各组合内力，是按《建筑地基基础设计规范》GB 50007—2011（后面简称《基础规范》）要求给出的各竖向构件的各种控制组合，活荷载作为一种工况，在荷载组合计算时可以进行折减。

可根据工程实际情况确定柱、墙、基础活荷载是否要折减，折减系数应根据计算截面以上的楼层数确定，对初始值折减值进行适当修改。

3）梁活荷不利布置最高层号

《高规》5.1.8条规定，"高层建筑结构内力计算中，当楼面活荷载大于$4kN/m^2$时，应考虑楼面活荷载不利布置引起的梁弯矩的增大；当整体计算中未考虑楼面活荷载不利布置时，应适当增加楼面梁的计算弯矩"。

SATWE程序可以考虑梁的活荷载不利布置影响，但需要设计人员输入梁活荷载不利布置的楼层数，初始值为总楼层数，即全楼各层都考虑活荷载不利布置。

若输入0，表示全楼各层都不考虑梁活荷载不利布置；若输入的数小于楼层数N，表示从$1\sim N$各层考虑梁活荷载的不利布置，而$N+1$层以上不考虑活荷载不利布置。

4）考虑结构使用年限的活荷载调整系数

此参数应按照下列规范规定选取。

若甲方提出的所谓设计使用年限100年的功能要求仅仅是耐久性的要求，则抗震设防类别和相应的设防标准仍按《建筑工程抗震设防分类标准》GB 50223—2008执行。

不同设计使用年限的地震动参数与设计基准期50年的地震动参数之间的基本关系，可参阅有关的研究成果。

当设计使用年限少于设计基准期（50年）时，抗震设防要求相应降低。

临时性建筑设计使用年限小于5年，可以不考虑抗震设防。

5. 调整信息

调整信息选项卡如图3-9所示。

1）梁端负弯矩调幅系数

《高规》5.2.3-1规定，"竖向荷载作用下，可考虑框架梁端塑性变形内力重分布对梁端负弯矩乘以调幅系数进行调幅，装配整体式框架梁端负弯矩调幅系数可以取为0.7～0.8，现浇框架梁端负弯矩调幅系数可取为0.8～0.9"。

框架梁端负弯矩调幅后，梁跨中弯矩按照平衡条件相应增大，应注意调幅仅对竖向荷载作用下的框架梁的弯矩进行，调幅以后再与水平作用产生的框架梁弯矩进行组合。

程序初始值为0.85，用户可自行修改该数值。

2）梁活载内力放大系数

如果在荷载信息中考虑了整楼"梁活载不利布置"，则应取1，该系数只对梁在满布荷载下的内力进行放大，然后与其他荷载工况进行组合，而不再乘以组合后的弯矩包络图，一般工程如梁按满布活荷载计算内力，则建议取1.1～1.2。

《高规》5.1.8条条文说明规定，"如果活荷载较大，可将未考虑活荷载不利布置计算的框架梁弯矩乘以1.1～1.3，近似考虑活荷载不利布置影响时，梁正负弯矩应同时放大"。

3）梁扭矩折减系数

默认值为0.4。

《高规》5.2.4条规定，"高层建筑结构楼面梁受扭计算时应考虑现浇楼盖对梁的约束作用，当计算中未考虑现浇楼盖对梁的扭转约束时，可对梁的计算扭矩折减，梁扭矩折减系数应根据梁周围楼盖的约束情况而定"。

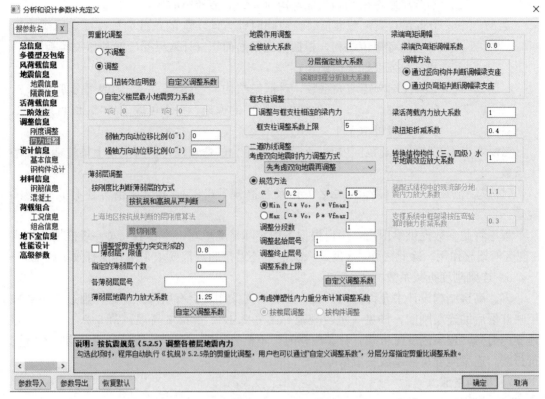

图 3-9 调整信息（内力调整）选项卡

折减系数可在 0.4～1.0 范围内取值，建议一般取 0.4，对结构转换层的边框架梁扭矩折减系数不宜小于 0.6。

4）托梁刚度放大系数

SATWE 程序计算框支梁和梁上的剪力墙分别采用梁元和墙元两种不同的计算模型，造成剪力墙下边缘与转换大梁的中性轴变形不协调，于是计算模型中的转换大梁的上表面在荷载作用下将会与剪力墙脱开，导致计算模型的刚度偏柔。

托梁刚度放大系数一般可取为 100 左右，当考虑托墙梁刚度放大时，转换层附近若有超筋情况通常可以缓解。

5）实配钢筋超配系数

根据规范取值，强柱弱梁，调整系数。《抗震规范》第 6.2.2 条规定，一、二、三、四级框架的梁柱节点处，除框架顶层和柱轴压比小于 0.15 者及框支梁与框支柱的节点外，柱端组合的弯矩设计值应符合下式要求：

$$\sum M_c = \eta_c \sum M_b \tag{3-2}$$

一级的框架结构和 9 度的一级框架可不符合上式要求，但应符合下式要求：

$$\sum M_c = 1.2 \sum M_{bua} \tag{3-3}$$

式中　$\sum M_c$——节点上下柱端截面顺时针或反时针方向组合的弯矩设计值之和，上下柱端的弯矩设计值，可按弹性分析分配；

　　　$\sum M_b$——节点左右梁端截面反时针或顺时针方向组合的弯矩设计值之和，一级框架节点左右梁端均为负弯矩时，绝对值较小的弯矩应取零；

$\sum M_{bua}$——节点左右梁端截面反时针或顺时针方向实配的正截面抗震受弯承载力所对应的弯矩值之和，根据实配钢筋面积（计入梁受压筋和相关楼板钢筋）和材料强度标准值确定；

η_c——框架柱端弯矩增大系数，对框架结构，一、二、三、四级可分别取 1.7、1.5、1.3、1.2；其他结构类型中的框架，一级可取 1.4，二级可取 1.2、三、四级可取 1.1。

当反弯点不在柱的层高范围内时，柱端截面组合的弯矩设计值可乘以上述柱端弯矩增大系数。

《抗震规范》6.2.5、6.2.6、6.2.7 条及《高规》6.2.1、6.2.3 条等还有其他相关规定。

程序将此参数提供给用户，用户根据工程实际情况填写，本参数只对一级框架结构或 9 度区框架起作用。除此之外，9 度及一级框架还需按照规范要求采用其他有效抗震措施。

6）连梁刚度折减系数

多、高层结构设计中允许连梁开裂，开裂后连梁刚度会有所降低，程序通过该参数来反映开裂后的连梁刚度，详见《抗震规范》第 6.2.13-2 条及《高规》第 5.2.1 条。计算地震内力时，连梁刚度可折减，计算位移时，不进行折减，对非抗震设计的结构，不宜进行折减。连梁刚度折减系数一般取 0.5～0.6。

7）梁刚度放大

（1）梁刚度放大系数

考虑楼板作为翼缘对梁刚度的贡献，勾选此项后，《混凝土结构设计规范》GB 50010—2010（后面简称《混凝土规范》）5.2.4 条规定，"对现浇楼盖和装配整体式楼盖，宜考虑楼板作为翼缘对梁刚度和承载力的影响。梁受压区有效翼缘计算宽度 b_f' 可按表 5.2.4 所列情况最小值取用，也可采用梁刚度增大系数法近似考虑，刚度增大系数应根据梁有效翼缘尺寸与梁截面尺寸的相对比例确定"。

程序将根据该条自动计算每根梁的楼板有效翼缘宽度，按照 T 形截面与梁截面的刚度比例，确定每根梁的刚度系数。

（2）中梁刚度放大系数

《高规》5.2.2 条，"在结构内力与位移计算中，现浇楼盖和装配整体式楼盖中，梁的刚度可考虑翼缘的作用予以增大。近似考虑时，楼面梁刚度增大系数可根据翼缘情况取值 1.3～2.0"。

通常装配式楼板取 1.0，装配整体式楼板取 1.3，现浇楼面的边框梁可取 1.5、中框梁可取 2.0，对压型钢板组合楼板中的边梁取 1.2、中梁取 1.5。当梁翼缘厚度与梁高相比较小时，取较小值；反之取较大值。而对其他情况下梁的刚度不应放大，程序自动处理边梁、独立梁及与弹性楼板相连梁的刚度不够大。

梁刚度放大的主要目的，是考虑在刚性板假定下楼板刚度对结构的作用，梁的刚度放大不是为了在计算梁的内力和配筋时，将楼板作为梁的翼缘，按 T 形梁设计，来降低梁的内力和配筋，而是近似考虑楼板刚度对结构的周期、位移的影响。

（3）混凝土矩形梁转 T 形（自动附加楼板翼缘）

勾选此项后程序能自动考虑楼板翼缘对混凝土矩形梁的刚度和承载力影响,将矩形截面转换成 T 形截面进行刚度和承载力的计算,由于梁中性轴上移,梁底正弯矩纵向钢筋比勾选有所减少,支座负弯矩纵筋变化不明显,此项与"中梁刚度放大系数"仅能二选一。

8)调整与框支柱相连的梁内力

框支柱剪力调整后,应相应调整框支柱的弯矩及柱端框架梁的剪力、弯矩,但框支梁的剪力、弯矩和框支柱轴力可不调整,由于框支柱的内力调整幅度较大,若相应调整框架梁的内力,则有可能使框架梁设计超限。勾选后会调整与框支柱相连的框架梁的内力。

9)指定的加强层个数及层号

加强层指高层建筑结构中设置连接内筒与外围结构的水平外伸臂结构的楼层,必要时还可沿该楼层外围结构周边设置带状水平梁或桁架。《高规》10.3 节有针对加强层的定义和设置规定,设置加强层,可以提高结构的整体刚度,控制结构位移,加强层的设置位置和数量如果合理,有利于减少结构的侧移。

《高规》10.3.3 条,作为设置加强层的强制条文,规定了加强层的抗震等级及轴压比等要求,SATWE 此项参数,即是针对规范此条文而设置,设置加强层后并填写此参数,SATWE 自动实现如下功能:

加强层及相邻柱、墙抗震等级自动提高一级;

加强层及相邻层轴压比控制减小 0.05;

加强层及相邻层设置约束边缘条件。

10)按《抗震规范》5.2.5 条调整各楼层地震内力

详见《抗震规范》5.2.5 条对剪力系数的说明部分,"抗震验算时剪力系数不应小于表 3-6 规定的楼层最小地震剪力系数值,对竖向不规则结构的薄弱层,尚应乘以 1.15 的增大系数",《抗震规范》5.2.5 条作为强制性条文必须执行。

楼层最小地震剪力系数值　　　　　　　　　　　　　　表 3-6

类别	6 度	7 度	8 度	9 度
扭转效应明显或基本周期 小于 3.5s 的结构	0.008	0.016(0.024)	0.032(0.048)	0.064
基本周期大于 5.0s 的结构	0.006	0.012(0.018)	0.024(0.036)	0.048

11)指定的薄弱层个数及其层号

《抗震规范》3.4.4-2 规定"平面规则而竖向不规则的建筑结构,应采用空间结构计算模型,其薄弱层的地震剪力应乘以 1.15 的增大系数"。

当输入薄弱层个数及层号时,程序自动对薄弱层构件的地震力乘以 1.15 的系数。当有多个薄弱层时,层号用逗号或者空格隔开。

12)地震作用调整

此参数是地震调整系数,可通过其放大地震力,调高结构的抗震安全度,根据工程实际情况确定是否需要放大地震作用,取值范围是 1.0~1.5,初始值为 1.0。

13)$0.2V_0$ 调整的起始层号和终止层号

《抗震规范》6.2.13-1 条规定,"侧向刚度沿竖向分布基本均匀的框架-抗震墙结构,任一层框架部分的地震剪力,不应小于结构底部总地震剪力的 20％和按框架-抗震墙结构分析的框架部分各楼层地震剪力最大值 1.5 倍两者的较小值"。

设计人员指定需要进行 $0.2V_0$ 调整的起始层号和终止层号。调整起始层号和终止层号的初始值都为 0,如果需要人为控制调整系数,可以在 SATWE 的数据文件 SATIN-PUT.O2Q 中,按照样本格式给出各楼层调整系数,调整值超过 2.0 时,应在起始层号前加负号。$0.2V_0$ 调整的放大系数只针对框架梁柱的弯矩和剪力,不调整轴力,$0.2V_0$ 调整结构在计算书 WVO2Q.OUT 中输出,非抗震设计时,不需要进行 $0.2V_0$ 调整,钢结构为 $0.25V_0$ 调整。

6. 设计信息

设计信息选项卡如图 3-10 所示。

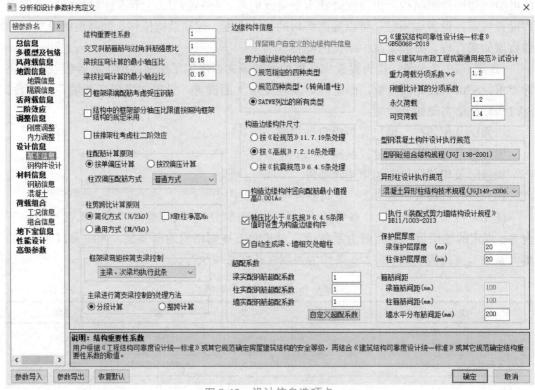

图 3-10　设计信息选项卡

1) 结构重要性系数

该参数用于非抗震组合的构件承载力验算。

《高规》3.8.1 中规定,"对安全等级为 1 级的结构构件不应小于 1.1,对安全等级为二级的结构构件不应小于 1.0"。

对安全等级为一级或实际使用年限为 100 年及以上的结构构件,不应小于 1.1;对安全等级为二级或使用年限为 50 年的结构构件,不应小于 1.0;对安全等级为三级或设计使用年限为 5 年及以下的结构构件,不应小于 0.9。在抗震设计中,不考虑结构构件的重要性系数。

2) 钢构件截面净面积与毛面积的比值

计算构件实际受力截面积，根据钢构件上螺栓孔的布置情况，输入钢构件净毛面积比值，如系全焊连接为1，螺栓连接小于1，该参数取值范围为0.5～1，初始值为0.85。

3）考虑$P\text{-}\Delta$效应

《抗震规范》3.6.3条规定，"当结构在地震作用下的重力附加弯矩大于初始弯矩的10％时，应计入重力二阶效应的影响"。

《高规》5.4.1条规定，"当高层建筑结构满足下列规定时，弹性计算分析时可不考虑重力二阶效应的不利影响"。

（1）剪力墙结构、框架-剪力墙结构、板柱剪力墙结构、筒体结构：

$$EJ_d \geqslant 2.7H^2 \sum_{i=1}^{n} G_i \tag{3-4}$$

（2）框架结构：

$$D_i \geqslant 20 \sum_{j=1}^{n} G_j / h_i \qquad (i = 1, 2 \cdots n) \tag{3-5}$$

式中 EJ_d——结构一个主轴方向的弹性等效侧向刚度，可按倒三角形分布荷载作用下结构顶点位移相等的原则，将结构的侧向刚度折算为竖向悬臂受弯构件的等效侧向刚度；

      H——房屋高度；

  G_i、G_j——分别为第i、j层重力荷载设计值，取1.2倍的永久荷载标准值与1.4倍的楼面可变荷载标准值的组合值；

      h_i——第i楼层高；

      D_i——第i楼层的弹性等效侧向刚度，可取该层剪力与层间位移的比值；

      N——结构计算总层数。

《高规》5.4.2条规定，"高层建筑结构如果不满足规程5.4.1条的规定时，应考虑重力二阶效应对水平力作用下结构内力和位移的不利影响"。

《高规》5.4.3条规定，"高层建筑结构的重力二阶效应可采用有限元方法进行计算；也可采用对未考虑重力二阶效应的计算结果乘以增大系数的方法进行考虑"。

《混凝土规范》5.3.4条规定，"当结构的二阶效应可能使作用效应显著增大时，在结构分析中应考虑二阶效应的不利影响。混凝土结构的重力二阶效应可采用有限元分析方法计算，也可采用本规范附录B的简化方法。当采用有限元分析方法时，宜考虑混凝土构件开裂对构件刚度的影响"。

参考SATWE输出文件WMASS.OUT中的提示，若显示"可以不考虑重力二阶效应"，则可以不选择此项，否则应选择此项。

4）进行构件设计

选择此项，程序按《高规》进行荷载组合计算，按《高层民用建筑钢结构技术规程》JGJ 99—2015进行构件设计计算。不选择此项，按多层结构进行荷载组合计算，按《钢结构设计标准》GB 50017—2017进行构件设计计算。

5）保护层厚度

《混凝土规范》8.2.1条规定，"构件中普通钢筋及预应力筋的混凝土保护层厚度应满足下列要求：①构件中受力钢筋的保护层厚度不应小于钢筋的公称直径d；②设计使用年限 50 年的混凝土结构,最外层钢筋的保护层厚度应符合表 8.2.1 的规定;设计使用年限为 100 年的混凝土结构,最外层钢筋的保护层厚度不应小于表 8.2.1 中数值的 1.4 倍"。

梁保护层厚度初始值为 20mm,柱保护层厚度为 20mm,设计人员应根据工程实际情况修改。

当梁柱实配钢筋直径大于 25mm 时,应符合保护层厚度不小于钢筋直径,设置钢筋保护层厚度时还应考虑构件工作环境,如在地下室、露天或其他恶劣环境中的构件应按规范要求加大保护层厚度。

6)梁柱重叠部分简化为刚域

《混凝土规范》5.2.2 条的条文说明中规定,"当钢筋混凝土梁柱构件截面尺寸相对较大时,梁柱交汇点会形成相对的刚性节点区域。刚域尺寸的合理确定,会在一定程度上影响结构整体分析的精度"。

《高规》5.3.4 条规定,"在结构整体计算中,宜考虑框架或壁式框架梁、柱节点区的刚域影响"。

正常情况下,梁的长度为柱形心间的距离,当柱的截面积较大时,可将梁柱重叠部分作为刚域考虑,此时程序对梁其自重按扣除刚域后的梁长计算,梁上的外荷载仍按梁两端节点计算,截面设计按扣除后的梁长计算。

7)钢柱计算长度系数

此参数对钢柱有效。

程序执行《钢结构设计标准》GB 50017—2017。

根据工程实际情况(是否有强支撑)进行选择,通常钢结构宜选择"有侧移"。如不考虑地震、风作用时,可以选择"无侧移"。初始值为有侧移。

8)柱配筋计算原则

按单偏压计算,程序按单向偏心受力构件计算配筋,在计算 X 方向配筋时不考虑 Y 向钢筋的作用,计算结果具有唯一性。

按双偏压计算,程序按双向偏心受力构件计算配筋,在计算 X 方向配筋时,要考虑与 Y 向钢筋叠加,框架柱作为竖向构件配筋计算时会多达几十种组合,而每一种组合都会产生不同的 X 向和 Y 向配筋,计算结构不具有唯一性,双偏压计算是多解的。

7. 配筋信息

配筋信息选项卡如图 3-11 所示。

1)边缘构件箍筋强度

参见《混凝土规范》4.2.1、4.2.2、4.2.3 条。

根据工程实际情况选择构件箍筋及分布钢筋强度即可,一般采用 HRB400 较多。

2)墙竖向分布筋配筋率

参见《抗震规范》6.3.3、6.3.8、6.4.3 条的有关规定。

梁柱箍筋间距均指加密区部位,初始值梁箍筋、柱箍筋间距为 100mm,剪力墙水平分布筋不论是底部加强区还是非加强区,间距一般取 100～200mm,初始值为 100mm,剪力墙竖向分布筋配筋率取值范围 0.15%～0.25%,初始值为 0.3%。

3)结构底部 NSW 层的墙竖向分布筋配筋率

该系数可以对筒体结构设定不同的竖向配筋率,允许设计人员指定筒体底部若干层采

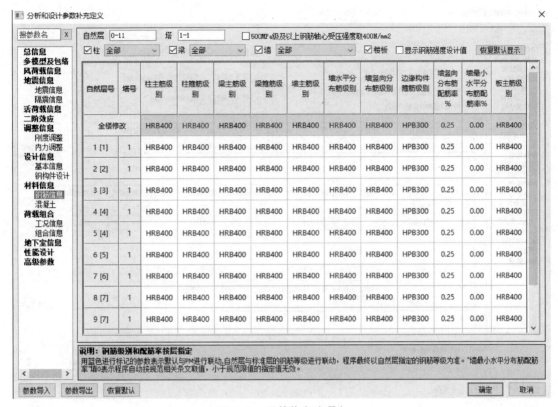

图 3-11　配筋信息选项卡

用与其他部位不同的配筋率。

8. 荷载组合

本项是有关荷载组合的参数（图 3-12）。

1）恒荷载分项系数

《荷载规范》3.2.4-1 条规定，"基本组合的荷载分项系数按下列规定采用。当永久荷载效应对结构不利时，对由可变荷载效应控制的组合应取 1.2，对由永久荷载效应控制的组合应取 1.35"。

程序初始值为 1.2。

2）竖向地震作用分项系数

根据《抗震规范》5.1.3、5.4.1 条的有关规定，一般不必修改初始值。

3）其他分项系数

程序可以考虑温度荷载、吊车荷载、特殊风荷载的影响。

这三项荷载的影响应视具体工程情况考虑。

4）采用自定义组合及工况

程序允许设计人员自行指定各类荷载的分项系数和组合值，当结构分项时，考虑了温度荷载、人防荷载、特殊风荷载、支座位移、吊车荷载等，更需要确认这些荷载工况与恒、活、水平风、地震作用的组合方式、组合分项系数。如未指定，程序自动按照《荷载规范》的规定取值计算。

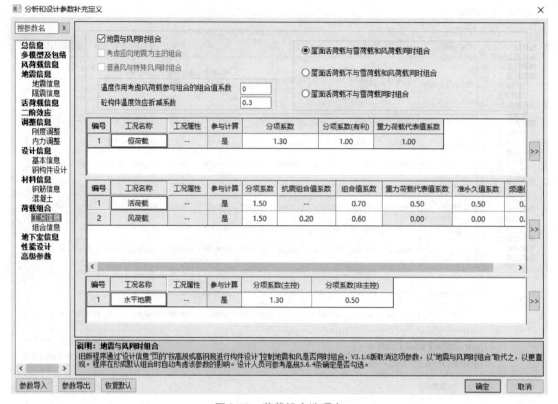

图3-12　荷载组合选项卡

选择"采用自定义组合及工况"单击"自定义"按钮，弹出自定义组合工况对话框。可以直接修改各类荷载的组合系数，或增加、删除组合数。

9. 地下室信息

地下室信息选项卡如图3-13所示。

1）外墙分布筋保护层厚度

该参数用于计算地下室外墙配筋，按规范及工程实际情况取值，初始值为35mm。

2）扣除地面以下几层回填土的约束

考虑到地下室上部回填土约束作用较弱，允许设计人员忽略地下室上部若干层的回填土约束作用，给设计工作提供更大的灵活性，初始值为0。

3）地下室外墙侧土侧水压力参数

这五个参数都是用于计算地下室外墙侧土、侧水压力的，程序按单向板简化方法计算外墙侧土、侧水压力作用，用均布荷载代替三角形荷载作计算。

10. 砌体结构

新版软件已经将砌体结构计算功能做成单独分析模块，因此，在此处砌体结构选项卡显示为灰色，不能打开。

3.1.2　特殊构件补充定义

本软件提供"特殊梁、柱、特殊支撑构件、弹性板、起重机荷载"等的补充定义功

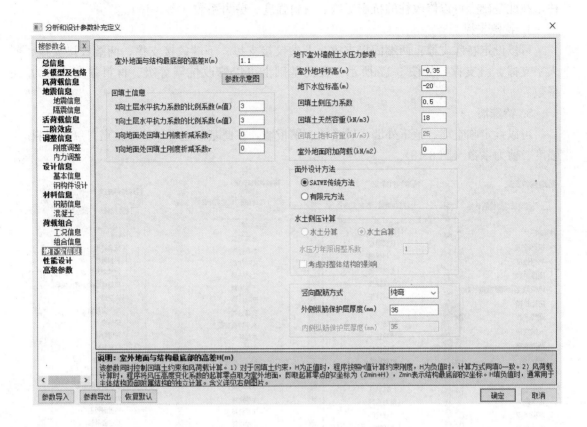

图 3-13   地下室信息选项卡

能，操作菜单如下（图 3-14～图 3-19）。

1. 换标准层

进入可选择标准层，按 ESC 键返回前一级子菜单（图 3-14）。

图 3-14   主菜单

2. 特殊梁

选择特殊梁菜单，可以设定八类特殊梁，包括不调幅梁、连梁、转换梁、一端铰接梁、两端铰接梁、滑动支座梁、门式钢梁、耗能梁、组合梁，还可以有选择的修改的抗震等级、材料强度、刚度系数、扭矩折减系数、调幅系数（图 3-15）。

3. 特殊柱

可以设定特殊柱：上端铰接柱、下端铰接柱、两端铰接柱、角柱、转换柱、门式钢柱，在此基础上可以修改柱的抗震等级、材料强度、剪力系数（图 3-16）。

4. 特殊支撑

可以设定特殊支撑：两端固接支撑、上端铰接支撑、下端铰接支撑、两端铰接支撑、人字支撑、斜支撑，如图 3-17 所示。在此基础上可以修改抗震等级、材料强度、剪力系数。

5. 特殊墙

可以设定临空墙、地下外墙、转换墙、钢板墙，在此基础上可以修改抗震等级、材料强度、剪力系数（图 3-18）。

图 3-15　特殊梁　　　图 3-16　特殊柱　　　图 3-17　特殊支撑　　　图 3-18　特殊墙

6. 弹性板

可以设定三类弹性板（图 3-19）。

1）弹性板 6：程序考虑楼板平面外的刚度，主要用于板柱结构和厚板转换结构。

2）弹性板 3：若楼板平面内无限刚，程序考虑楼半平面外的刚度，主要用于厚板转换结构。

3）弹性膜：假定楼板平面外刚度为 0，程序考虑楼半平面内的刚度，主要用于空旷结构和楼板开大洞形成的狭长板带，连体多塔结构的连接楼板，框支剪力墙结构的转换层楼板等。

7. 特殊节点

可指定节点的附加质量，附加质量是指不包含在恒载、活载中的计算地震作用应考虑的质量。

8. 拷贝前层

可以复制前一层的特殊构件的定义。

9. 本层删除/全楼删除

执行此菜单命令，弹出对话框（图 3-20），可以删除"特殊梁""特殊柱""特殊支撑"弹性板""临空墙"等。

10. 文字显示

执行命令,将各个特殊构件的补充定义以文字方式表示出来。

图 3-19　弹性板

图 3-20　特殊属性菜单

3.1.3　多塔结构补充定义

进入【前处理及计算】→选择【多塔定义】→进入多塔操作窗口→多塔主菜单,如图 3-21 所示。

1. 多塔平面

当一个工程多个单体共用同一个大底盘,需要进行多塔定义。点此菜单后提示"输入起始层号""终止层号""塔数"。提示"请输入一塔范围",用闭合折线围区输入塔的范围后,确定后显示 1 塔范围,同法确定其他的塔。执行完后对多塔进行检查。

2. 多塔属性

在该菜单下可以设置各层层高、梁柱墙板混凝土等级、构件钢号、底部加强、约束边缘、过渡层、加强层、薄弱层等设置信息,如图 3-22 所示。

3. 遮挡定义。通过该菜单指定设缝多塔结构的背风面,在风荷载计算时自动考虑背风面的影响。遮挡定义方式与多塔定义方式基本相同,需要首先指定起始和终止层号和遮挡面总数,然后用闭合线围区的方法依次指定各遮挡面的范围,每个塔可以有不同遮挡面,但一个节点只能属于一个遮挡面。

3.1.4　生成 SATWE 数据文件及数据检查

执行【生成数据】,直接弹出计算分析启动对话框,如图 3-23 所示,操作后开始数据检查。

3.1.5　修改构件计算长度系数

点击【模型修改】→选择【设计属性】→进入修改构件计算长度系数操作窗口。主菜单包含长度系数、梁柱刚域、短肢墙定义、双肢墙定义、刚度折减系数等选项。

点击指定柱，弹出对话框，然后输入要设定的系数，如图 3-24 所示。

图 3-21   多塔主菜单

图 3-22   多塔立面

图 3-23   计算分析启动对话框

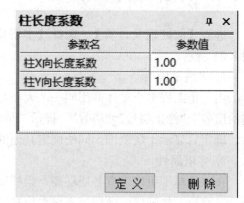

图 3-24   柱的计算长度系数

3.2   SATWE 结构内力和配筋计算

选择【前处理及计算】→【生成数据加全部计算】单击确定按钮，程序即可自动进行工程结构的内力及配筋计算，或者选择【前处理及计算】→【分步计算】，按照软件提示选择需要的计算步骤。

3.3   SATWE 分析结果图形和文本显示

选择结构 SATWE 软件的【结果】选项卡，单击应用，显示 SATWE 后处理——文本文件输出菜单，如图 3-25 所示，分为"图形文件输出"和"文本文件输出"两个大类。

图 3-25　结果输出菜单

3.3.1　图形文件输出

图形文件输出共有 17 个选项，通过平面图和三维彩色云斑图显示计算分析结果，下面仅选择常用的几个选项进行讲解。

1. 各层配筋构件编号简图

在"图形文件输出"页面下选择"1. 各层配筋构件编号简图"，单击"应用"按钮，程序给出首层构件编号以及质刚心之间的位置关系，滚动鼠标滑轮放大查询局部信息（图 3-26）。

（1）查看质心与刚心之间的距离，判断结构是否规则。

（2）精确查找到某编号的构件，在屏幕菜单中执行构件搜寻命令，按照命令窗口提示进行操作。

（3）查看构件的详细信息，在屏幕菜单中执行构件信息命令，点取需要了解的构件，然后程序将自动弹出该构件的信息列表文件。

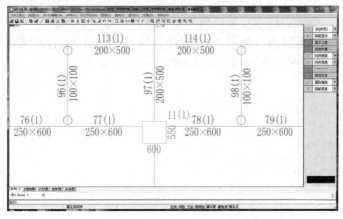

图 3-26　各层配筋构件编号简图

2. 混凝土构件配筋及钢构件验算简图

在"图形文件输出"页面下选择"2. 混凝土构件配筋及钢构件验算简图"，单击"应用"按钮，程序给出首层混凝土构件配筋及钢构件验算简图，滚动鼠标滑轮放大查询局部信息（图 3-27）。

1）混凝土梁的配筋标注（图 3-28）

Asu1、Asu2、Asu3：梁上部左端、跨中、右端截面配筋面积（cm^2）。

Asd1、Asd2、Asd3：梁下部左端、跨中、右端截面配筋面积（cm^2）。

GAsv：梁加密区箍筋间距范围内的抗剪箍筋面积和剪扭箍筋面积的较大值。

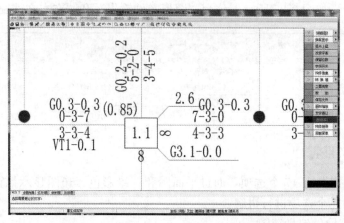

图 3-27　混凝土构件配筋及钢构件验算简图

GAsv0：梁非加密区箍筋间距范围内的抗剪箍筋面积和剪扭箍筋面积的较大值。

VTAst、Ast1：梁受扭纵筋面积和抗扭箍筋沿周边布置的单肢箍面积；如果其值都为 0，则不用输入。

G、VT：箍筋和剪扭配筋标志。

2）混凝土柱的配筋标注（图 3-29）

Asc：框架柱一根角筋的面积，采用双偏压计算时，角筋面积不应小于此值，采用单偏压计算时，角筋面积可不受此值影响（cm^2）。

Asx、Asy：框架柱 B 和 H 单边的配筋面积，包含角筋面积（cm^2）。

Asvj、GAsv、Asv0：柱节点域抗剪箍筋面积、加密区、非加密区斜截面抗剪箍筋面积，箍筋间距均在 Sc 范围内，其中 Asvj 取计算的 Asvjx 和 Asvjy 的较大值，Asv 取计算 Asvx 和 Asvy 中的较大值，Asv0 取 Asvx0 和 Asvy0 的较大值。

图 3-28　混凝土梁的配筋标注示意图

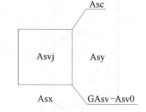

图 3-29　混凝土柱的配筋标注示意图

3. 梁弹性挠度、柱轴压比、长细比、墙边缘构件简图

在"图形文件输出"页面下选择"3. 梁弹性挠度、柱轴压比、长细比、墙边缘构件简图"，单击"应用"按钮，程序给出首层轴压比与有效长度系数简图，滚动鼠标滑轮放大查询局部信息（图 3-30）。

4. 水平力作用下各层平均侧移简图

在"图形文件输出"页面下的第 9 个选项中，选择"水平力作用下各层平均侧移简图"，给出地震力作用下楼层反应曲线图形文件（图 3-31、图 3-32）。

5. 结构整体空间振动简图

在"图形文件输出"页面下选择"结构整体空间振动简图"，查看各个振型下结构的

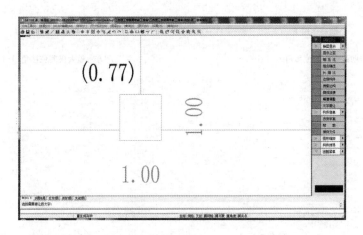

图 3-30　梁弹性挠度、柱轴压比、长细比构件简图

振动形式，例如选择第一振型进行观察（图 3-33），上部几层的绝对位移值较大，颜色用较深的红色显示。

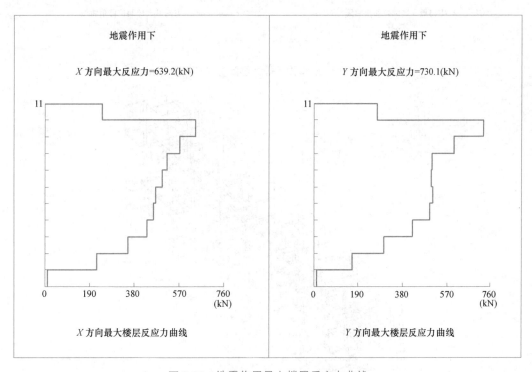

图 3-31　地震作用最大楼层反应力曲线

3.3.2　文本文件输出

1. 结构设计信息

选择"1. 结构设计信息"选项，单击【应用】，弹出总信息文本（WMASS. OUT），查看本结构设计的信息。

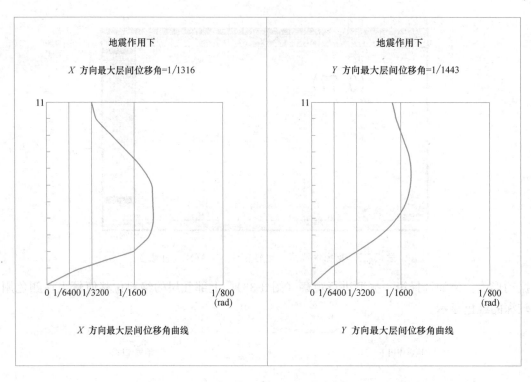

图 3-32　地震作用最大层间位移角曲线

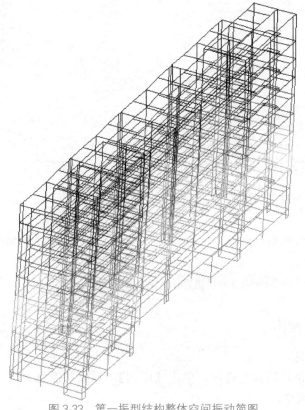

图 3-33　第一振型结构整体空间振动简图

2. 周期、振型、地震力

选择"周期 振型 地震力"选项,单击【应用】,弹出周期信息文本(WZQ. OUT),查看本结构设计的周期、振型、地震力等参数设置。

3. 结构位移

选择"结构位移"选项,单击【应用】,弹出位移信息文本(WDISP. OUT)。

4. 超配筋信息

选择"超配筋信息"选项,单击【应用】,弹出信息文本(WGCPJ. OUT),检查本结构梁柱等构件是否超筋。

5. 制定计算书

选择"制定计算书"选项,单击【应用】,按用户要求制作结构计算书。

3.4 计算控制参数的分析与调整

采用 SATWE 软件进行结构分析,计算控制参数着重在于"柱轴压比""刚度比""剪重比""刚重比""位移比""周期比""有效质量系数""超配筋"等方面满足规范要求,来确保结构的安全,若初步验算有某些指标不满足规范要求,则需反复试算,直至结果满足要求,同时要兼顾经济性要求。

3.4.1 柱轴压比

柱轴压比指柱(墙)的轴压力设计值与柱(墙)的全截面面积和混凝土轴心抗压强度设计值乘积之比,反应柱(墙)的受压情况。采用下面公式进行计算:

$$\lambda_c = \frac{N}{f_c A} \tag{3-6}$$

式中 λ_c——柱轴压比,因区别于公式(3-7)中的剪力系数 λ 加上下标 c;

N——柱的轴压力;

f_c——混凝土抗压强度设计值;

A——柱的截面面积。

此参数主要为控制结构的延性,轴压比不满足要求,结构的延性要求无法保证。轴压比过小,说明结构的经济技术指标较差,宜适当减少相应柱(墙)的截面面积。

轴压比不满足时的调整方法:增大柱(墙)的截面面积或者提高柱(墙)混凝土强度。

3.4.2 刚度比分析

刚度比的计算主要是用来确定结构中的薄弱层,控制结构竖向布置的规则性,或用于判断地下室的刚度是否满足嵌固要求。

1. 规范相关条文规定

《抗震规范》和《高规》及相应的条文说明,对于形成的薄弱层则按照《高规》相关条文予以加强。

(1)《抗震规范》附录 E. 2.1 规定,筒体结构转换层上下的结构质量中心宜接近重合,转换层上下层的侧向刚度比不宜大于 2。

（2）《高规》3.5.3条规定，A级高度高层建筑的楼层抗侧力结构的层间受剪承载力不宜小于其相邻上一层受剪承载力的80%，不应小于其相邻上一层受剪承载力的65%；B级高度高层建筑的楼层抗侧力结构的层间承载力不应小于其相邻上一层的75%。

（3）《高规》5.3.7条规定，高层建筑结构计算中，当地下室的顶板作为上部结构嵌固部位时，地下一层与首层侧向刚度比不宜小于2。

（4）《高规》10.2.3条规定，转换层上部结构与下部结构的侧向刚度变化应符合本规程附录E的规定。

（5）《高规》E.0.1规定，当转换层设置在1、2层时，可近似采用转换层与其相邻上层结构的等效剪切刚度比γ_{e1}表示转换层上下层结构刚度的变化，γ_{e1}宜接近1，非抗震设计时γ_{e1}不应小于0.4，抗震设计时γ_{e1}不应小于0.5。

（6）《高规》E.0.2规定，当转换层设置在第2层以上时，按本规程式（3.5.2-1）计算的转换层与其相邻上层的侧向刚度比不应小于0.6。

2. 层刚度比的控制方法

规范要求结构各层之间的刚度比，并根据刚度比对地震力进行放大，所以刚度比的合理计算很重要，规范对结构的层刚度有明确的要求，在判断楼层是否为薄弱层、地下室是否能作为嵌固端、转换层刚度是否满足要求时，都要求有层刚度作为依据，所以层刚度计算时的准确性比较重要，程序提供了三种计算方法：

（1）楼层剪切刚度。只计算地震作用，一般选用此计算方法。

（2）单层加单位力的楼层剪弯刚度，不计算地震作用，对于多层结构可以选择剪切层刚度算法，高层结构可以选择剪弯层刚度。

（3）楼层平均剪力与平均层间位移比值的层刚度：不计算地震作用，对于有斜支撑的钢结构可以选择剪弯层刚度算法。

算法的选择是程序依据相关规范条文指定完成，设计人员可根据需要调整。

3. 不满足时的调整方法

（1）程序调整：程序自动在SATWE中将不满足要求楼层定义为薄弱层，并按照《高规》3.5.8将该楼层地震剪力放大1.25倍。

（2）人工调整：可适当加强本层墙柱、梁的刚度，适当削弱上部相关楼层墙柱、梁的刚度，在WAMASS.OUT文件中输出层刚度比计算结果，具体参数详见用户手册。

4. 层刚度比验算原则

层刚度比的概念用来体现结构整体的上下匀称度，但是，对于一些复杂结构，如坡屋顶层、体育馆、看台、工业建筑灯，此类结构或者柱、墙不在同一标高，或者本层根本没有楼板，所以在设计时可以不考虑此类结构所计算的层刚度特性。

对于错层结构或者带有夹层的结构，层刚度比有时得不到合理地计算，这是因为层的概念被广义化了，此时，需要采用模型简化才能计算出层刚度比。

按整体模型计算大底盘多塔结构时，大底盘顶层与上面一层塔楼的刚度比、楼层抗剪承载力比通常都会比较大，对结构设计没有实际指导意义，但程序仍会输出计算结果，设计人员可根据工程实际情况区别对待。

3.4.3 剪重比分析

剪重比为地震作用与重力荷载代表值的比值，主要为限制各楼层的最小水平地震剪力，确保长周期结构的安全。

剪重比不满足规范要求，说明结构的刚度相对于水平地震剪力过小，但剪重比过大，则说明结构的经济技术指标较差。

1. 规范要求

《抗震规范》5.2.5条规定，抗震验算时，结构任一楼层的水平地震剪力应符合下式要求：

$$V_{EKi} > \lambda \sum_{j=1}^{n} G_j \tag{3-7}$$

式中　V_{EKi}——第 i 层对应于水平地震作用标准值的楼层剪力；

　　　　λ——剪力系数，不应小于表3-6规定的楼层最小地震剪力系数值，对竖向不规则结构的薄弱层，尚应乘以1.15的增大系数；

　　　　G_j——第 j 层的重力荷载代表值。

规范规定剪重比计算，主要是因为在长周期作用下，地震影响系数下降较快，对于基本周期大于3.5s的结构，由此计算出来的水平地震作用下的结构效应有可能太小，而对于长周期结构，地震动态作用下的地面运动速度可能对结构有更大的破坏作用，而振型分解反应谱法尚无法对此作出较准确的计算，出于安全考虑，该值如不满足要求，说明结构可能出现比较明显的薄弱部位。

2. 不满足时调整方法

（1）在SATWE的"调整信息"中勾选"按抗震规范5.2.5调整各楼层地震内力"，SATWE按抗震规范5.2.5自动将楼层最小地震剪力系数直接乘以该层及以上重力荷载代表值之和，用以调整该楼层地震剪力，以满足剪重比要求。

（2）在SATWE的"调整信息"中勾选"全楼地震作用放大系数"中输入大于1的系数，增大地震作用，以满足剪重比要求。

（3）在SATWE的"调整信息"中勾选"周期折减系数"中适当减小系数，增大地震作用，以满足剪重比要求。

（4）当剪重比偏小且与规范限值相差较大时，宜调整增强竖向构件，加强墙、柱等竖向构件的刚度。

3.4.4 刚重比分析

刚重比是指结构的侧向刚度和重力荷载设计值之比，是影响重力二阶效应的主要参数。

1. 规范

规范上限主要要求用于确定重力荷载在水平作用位移效应引起的二阶效应是否可以忽略不计，见《高规》5.4.1和5.4.2及相应的条文说明。刚重比不满足规范上限要求，说明重力二阶效应的影响较大，应该予以考虑。规范下限主要是控制重力荷载在水平作用位移效应引起的二阶效应不至于过大，避免结构的失稳倒塌，见《高规》5.4.4及相应的条文说明。刚重比不满足规范下限要求，说明结构的刚度相对于重力荷载过小。但刚重比过大，则说明结构的经济技术指标较差，宜适当减少墙、柱等竖向构件的截面面积。

2. 调整方法

（1）刚重比不满足规范上限要求，在 SATWE 的 "设计信息" 中勾选 "考虑 p-δ 效应"，程序自动计入重力二阶效应的影响。

（2）刚重比不满足规范下限要求，只能通过调整增强竖向构件，加强墙、柱等竖向构件的刚度。

（3）规范给定的刚重比的上限值是 2.7，当小于这个值时需要考虑重力二阶效应，大于此值无须考虑。

3.4.5   位移角与位移比分析

1. 规范条文

《高规》3.4.5 条规定，"结构平面布置应减少扭转的影响。在考虑偶然偏心影响的规定水平地震力作用下，楼层竖向构件最大的水平位移和层间位移，A 级高度高层建筑不宜大于该楼层平均值的 1.2 倍，不应大于该楼层平均值的 1.5 倍；B 级高度高层建筑、超过 A 级高度的混合结构及本规程第 10 章所指的复杂高层建筑不宜大于该楼层平均值的 1.2 倍，不应大于该楼层平均值的 1.4 倍"。

《高规》3.4.5 条规定，"应在计入偶然偏心影响的规定水平地震力作用下，考虑结构楼层位移比的情况"。

2. 控制位移比的计算模型

按照规范要求的定义，位移比表示为 "最大位移/平均位移"，而平均位移表示为 "（最大位移＋最小位移）/2"。其中关键是最小位移，当楼层中产生 0 位移节点，则最小位移一定为 0。从而造成平均位移为最大位移的一半，位移比为 2，则失去位移比这个结构特征参数的意义，所以计算位移比时，如果楼层中产生弹性节点，应选择 "强制刚性楼板假定"。

3. 调整

SATWE 程序本身无法自动实现，只能通过调整改变结构平面布置，减小结构刚心与质心的偏心距。

各类房屋弹性和弹塑性层间位移角限值详见附录Ⅶ。

3.4.6   周期比分析

周期比侧重控制的是侧向刚度与扭转刚度之间的一种相对关系，目的是使抗侧力构件的平面布置更有效更合理，使结构不至于出现过大相对于侧移的扭转效应。周期比旨在要求结构承载布局的合理性。

1. 规范

《高规》3.4.5 条规定，"结构扭转为主的第一周期与平动为主的第一周期之比，A 级高度高层建筑不应大于 0.9，B 级高度高层建筑、混合结构高层建筑及复杂高层建筑不应大于 0.85"。

对于规则单塔楼结构，如下验算周期比：

（1）根据各振型的平动系数大于 0.5，还是扭转系数大于 0.5，区分出各振型是扭转振型还是平动振型。

（2）通常周期最长的扭转振型对应的就是第一扭转周期，周期最长的平动振型对应的就是第一平动周期。

（3）对照结构整体空间振动简图，考察第一扭转平动周期是否引起整体振动，如果仅是局部振动，则不是第一扭转平动周期，再考察下一个次长周期。

（4）考察第一平动周期的基底剪力比是否为最大。

（5）根据输出结果计算，看是否超过 0.9（0.85）。

2. 调整

一般只能通过调整平面布置来改善这一状况，这种改变一般是整体性的，局部的小调整往往收效甚微。

周期比不满足要求，说明结构的扭转刚度相对于侧移刚度较小，总的调整原则是加强结构外圈刚度。

3.4.7　有效质量系数分析

如果计算时只取几个振型，那这几个振型的有效质量之和与总质量之比即为有效质量系数，用于判断振型数足够与否。

某些结构，需要较多振型才能准确计算地震作用，这时尤其要注意有效质量系数是否超过了 90%。例如平面复杂、楼面的刚度不是无穷大、振型整体较差、局部振动明显的结构，这种情况往往需要很多振型才能使有效质量系数满足要求。

当此系数大于 90% 时，表示振型数、地震作用满足规范要求。

当有效质量系数小于 90% 时，应增加振型组合数以满足大于 90% 的要求，振型组合数应不大于结构自由度数（结构层数的 3 倍）。

3.4.8　超配筋信息

如果出现超配筋现象，首先结合"图形文件输出"中的"混凝土构件配筋及钢构件验算简图"的图形信息，找出超筋部位，分析超筋原因，然后一般按以下三种方式调整结构：

（1）加大截面，增大截面刚度，一般在建筑要求严格处，如过廊等，加大梁宽，建筑要求不严格处，如卫生间处，加大梁高或提高混凝土强度等级。

（2）点铰，以梁端开裂为代价，不宜多用，点铰对输入的弯矩进行调幅到跨中，并释放扭矩，强行点铰不符合实际情况，不安全；或者改变截面大小，让节点有接近铰的趋势，并且相邻周边的竖向构件加强配筋。

（3）力流与刚度，通过调整构件刚度来改变输入力流的方向，使力流避开超筋处的构件，加大部分力流引到其他构件，但在高烈度区，会导致其他地方的梁超筋。

3.5　结构设计电算计算书的内容

电算计算书包括文本信息和图形信息两部分。

3.5.1　文本信息

1. 总信息

选择"1. 结构设计信息"选项，单击【应用】，弹出信息文本（WMASS.OUT），查看本结构设计的信息。其中刚度比和刚重比的相关规范说明及调整方法详见本章 3.4.2 节和 3.4.4 节。

2. 周期

选择"周期 振型 地震力"选项，单击【应用】，弹出信息文本（WZQ.OUT），查看本结构设计的周期、振型、地震力等参数设置。其中周期比、有效质量系数的相关规范说明及调整方法详见本章 3.4.6 节和 3.4.7 节。

3. 位移角和位移比

选择"结构位移"选项，单击【应用】，弹出信息文本（WDISP.OUT）。相关规范、控制位移比相关模型、调整方式详见 3.4.5 节。

4. 框剪结构倾覆力矩比

选择"框架柱倾覆弯矩"选项，单击【应用】，弹出信息文本（WV02Q.OUT），查看本结构梁柱等构件是否超筋。

《抗震规范》6.1.3-1 条规定："设置少量抗震墙的框架结构，在规定的水平力作用下，底部框架所承担的地震倾覆力矩大于结构总地震倾覆力矩 50％时，其框架的抗震等级仍应按框架结构确定，抗震墙的抗震等级可与框架的抗震等级相同。"

《高规》8.1.3 条规定："抗震设计的框架剪力墙结构，应根据在规定的水平力作用下的结构底层框架部分承受的地震倾覆力矩与结构总地震倾覆力矩的比值，确定相应的设计方法。"

总之，框架-剪力墙结构中框架与剪力墙配合的越紧密，两者之间的传力越显著，两种方式统计的框架倾覆力矩差异越大。对于独立工作的框架和剪力墙，两种方法是一致的。一般建议《抗震规范》得到的结构首层或嵌固层的倾覆力矩，《高规》的力学方式可以反映框架的数量，还可以反映框架的空间布置，是更为合理地衡量"框架在整个抗侧力体系中作用"的指标，可以作为一种参考。

3.5.2　图形信息

1. 荷载

面荷载和线荷载参见第 2 章 2.3 节平面荷载显示校核。

2. 板厚

板厚信息参见第 2 章 2.2.3 节，在对楼板编辑时即可查看板厚。

3. 板内力、配筋、裂缝、挠度

板内力、配筋、裂缝、挠度等参见第 2 章 2.4 节板平法施工图绘制。

4. 梁柱断面简图、梁柱配筋简图

梁柱断面简图、梁柱配筋简图参见 3.1.1 节"1 各层配筋构件简图""2 混凝土构件配筋及钢构件验算简图"。

5. 梁裂缝、挠度

梁裂缝、挠度详见第 4 章梁平法施工图 4.1 节。

3.6 SATWE空间分析软件应用实例

本章以某钢筋混凝土框剪结构青年教工宿舍楼为例，完整演示 SATWE 分析计算过程，调整结构模型，使所有的验证项目都符合规范要求。

3.6.1 接 PM 生成 SATWE 数据

选择 SATWE 主菜单的项目，即可对所绘制结构图进行计算和分析。

选择 SATWE 主菜单的第一项【接 PM 生成 SATWE 数据】，单击【应用】进入 SATWE 前处理菜单。

1. 点选"补充输入及 SATWE 数据生成"选项，选择【1. 分析与设计参数补充定义】选项，点击【应用】，弹出"分析和设计参数补充定义"对话框。

1）总信息选项卡

输入"混凝土容重"为"25.5"。

输入"结构体系"为"框剪结构"。

输入"嵌固端所在层号"为"1"。

输入"地下室层数"为"1"。

输入"墙元细分最大控制长度"为"1"。

输入"弹性板细分最大控制长度"为"1"。

勾选"墙梁跨中节点作为刚性楼板从节点"。

勾选"弹性板与梁变形协调"。

选择"恒活荷载计算信息"为"模拟施工加载 3"。

选择"规定水平力确定方式"为"楼层剪力差方法（规范方法）"。

2）风荷载信息选项卡

点选"地面粗糙度类别"为"B 类"。

输入"修正后基本风压"为"0.4"。

输入"X 向结构基本周期"为"1"。

输入"Y 向结构基本周期"为"0.9"。

输入"风荷载作用下结构的阻尼比"为"5"。

输入"承载力设计时风荷载效应放大系数"为"1.1"。

输入"结构底层底部距离室外地面高度"为"1.1"。

勾选"顺风向风振"为"考虑顺风向风振影响"。

点选"横风向风振"为"规范矩形截面结构"。

输入"第 1 扭转周期"为"0.29016"。

输入"用于舒适度验算的风压"为"0.25"。

输入"用于舒适度验算的结构阻尼比"为"2"。

输入"体型分段数"为"1"。

输入"第一段：最高层号"为"11"。

输入"X 向体形系数"为"1.3"。

输入"Y 向体型系数"为"1.3"。

输入"设缝多塔背风面体型系数"为"0.5"。

3）"地震信息"选项卡

选择"结构规则性信息"为"不规则"。

选择"设防地震分组"为"第一组"。

选择"设防烈度"为"7（0.1g）"。

选择"场地类别"为"Ⅲ类"。

选择"混凝土框架抗震等级"为"3 三级"。

选择"剪力墙抗震等级"为"2 二级"。

选择"钢框架抗震等级"为"5 不考虑"。

选择"抗震构造措施的抗震等级"为"不改变"。

选择"中震（或大震）设计"为"不考虑"。

勾选"考虑双向地震作用"。

勾选"考虑偶然偏心"。

输入"X 向相对偶然偏心"为"0.05"。

输入"Y 向相对偶然偏心"为"0.05"。

输入"计算振型个数"为"12"。

输入"重力荷载代表值的活载组合值系数"为"0.5"。

输入"周期折减系数"为"0.8"。

输入"结构阻尼比"为"5"。

输入"特征周期 T_g"为"0.45"。

输入"地震影响系数最大值"为"0.08"。

输入"用于12层以下规则混凝土框架结构薄弱层验算的地震影响系数最大值"为"0.5"。

4）"活荷信息"选项卡

点选"柱 墙设计时活荷载"为"折减"。

输入"梁活荷不利布置"下"最高层号"为"11"。

5）"调整信息"选项卡

输入"梁端负弯矩调幅系数"为"0.8"。

输入"柱实配钢筋超筋系数"为"1"。

输入"墙实配钢筋超筋系数"为"1"。

点选"调整方式"为"min［alpha * Vo，beta * Vfmax］"。

输入"alpha"为"0.2"。

输入"beta"为"1.5"。

输入"调整分段数"为"1"。

输入"调整起始层号"为"1"。

输入"调整终止层号"为"11"。

6）"设计信息"选项卡

输入"钢构件截面净毛面积比"为"0.5"。

勾选"按高规或高钢规进行构件设计"。

勾选"框架梁端配筋考虑受压钢筋"。

勾选"当边缘构件轴压比小于抗规 6.4.5 条规定的限值时一律设置构造边缘构件"。

勾选"次梁设计执行高规 5.2.3-4 条"。

点选"柱剪跨比计算原则"为"简化方式（H/2h0）"。

勾选"梁端简化为刚域"。

勾选"柱端简化为刚域"。

点选"钢柱计算长度系数 X 向"为"无侧移"。

点选"钢柱计算长度系数 Y 向"为"无侧移"。

7）"配筋信息"选项卡

输入"墙竖向分布筋配筋率"为"0.25"。

输入"墙最小水平分布筋配筋率"为"0"。

选择"钢筋级别"全部为"HRB400［360］"。

其他参数均按照程序初始值确定，设置完成后点击【确定】，返回到"SATWE 前处理菜单"。

2. 点选"补充输入及 SATWE 数据生成"选项，选择【8. 生成 SATWE 数据文件及数据检查】选项，点击【应用】，开始数据的生成和检查（图 3-34）。

3. 在 SATWE 前菜单中单击【退出】，返回到 SATWE 的主菜单。

3.6.2　结构内力配筋计算

选择 SATWE 主菜单的第 2 项【结构内力，配筋计算】，单击【应用】开始计算内力及配筋（图 3-35）。

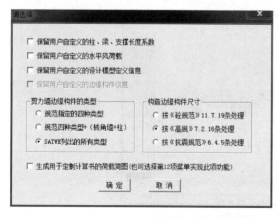

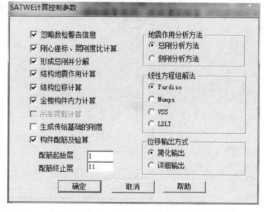

图 3-34　生成 SATWE 数据文件及数据检查　　　　图 3-35　SATWE 计算控制参数

3.6.3　SATWE 计算结果分析与调整

选择 SATWE 主菜单的第 4 项【分析结果图形和文本显示】，单击【应用】，进入 SATWE 后处理菜单对话框。

点选【图形文件输出】，选择【1. 各层配筋构件编号简图】，单击【应用】，显示构件编号简图，可以观察建筑各层质心和刚心的距离（图3-36）。

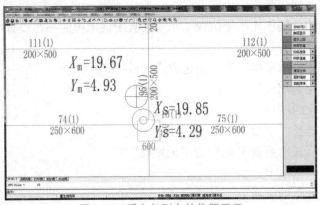

图3-36   质心与刚心的位置显示

点选【图形文件输出】，选择【2. 混凝土构件配筋及钢构件验算简图】，单击【应用】，程序自动显示"第1层混凝土构件配筋及钢构件应力比简图"。

1. 柱轴压比

根据《抗震规范》11.4.16条规定，"一、二、三、四级抗震等级的各类结构的框架柱、框支柱，其轴压比不宜大于表3-7规定的限值。对IV类场地上较高的高层建筑，柱轴压比限值应适当减少"。程序将不符合规范规定的轴压比用红色显示出来，然后调整柱截面使柱轴压比符合规定，若是没有红色的柱轴压比显示，则表示轴压比符合要求，柱轴压比的查看可以用以下方法。

1）在【图形文件输出】中，执行【2. 混凝土构件配筋及钢结构验算简图】命令，选择性地查看柱的轴压比值如图3-37所示，柱轴压比为0.85。

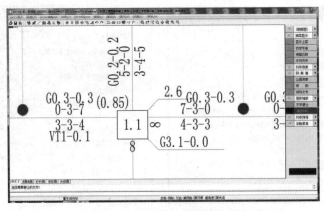

图3-37   混凝土构件配筋验算简图查看柱轴压比

柱轴压比限值   表3-7

结构体系	抗 震 等 级			
	一级	二级	三级	四级
框架结构	0.65	0.75	0.85	0.90
框架-剪力墙结构	0.75	0.85	0.90	0.95
部分框支剪力墙结构	0.60	0.70	—	

2）在"图形文件输出"，执行【3. 梁弹性挠度、柱轴压比、长细比、墙边缘构件简图】，查看柱的轴压比值，没有显示红色字体，说明墙柱轴压比都满足要求（如图3-38所示，左侧剪力墙竖向墙肢轴压比为0.21，水平墙肢轴压比为0.24，右侧柱轴压比为0.77）。

图 3-38　梁弹性挠度、柱轴压比构件简图中查看柱轴压比

2. 刚度比

刚度比可用"Ratx""Raty"参数，即 X、Y 方向本层塔侧移刚度与上一层相应塔侧移刚度70%的比值或上三层平均侧移刚度80%的比值中之较小者，来进行控制，规范要求此参数大于等于1。

在"文本文件输出"中，执行【1. 结构设计信息】命令，查看刚度比（图3-39），"Ratx"大于1，满足要求。

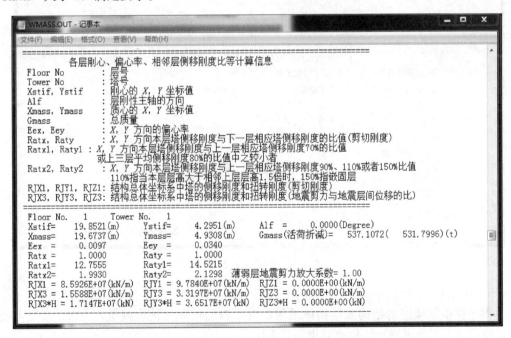

图 3-39　各层刚心、偏心率、相邻层侧移刚度比等计算信息

3. 刚重比

结构刚重比用于判断结构整体稳定验算和是否考虑重力二阶效应，在"文本文件输

出"中，执行【1. 结构设计信息】命令，查看刚重比（图 3-40）。

图 3-40　结构整体稳定性验算结果

4. 周期比

周期比需要计算，在程序给出的各种周期中，定义 T_t 和 T_1 值，然后计算 T_t/T_1 值，即周期比，查看周期比是否符合规范要求。

在"文本文件输出"中，执行【2. 周期 振型 地震力】命令，查看周期比，$T_t/T_1=0.8277/1.0572=0.7829$ 小于 0.9，满足周期比要求（图 3-41）。

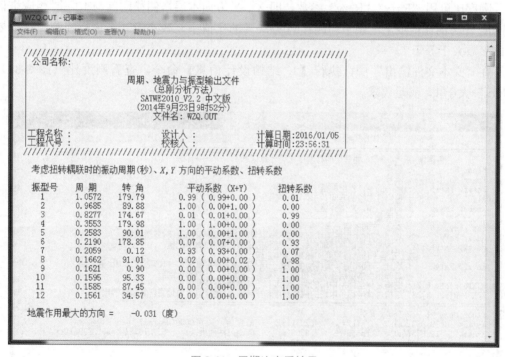

图 3-41　周期比查看结果

5. 剪重比

程序将根据楼层的结构及结构体系等信息，自动按照《抗震规范》5.2.5 条规范要求，给出楼层最小剪重比，以查看楼层剪重比。

在"文本文件输出"中，执行【2. 周期 振型 地震力】中，查看剪重比，最小剪重比为 1.60%，所有层均满足规范要求（图 3-42）。

6. 有效质量系数

查看 X、Y 方向的有效质量系数，要求系数值大于 90%。

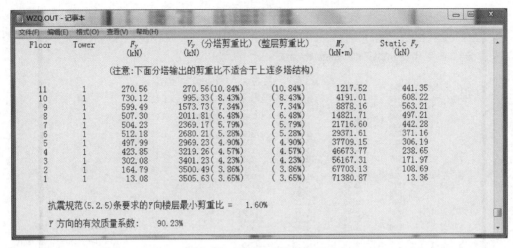

图 3-42 最小剪重比结果显示

在"文本文件输出"中，执行【2. 周期 振型 地震力】命令，Y方向有效质量系数为90.23%，满足规范要求（图 3-43）。

Floor	Tower	F_y (kN)	V_y (分塔剪重比) (整层剪重比) (kN)	M_y (kN·m)	Static F_y (kN)
			(注意:下面分塔输出的剪重比不适合于上连多塔结构)		
11	1	270.56	270.56(10.84%) (10.84%)	1217.52	441.35
10	1	730.12	995.33(8.43%) (8.43%)	4191.01	608.22
9	1	599.49	1573.73(7.34%) (7.34%)	8878.16	563.21
8	1	507.30	2011.81(6.48%) (6.48%)	14821.71	497.21
7	1	504.23	2369.17(5.79%) (5.79%)	21716.60	442.28
6	1	512.18	2680.21(5.28%) (5.28%)	29371.61	371.16
5	1	497.99	2969.23(4.90%) (4.90%)	37709.15	306.19
4	1	423.85	3219.26(4.57%) (4.57%)	46673.77	238.65
3	1	302.08	3401.23(4.23%) (4.23%)	56167.31	171.97
2	1	164.79	3500.49(3.86%) (3.86%)	67703.13	108.69
1	1	13.08	3505.63(3.65%) (3.65%)	71380.87	13.36

抗震规范(5.2.5)条要求的Y向楼层最小剪重比 ＝ 1.60%

Y 方向的有效质量系数: 90.23%

图 3-43 有效质量系数结果显示

7. 位移角和位移比

在"文本文件输出"中，执行【3. 结构位移】命令，查看各种作用下的各层间位移角（图 3-44），查看层间位移角是否符合规范要求，规范要求框剪结构位移角最大为 1/800，本例为 1/1316。

在"文本文件输出"中，执行【3. 结构位移】命令，查看各种作用下的位移比（图 3-45），规范要求位移比宜小于 1.2，应小于 1.5，本例为 1.02 和 1.24。

8. 超配筋信息

查看配筋信息，检查是否有超配筋现象，在文本信息和图形信息中都可以查看。

在"图形文件输出"中，执行【2. 混凝土构件配筋及钢构件验算简图】，查看构件的钢筋配筋，如有超配筋现象出现，将在超配筋构件部位以红色显示。

在"文本文件输出"中，执行【6. 超配筋信息】，查看超配筋信息（图 3-46）。

WDISP.OUT - 记事本

文件(F) 编辑(E) 格式(O) 查看(V) 帮助(H)

=== 工况 1 === X 方向地震作用下的楼层最大位移

Floor	Tower	J_{max} / J_{maxD}	Max-(X) / Max-Dx	Ave-(X) / Ave-Dx	h / Max-Dx/h	DxR/Dx	Ratio_AX
11	1	2485	18.32	17.99	4500.		
		2485	1.41	1.37	1/3189.	7.4%	1.00
10	1	2282	17.10	16.68	3000.		
		2282	1.03	0.99	1/2909.	36.5%	0.83
9	1	2029	16.18	15.79	3000.		
		2029	1.40	1.35	1/2150.	26.2%	1.18
8	1	1770	14.89	14.55	3000.		
		1770	1.75	1.70	1/1710.	17.3%	1.31
7	1	1507	13.23	12.95	3000.		
		1507	2.05	2.00	1/1464.	9.6%	1.24
6	1	1276	11.26	11.03	3000.		
		1276	2.24	2.19	1/1337.	0.4%	1.08
5	1	1046	9.06	8.89	3000.		
		1046	2.25	2.20	1/1333.	1.5%	0.93
4	1	816	6.84	6.71	3000.		
		816	2.28	2.23	1/1316.	3.0%	0.87
3	1	586	4.56	4.49	3000.		
		586	2.20	2.16	1/1361.	16.4%	0.82
2	1	355	2.36	2.33	3500.		
		492	2.16	2.11	1/1618.	66.5%	0.69
1	1	112	0.27	0.23	1100.		
		112	0.27	0.23	1/4091.	97.4%	0.26

X方向最大层间位移角： 1/1316.(第 4层第 1塔)

图 3-44 最大层间位移角

WDISP.OUT - 记事本

文件(F) 编辑(E) 格式(O) 查看(V) 帮助(H)

X方向最大层间位移角： 1/9999.(第 11层第 1塔)
X方向最大位移与层平均位移的比值： 1.02(第 10层第 1塔)
X方向最大层间位移与平均层间位移的比值： 1.24(第 11层第 1塔)

图 3-45 位移比结果显示

WGCPJ.OUT - 记事本

文件(F) 编辑(E) 格式(O) 查看(V) 帮助(H)

| 第 11 层配筋、验算 |
| 第 10 层配筋、验算 |
| 第 9 层配筋、验算 |
| 第 8 层配筋、验算 |
| 第 7 层配筋、验算 |
| 第 6 层配筋、验算 |
| 第 5 层配筋、验算 |
| 第 4 层配筋、验算 |
| 第 3 层配筋、验算 |
| 第 2 层配筋、验算 |
| 第 1 层配筋、验算 |

图 3-46 超配筋信息

二维码 3-1
后处理

本章小结

  本章可以概括成三个部分：接 PM 生成 SATWE 数据，结构内力配筋计算，SATWE 计算结果分析与调整。

  对于"接 PM 生成 SATWE 数据"部分，新手操作时基本步骤要理清，有几个必须执行的选项一定要执行，其中计算控制参数的设置，要掌握简单建模的参数常规设置，对一些需要推敲的参数设置可以参考本书的具体解析。

  第二部分"结构内力配筋计算"为计算机自动执行。

  第三部分是结构分析计算和调整，通过输出不同的文本信息与图形信息，查看结构的轴压比、刚度比、周期比、剪重比、有效质量系数、位移角、位移比、超配筋信息等，对不满足的计算结果对结构进行适当的调整使其满足即可。

第4章　钢筋混凝土梁、柱、剪力墙施工图设计

本章要点及学习目标

　　本章要点：

　　本章主要介绍钢筋混凝土"墙梁柱施工图"设计模块的使用，包括梁、柱、剪力墙配筋参数设置与归并，梁挠度图与裂缝图的生成与判断，梁、柱、剪力墙平面整体表示法实例等。

　　学习目标：

　　通过本章学习，熟悉施工图设计模块，掌握梁、柱、剪力墙施工图操作步骤及施工图中各种参数的定义及设置，可绘制梁、柱、剪力墙施工图，并可绘制立面、剖面图，可查看梁挠度及裂缝图，可对施工图进行编辑。

4.1　梁平法施工图

　　梁平法施工图模块的主要功能为读取计算软件 SATWE（或 TAT、PMSAP）的计算结果，完成钢筋混凝土梁的配筋设计与施工图绘制，具体功能包括连续梁的生成、钢筋标准层归并、自动配筋、梁钢筋的修改与查询、梁正常使用极限状态的验算、施工图的绘制与修改等。

4.1.1　进入梁平法施工图设计

　　在 PKPM 软件主页面【结构】页中选择【砼结构施工图】，选择【梁】如图 4-1 所示。

　　1. 选择钢筋层

　　点击＜参数＞设置钢筋层，弹出定义钢筋标准层对话框，如图 4-2 所示。

　　新版程序在原有结构标准层和建筑自然层的基础上，又提出【钢筋标准层】的概念，以下简称【钢筋层】。

　　（1）钢筋层主要用于钢筋的归并和出图，每一个钢筋层对应一张施工图，准备出几张施工图就设置几个钢筋层。钢筋层的设定与结构自然层以及 PKPM 模型中的标准层都不相同，它体现了实际选择配筋时归并的思想，按照一定的归并要求，将配筋相近的楼层定义为同一个钢筋层。

　　（2）通常梁、柱、墙等主要构件各自独立出图，因此这些构件拥有各自独立的钢筋层，各类构件的钢筋层可能相同，也可能不同。

　　（3）一个钢筋层由构件布置相同、受力特性近似的若干自然层组成，相同位置的构件名称相同、配筋相同。

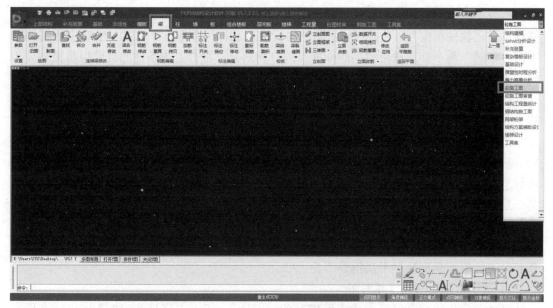

图 4-1 梁平法施工图选项

图 4-2 定义修改钢筋层对话框

（4）程序根据工程实际情况自动生成初始钢筋层，但允许用户编辑修改钢筋层和各钢筋层包含的自然层数，以满足出图的需要。

（5）钢筋层与标准层不同：标准层用于建模，钢筋层用于出图；标准层要求构件布置与荷载都相同，钢筋层仅要求构件布置相同；标准层不考虑上下楼层的关系，梁钢筋层却需要考虑，例如屋顶层与其他楼层的梁命名不同；通常同一钢筋层的所有自然层都属于同一标准层，但同一标准层的自然层可能被划分为若干个钢筋层。

如图 4-2 左侧的定义树表示当前的钢筋层定义情况。点击任意钢筋层左侧的"田"，可以查看该钢筋层包含的所有自然层。右侧的分配表表示各自然层所属的结构标准层和钢筋标准层。软件根据"两个自然层所属结构标准层相同""两个自然层上层对应的结构标准层也相同"两个标准进行梁钢筋标准层的自动划分。符合上述条件的自然层将被划分为同一钢筋标准层。

【本层相同】保证了各层中同样位置上的梁有相同的几何形状;【上层相同】保证了各层中相同位置上的梁有相同的性质。

下面以表4-1中的数据为例详细说明规则的运作:第1层至第3层都被划分到钢筋层1,是因为它们的结构标准层相同(都属于标准层1),而且上层(第2层和第4层)的结构标准层也相同(也都属于标准层1)。而第4层的结构标准层虽然也是标准层1,但由于其上层(第5层)的标准层号为2,因此不能与第1、2、3层划分在同一钢筋标准层,此处的"上层"指楼层组装时直接落在本层上的自然层,是根据楼层底标高判断的,而不是根据组装顺序判断的。点击【确定】,进入梁平法施工图绘图环境,程序自动打开当前工作目录下的第1标准层梁平法钢筋图。

2. 选择绘制新图或打开旧图

通常程序优先打开已经生成或编辑过的"旧图",或点击【打开旧图】,以便在原有基础上继续进行梁施工图设计。如点击【绘新图】,可以重新绘制当前楼层梁平法施工图。

钢筋层定义   表 4-1

自然层	结构标准层	钢筋层
第1层	标准层1	钢筋层1
第2层	标准层1	钢筋层1
第3层	标准层1	钢筋层1
第4层	标准层1	钢筋层2
第5层	标准层2	钢筋层3

4.1.2 梁平法施工图参数设置

1. 配筋参数设置与归并

点击【参数】设计参数,弹出梁参数修改对话框,如图4-3所示,对部分参数解释如下:

【钢筋等级符号使用】:为方便输入,软件在修改钢筋时使用字母 A、B、C、D、E 来代表不同的钢筋等级。绘图时,也可以使用字母代替国标符号Φ、Ⅲ、Ⅲ、Ⅲ等表示钢筋等级。在【配筋参数】中,软件提供了钢筋等级符号使用国标符号还是英文字母的选项。

【归并放大系数】:梁归并仅在同一钢筋标准层平面内进行,程序对不同钢筋标准层分别归并。首先根据连续梁的几何条件进行归类,找出几何条件相同的连续梁类别总数。几何条件包括连续梁的跨数、各跨的截面形状、各支座的类型与尺寸、各跨网格长度与净跨长度等。只有几何条件完全相同的连续梁才被归为一类。

程序归并过程如下：首先在几何条件相同的连续梁中选择任意一根梁进行自动配筋，将此实配钢筋作为比较基准；接着选择下一个几何条件相同的连续梁进行自动配筋，如果此实配钢筋与基准实配钢筋基本相同（何谓基本相同见下段阐述），则将两根梁归并为一组，将不一样的钢筋取大作为新的基准配筋，继续比较其他的梁。

每跨梁比较 4 种钢筋：左右支座、上部通长筋、底筋。每次需要比较的总种类数为跨数×4。每个位置的钢筋都要进行比较，并记录实配钢筋不同的位置数量。

最后得到两根梁的差异系数：差异系数 ＝ 实配钢筋不同的位置数÷（连续梁跨数×4）。如果此系数小于归并系数，则两根梁可以看作配筋基本相同，可以归并成一组。从上面的归并过程可以看出，归并系数是控制归并过程的重要参数。归并系数越大，则归并出的连续梁种类数越少。归并系数的取值范围是 0～1，缺省为 0.2。如果归并系数取 0，则只有实配钢筋完全相同的连续梁才被分为一组，如果归并系数取 1，则只要几何条件相同的连续梁就会被归并为一组，实际工程中归并系数一般取 0.02～0.5。

【梁名称前缀】：连续梁采用类型前缀＋序号的规则进行命名。默认的类型前缀为：框架梁 KL，非框架梁 L，屋面框架梁 WKL，框支梁 KZL。类型前缀可以在“配筋参数”中修改，比如在类型前缀前加所属的楼层号等。

修改梁名称前缀必须遵循下列规则：梁名称前缀不能为空；梁名称前缀不能包含空格和下列特殊字符：“＜＞（）＠＋＊／”；梁名称前缀的最后一个字符不能为数字；不同种类梁的前缀不能相同。

软件的连续梁排序采用分类型、分楼层的编号规则，就是说每个钢筋标准层都从 KL1、L1 或 WKL1 开始编号。

【主筋选筋库】：选择纵筋的基本原则是尽量使用用户设定的优选直径钢筋，尽量不配多于两排的钢筋。实际操作中，也可适当删减钢筋的直径种类，以减少钢筋的类别，方便施工。

【支座宽度对裂缝的影响】：选择该项，程序会自动考虑支座宽度对裂缝的影响，对支座处弯矩加以折减，可以减少实配钢筋。

【架立筋直径】：按《混凝土规范》10.2.15 条的规定确定架立筋直径，或由用户指定架立筋直径。

【主筋直径不宜超过柱截面尺寸的1/20】：《混凝土规范》11.3.7 条、《抗震规范》6.3.4 条和《高规》6.3.3 条都规定，“一、二、三级框架梁内贯通中柱的每根纵向钢筋直径，对框架结构不应大于矩形截面柱在该方向截面尺寸的 1/20，或纵向钢筋所在位置圆形截面柱弦长的 1/20；对其他结构类型的框架不宜大于矩形截面柱在该方向截面尺寸的 1/20，或纵向钢筋所在位置圆形截面柱弦长的 1/20”。选择该项，程序将根据连续梁各跨支座中最小的柱截面控制梁上部钢筋，但有时会造成梁上部钢筋直径小而根数多的不合理情况，应根据实际情况选择。

【箍筋形式】：分为大小套和连环套两种，根据需要自行选择。

【根据裂缝选筋】：软件可根据裂缝选择纵筋。如果选择了“根据裂缝选筋”，则软件在选完主筋后会计算相应位置的裂缝（下筋验算跨中下表面裂缝，支座筋验算支座处裂缝）。如果所得裂缝大于允许裂缝宽度，则将计算面积放大 1.1 倍重新选筋。重复放大面积、选筋、验算裂缝的过程，直到裂缝满足要求或选筋面积放大 10 倍为止。

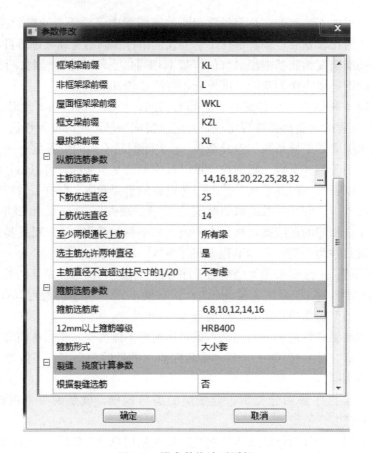

图 4-3 梁参数修改对话框

2. 连续梁跨数和支座修改

在【连续梁修改】区域，包含了连续梁编辑的菜单命令，如图 4-4 所示，通过本级菜单可以完成连续梁命名、拆分与合并修改、支座显示与修改等工作。

注意：虽然程序可以自动判断梁的跨数和支座属性，但由于实际工程千差万别，需要仔细校核和修改。一般来说，把"三角（连续支座）"支座改为"圆（铰支座）"支座后梁构造是偏于安全的。支座调整后，程序会重新调整梁钢筋并重新绘图。

3. 梁钢筋查询和修改

1) 平面查改钢筋

在【钢筋编辑】区域，显示查改钢筋的菜单，如图 4-5 所示，通过本级菜单命令，可以用多种方式修改、拷贝、重算平法图中的连续梁钢筋，并可通过【加筋修改】命令修改次梁的附加箍筋、吊筋。

2) 立面查改钢筋

在【立面改筋】区域，可以在梁的立面图中显示和修改钢筋。

3) 钢筋标注方式

在【标注编辑】区域，显示钢筋标注二级菜单，如图 4-6 所示，允许用多种方式对图面的钢筋标注进行修改。

4）双击原位修改钢筋

在图中双击钢筋标注字符，在光标处弹出钢筋修改对话框，直接修改即可。

5）动态查询梁参数

将光标停放在梁轴线上，即可弹出浮动框显示梁的截面和配筋数据。

　　　　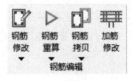　　　　

图 4-4　连续梁修改　　　　图 4-5　查改钢筋　　　　图 4-6　钢筋标注

4. 生成其他梁图

1）梁立、剖面图

梁施工图除了平法表示图外，有需要时还可以生成立面图和剖面详图，在【立剖面】区域，点击【立剖面图】，输入绘图参数，点取需要绘图的梁，生成梁立剖面图，如图 4-7 所示。

2）梁三维渲染图

点击【三维图】，点取梁，生成梁三维渲染图。

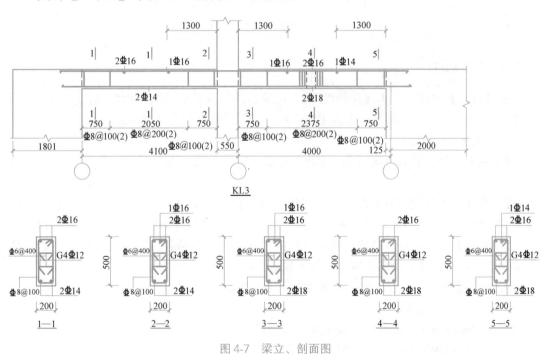

图 4-7　梁立、剖面图

4.1.3　梁配筋面积

在【校核】区域，点击【计算配筋】显示梁计算配筋面积图，如图 4-8 所示，点击【实际配筋】显示梁实际配筋面积图，如图 4-9 所示。将光标放在想要查看的梁上则会出现该梁的详细配筋面积情况。

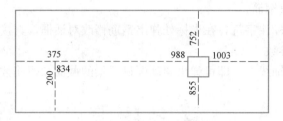

图 4-8　梁计算配筋面积图

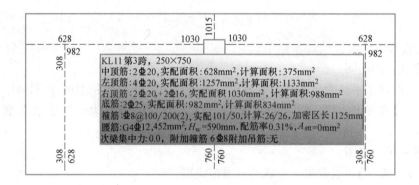

图 4-9　梁实际配筋面积图

4.1.4　梁挠度图

在【校核】区域，点击【梁挠度图】，在弹出的挠度计算参数对话框（图 4-10）中设定相关参数，如图 4-11 所示，生成梁挠度图，该梁的挠度值为 4.7mm。

1. 挠度计算参数

【使用上对挠度有较高要求】：参看《混凝土规范》表 3.3.2 括号内数值和注释的第二项。

【将现浇板作为受压翼缘】：参看《混凝土规范》7.2.3 条，T 形、I 形、倒 L 形截面受弯构件翼缘计算。当梁的挠度超过规范的限值时，挠度值改为红色显示，更加醒目。

【计算书】命令，计算书输出挠度计算的中间结果，包括各工况内力、标准组合、准永久组合、长期刚度、短期刚度等，便于检查校核，如图 4-12 所示。

2. 如果挠度超限（表 4-2），可采取如下方法调整

（1）加大梁的截面；

（2）增设柱减小梁跨度，增设梁减小板跨度；

（3）也可增加配筋，但是效果不明显；

（4）施工措施方面，如果采用预先起拱的施工方法，挠度应按照扣除起拱值来计算。

受弯构件挠度限值表　　　　　　　　　　　　　　　　　　　　　　表 4-2

构件类型		挠度限值
吊车梁	手动吊车	$L_o/500$
	电动吊车	$L_o/600$

续表

构件类型		挠度限值
屋盖、楼盖及楼梯构件	当 $L_0 < 7\text{m}$ 时	$L_0/200(L_0250)$
	当 $7\text{m} \leqslant L_0 \leqslant 9\text{m}$ 时	$L_0/250(L_0/300)$
	当 $L_0 > 9\text{m}$ 时	$L_0/300(L_0/400)$

注：1. 表中 L_0 为构件的计算跨度；计算悬臂构件的挠度限值时，其计算跨度 L_0 按实际悬臂长度的 2 倍取用；
　　2. 表中括号内的数值适用于使用上对挠度有较高要求的构件；
　　3. 如果构件制作时预先起拱且使用上也允许，则在验算挠度时，可将计算所得的挠度值减去起拱值；对预应力混凝土构件，尚可减去预加力所产生的反拱值；
　　4. 构件制作时的起拱值和预加力所产生的反拱值，不宜超过构件在相应荷载组合作用下的计算挠度值；
　　5. 当构件对使用功能和外观有较高要求时，设计可对挠度限值适当加严。

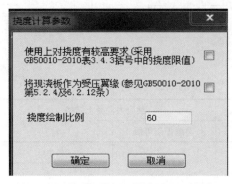

图 4-10　挠度计算参数对话框

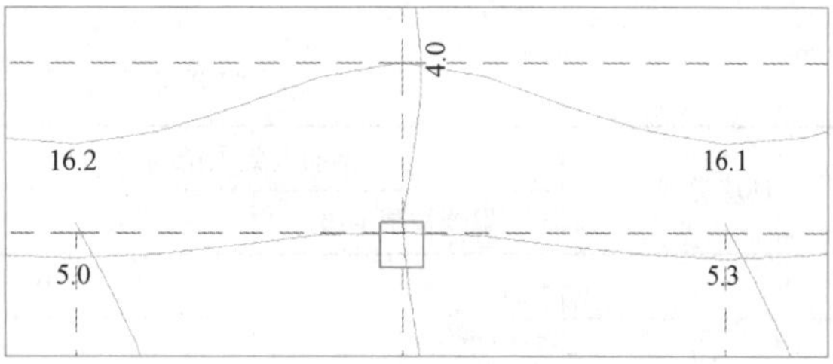

图 4-11　梁挠度图

连续梁KL2第1跨挠度计算书

按混凝土结构设计规范GB50010-2010第7.2节规定计算.
M_d：恒载载弯矩标准值（单位：kN·m）；　　M_l：活载载弯矩标准值（单位：kN·m）；
M_{wx}：X向风载弯矩标准值（单位：kN·m）；　M_{wy}：Y向风载弯矩标准值（单位：kN·m）；
M_{t01}：温度T01作用弯矩标准值（单位：kN·m）；M_{t02}：温度T02作用弯矩标准值（单位：kN·m）；
M_q：荷载效应准永久组合（单位：kN·m）；
B_s：短期刚度（单位：1000·kN·m·m）；　　B_q：长期刚度（单位：1000·kN·m·m）；

活荷载准永久值系数 $\psi_q = 0.40$.
截面尺寸 $b \times h = 200\text{mm} \times 500\text{mm}$
底筋：2Φ14，$A_s = 307.9\text{mm}^2$.
左支座筋：2Φ16+1Φ14，$A_s = 556.1\text{mm}^2$.
右支座筋：3Φ16，$A_s = 603.2\text{mm}^2$.

截面号	I	1	2	3	4	5	6	7	J
M_d	−52.8	−15.1	19.0	23.6	20.0	12.3	−0.3	−17.2	−38.2
M_l	−0.9	−0.7	−0.5	−0.3	−0.1	0.0	0.2	0.4	0.6
M_{wx}	0.1	0.1	0.1	0.1	0.0	−0.0	−0.0	−0.1	−0.1
M_{wy}	6.4	4.8	3.2	1.8	0.2	−1.3	−2.9	−4.5	−6.0
M_{t01}	0.0	0.0	0.0	0.0	0.0	0.0	0.0	0.0	0.0
M_{t02}	0.0	0.0	0.0	0.0	0.0	0.0	0.0	0.0	0.0
M_q	−53.1	−15.4	18.8	23.5	20.0	12.3	−0.2	−17.0	−38.0
B_s	20.3	20.3	22.8	22.8	22.8	22.8	26.7	26.7	26.7
B_q	11.4	11.4	14.2	14.2	14.2	14.2	14.9	14.9	14.9
挠度mm	0.0	0.7	2.1	3.0	3.1	2.5	1.4	0.4	0.0

最大挠度 $d = 3.1$ mm. 计算跨度 $L_0 = 5800$ mm. $L_0/d = 1881 > 200$, 满足限值要求.

图 4-12　梁挠度计算书

4.1.5　梁裂缝图

在【校核】区域，点击【裂缝图】，在弹出的对话框中设定相关参数，将生成裂缝图，如图 4-13 所示。如果裂缝在某一处超限，则该处的裂缝值会显红，便于观察和修改。

如果裂缝超限（表 4-3、表 4-4），可采取如下方法调整：提高混凝土等级；增加配筋面积或减小钢筋直径增加钢筋根数；加大梁高度等。

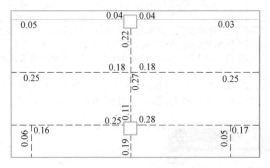

图 4-13　梁裂缝图

结构构件的裂缝控制等级及最大裂缝宽度的限值（mm）　　　　表 4-3

环境类别	钢筋混凝土结构		预应力混凝土结构	
	裂缝控制等级	ω_{lim}	裂缝控制等级	ω_{lim}
一	三级	0.30(0.40)	三级	0.20
二 a				0.10
二 b		0.20	二级	—
三 a、三 b			一级	—

环境类别分类表　　　　表 4-4

一类：	室内干燥环境；永久的无侵蚀性静水浸没环境
二类 a：	室内潮湿环境；非严寒和非寒冷地区的露天环境；非严寒和非寒冷地区与无侵蚀性的水或土壤直接接触的环境；寒冷和严寒地区的冰冻线以下与无侵蚀性的水或土壤直接接触的环境
二类 b：	干湿交替环境；水位频繁变动环境；严寒和寒冷地区的露天环境；严寒和寒冷地区的冰冻线以上与无侵蚀性的水或土壤直接接触的环境
三类 a：	严寒和寒冷地区冬季水位冰冻区环境；受除冰盐影响环境；海风环境
三类 b：	盐渍土环境；受除冰盐作用环境；海岸环境
四类：	海水环境
五类：	受人为或自然的侵蚀性物质影响的环境

4.1.6　工程案例

执行主菜单命令：【PKPM】→【结构】→【砼施工图】。

1. 设钢筋层

点击【梁】菜单后，进入梁平法施工图的界面，点击【参数】【设置钢筋层】，打开【定义钢筋标准层】对话框，设置钢筋层后，单击【确定】按钮，程序即可自动归并钢筋，并生成首层梁配筋施工图，如图 4-14 所示。

图中所标注的含义如下（以 KL14 为例）："KL14（8）250×750"其中 KL14 是指编号为 14 的框架梁；其后"（8）"是指梁是 8 跨，"250×750"表示其截面尺寸为宽

250mm、高 750mm。"Φ8@100/200（2）"是指箍筋为 HRB400 的钢筋，直径为 8mm，加密区间距为 100mm，非加密区间距为 200mm，其中"（2）"是指箍筋肢数为 2，"2Φ22"是指梁的上部配置 2 根直径为 22mm 的通长筋；图中标出的"2Φ22＋2Φ18"表示其中的"2Φ22"为通长筋，而"2Φ18"将会截断；同样，图中标出的"3Φ22"表示其中的"2Φ22"为通长筋，而"1Φ22"将会截断。KL14 下部则无通长筋，图中标出的"2Φ25"仅表示 KL14 在该跨的下部配筋。"G4Φ12"是指梁的侧面配置 4 根直径为 12mm 的纵向构造筋（腰筋），如是"N"开头，则表示为梁侧面抗扭纵筋，两者的区别在于锚固长度的要求不同。原位标注中，跨中或支座部位无标注的，则代表此部位钢筋的配置采用通长筋。

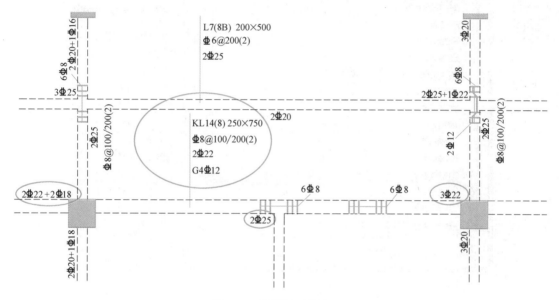

图 4-14　首层梁配筋施工图

在【定义钢筋标准层】对话框中，各按钮功能含义如下：

【增加】：可以增加一个空的钢筋标准层。

【更名】：用于修改当前选中的钢筋标准层的名称。

【合并】：可以将选中的多个钢筋层合并为一个（按住 Ctrl 或 Shift 键可以选中多个钢筋层）。

【清理】：有自然层的钢筋标准层不能直接删除，想删除一个钢筋层只能把该钢筋层包含的自然层都移到其他钢筋层去，将该钢筋层清空，再使用【清理】按钮，清除空的钢筋层。

2. 参数设置

在梁施工图设计界面的屏幕菜单中，执行【设计参数】命令，弹出【参数修改】对话框，在其中设置配筋参数，操作步骤如下：

步骤 1 单击【是否考虑文字避让】文本框后的倒三角，修改选项为【考虑】，可避免配筋注写的文字重叠现象。

步骤 2 单击【纵筋选筋参数】下的【主筋选筋库】文本框后的倒三角，弹出【主筋选

第4章 钢筋混凝土梁、柱、剪力墙施工图设计

筋库】对话框，在对话框中勾选直径为 14～32mm 钢筋，如图 4-15 所示。

步骤 3 参数修改完成后，单击【确定】按钮，程序弹出【梁施工图】对话框，选择【是】后，程序自动按照修改的参数重新进行归并，再次生成新的梁施工图。

具体参数含义见 4.1.2 节。

图 4-15　主筋选筋库修改

3. 归并

在梁施工图的设计绘制中，程序隐藏归并命令于梁的施工设计中，在【设计参数】中，可修改归并系数，如图 4-16 所示，根据需要选择【是】或者【否】即可。

图 4-16　重新归并

4. 调整施工图

连梁定义和支座修改：在【连续梁修改】中，显示连续梁二级菜单命令，如图 4-17 所示，通过本级菜单可以完成连续梁命名、合并与拆分修改、支座显示与修改等工作。

【钢筋编辑】：点击【钢筋修改】，显示二级菜单命令，如图 4-18 所示，通过这些菜单可以进行钢筋修改。

【立面改筋】：点击【立面改筋】，程序显示构件的立面图，如图 4-19 所示，可以在梁的立面图中显示和修改钢筋。

【标注编辑】：选择【标注编辑】菜单，显示其下二级菜单命令，如图 4-20 所示，通过这些菜单可以在进行图面标注的修改。

图 4-17 连梁定义菜单

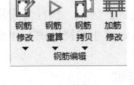

图 4-18 查改钢筋二级菜单

图 4-19 立面改筋菜单

图 4-20 钢筋标注菜单

【双击原位修改钢筋】：双击【钢筋标注】字符，在光标处弹出钢筋修改对话框，即可进行修改，如图 4-21 所示。

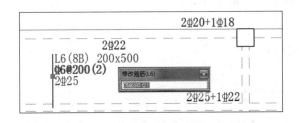

图 4-21 原位双击修改钢筋

【动态查询梁参数】：将光标静置在梁的轴线上，即弹出浮动框显示梁的截面和配筋数据，如图 4-22 所示。

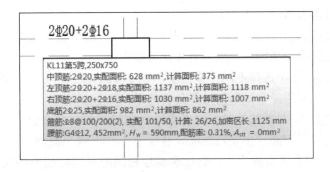

图 4-22 动态查询梁参数

【移动标注】：梁的平法标注有时可能会太密集，导致数字重叠，看不清楚，这时执行移动标注命令，稍微移动钢筋标注，使文字相互避让。

5. 挠度图

在【校核】区域，执行【梁挠度图】命令，在弹出的【挠度计算参数】对话框中设置挠度参数后，将生成挠度图；如果挠度在某一处超限，则该处挠度值会显红，便于观察及修改。

6. 裂缝图

在【校核】区域，执行【梁裂缝图】命令，在弹出的【裂缝计算参数】对话框中设置裂缝参数后，将生成裂缝图；如果挠裂缝在某一处超限，则该处挠度值会显红，便于观察及修改。

图 4-23　绘新图

7. 绘新图

执行【绘新图】命令，在弹出的对话框中选择【绘新图方式】，如图 4-23 所示，程序重新绘制。

在请选择对话框中有三个按钮供选择，分别解释如下：

【重新归并选筋并绘制新图】：点击此按钮，系统会删除本层所有已有数据，重新选筋后绘图。

【使用已有配筋结果绘制新图】：系统只删除施工图目录中本层的施工图，然后重新绘图。

【取消重绘】：关闭窗口，取消命令。

4.2　柱施工图设计

4.2.1　进入柱施工图设计

在 PKPM 软件主页面【结构】页中选择【砼施工图】中的【柱】，如图 4-24 所示。进入柱施工图绘图环境，程序自动打开当前目录下的第 1 标准层平面简图。

4.2.2　柱设计参数设置

点击【参数】→【设计参数】，弹出柱参数对话框，如图 4-25 所示，在出图前应设置柱绘图、归并、配筋等参数，方法如下：

1. 对话框中的选项不必输入汉字，点击相应输入项的位置，即以下拉菜单的形式显示所有选项，点取其中一项即可，或者直接输入数字。

2.【计算结果】，用于选择不同计算程序，如 TAT、SATWE、PMSAP 的计算结果，程序默认读取当前工程目录中最新的计算分析结果。

3.【归并系数】，归并系数是对不同连续柱列作归并的一个系数，主要指两根连续柱列之间所有层柱的实配钢筋（主要指纵筋，每层有上、下两个截面）占全部纵筋的比例。该值的范围 0~1。如果该系数为 0，则要求编号相同的一组柱所有的实配钢筋数据完全相同。如果归并系数取 1，则只要几何条件相同的柱就会被归并为相同编号。

4.【主筋放大系数】，只能输入不小于 1.0 的数，如果输入的系数小于 1.0，程序自动取为 1.0。程序在选择纵筋时，会把读到的计算配筋面积×放大系数后再进行实配钢筋的选取。

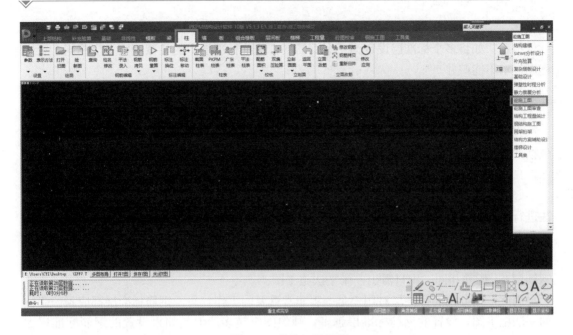

图 4-24　柱施工图选项

5.【箍筋放大系数】，只能输入不小于 1.0 的数，如果输入的系数小于 1.0，程序自动取为 1.0。程序在选择箍筋时，会把读到的计算配筋面积×放大系数后再进行实配钢筋的选取。

6.【箍筋形式】，对于矩形截面柱共有 4 种箍筋形式供用户选择，程序默认的是矩形井字箍。对其他非矩形、圆形的异形截面柱这里的选择不起作用，程序将自动判断应该采取的箍筋形式，一般多为矩形箍和拉筋井字箍。

7.【矩形柱是否采用多螺箍筋形式】，当在方框中选择对勾时，表示矩形柱按照多螺箍筋的形式配置箍筋。

8.【连接形式】，提供 12 种连接形式，主要用于立面画法，用于表现相邻层纵向钢筋之间的连接关系。

9.【是否考虑上层柱下端配筋面积】，通常每根柱确定配筋面积时，除考虑本层柱上下端截面配筋面积取最大值外，还要将上层柱下端截面配筋面积一并考虑。设置该参数可由用户决定是否考虑上层柱下端配筋。

10.【是否包括边框柱配筋】，选择该项，剪力墙边框柱与框架柱一同归并和绘制施工图，不选择此项，剪力墙边框柱与剪力墙一同出图。

11.【是否考虑上层柱下端配筋面积】，通常每根柱确定配筋面积时，除考虑本层柱上、下端截面配筋面积取大值外，还要将上层柱下端截面配筋面积一并考虑。设置该参数可以由用户决定是否需要考虑上层柱下端的配筋。

12.【设归并钢筋标准层】，新版软件允许设定用于归并的钢筋层，如图 4-26 所示。

程序默认钢筋层与标准层相同，用户可以设定钢筋层包含若干自然层，每个钢筋层绘制一张柱施工图。设置的钢筋层越多，出的图纸越多，设置钢筋层较少，虽然出图减少，但由于程序将一个钢筋层内所有柱的实配钢筋归并取大，会造成钢筋用量偏多。

提示：如将多个标准层设定为一个钢筋层，这些标准层中的柱截面定义应相同，否则程序提示不能归并。

4.2.3　柱归并

点击【归并】，程序按用户设定的钢筋层和归并系数自动进行归并操作，柱子的归并包括两个步骤：竖向归并和水平归并。

1. 竖向归并

竖向归并又称层间归并，在连续柱的不同柱段间进行，软件通过划分钢筋标准层的办法进行竖向归并。在自动选筋时，将连续柱上相同钢筋标准层的各层柱段的计算配筋面积统一取较大值，然后为这些柱段配置完全相同的实配钢筋。划分钢筋标准层后，若干自然层可以使用同一张平法施工图，这样可以减少图纸数量。如某楼自然层 3、4、5 都划分为钢筋层 3，配筋相同，则只需出一张平法施工图。

因此，划分钢筋标准层对用户是一项非常重要的工作，每一钢筋标准层都应画一张柱的平法施工图，设置的钢筋标准层越多，画的图纸越多。但是如果设置的钢筋标准层太少，画的施工图较少，但实配钢筋在自然层的柱段中取大，导致用钢量增大。将多个结构标准层归为一个钢筋标准层时，截面布置不同的柱段，程序不会按照钢筋层的设置进行竖向归并，而是各层柱段分别配筋。

图 4-25　柱参数对话框　　　　　图 4-26　设置归并钢筋层对话框

2. 水平归并

水平归并是在不同连续柱之间进行。布置在不同节点上的多根连续柱，如果其几何参数（截面形式、截面尺寸、柱段高、与柱相连的梁的几何参数）相同，配筋面积相近，可以归并为一组出图，这就是柱的水平归并。软件通过"归并系数"等参数控制水平归并的过程。

对几何参数完全相同的连续柱进行归并时，首先计算两个柱之间实配纵筋数据（主要是纵筋）的不同率，如果不同率不大于归并系数，可以归并为同一个编号的柱。不同率是指两根连续柱之间实配纵筋数据不同数量占全部对比的钢筋数量的比值。归并时，不同率不考虑箍筋，最后相同编号的柱实配箍筋自动取同一自然层最大值。

归并系数取值越大，归并后的柱数量越少。当归并系数取最大值 1 时，只要几何条件相同的连续柱，就可以归并为相同编号的柱，这种情况下归并不考虑实配钢筋数量，程序自动取同层柱段的实配钢筋最大值；当归并系数取最小值 0 时，只有几何条件和实配钢筋都相同的连续柱才可以归并为相同编号柱。

4.2.4　柱配筋面积图（图 4-27）

T：表示此方向上部受力纵筋配筋面积；B：表示此方向下部受力纵筋配筋面积；G_x：表示 x 方向箍筋配筋面积（箍筋间距）；G_y：表示 y 方向箍筋配筋面积（箍筋间距）。

4.2.5　柱施工图生成

程序可以用八种方式表示柱施工图，包括三种平法图、三种柱表、立剖面图和渲染图。选择出图方式可以在柱设计参数对话框＜施工图表示方法＞中设定，如图 4-28 所示。对于柱表方式，平面图中只标注柱的编号和尺寸，柱配筋等信息需要点击相关的柱表命令方能以表格形式输出，如图 4-29 所示。

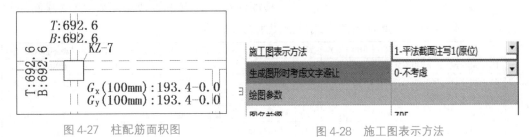

图 4-27　柱配筋面积图　　　　　　　　　图 4-28　施工图表示方法

还有一种更快捷的出图切换方式，点击屏幕左上角的下拉菜单【表示方式】，直接选择出图方式，如图 4-30 所示。

提示：当实际工程的钢筋层数量较少时，一般优先考虑使用平面注写的方法出图；当钢筋层数量较多时，则优先考虑使用柱表的方法出图。

1. 平法截面注写柱图

平法截面注写柱图，是参照《混凝土结构施工图平面整体表示方法制图规则和构造详图》16G101-1 图集绘制的，点击【参数修改】，在弹出的柱设计参数对话框【施工图表示方法】中选择【平法截面注写】，点击【确认】，生成平法截面注写柱图，如图 4-31 所示。

图 4-29　柱表命令

图 4-30　画法选择

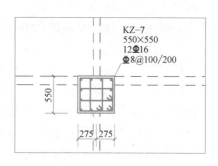

图 4-31　平法截面注写柱图

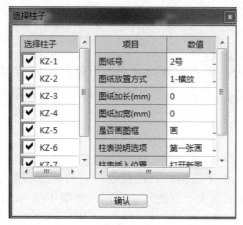

图 4-32　选择柱对话框

2. 平法列表注写柱表

平法列表注写柱表方式，也是参照《混凝土结构施工图平面整体表示方法制图规则和构造详图》16G 101-1 图集绘制的。点击【平法柱表】，弹出选择柱对话框，如图 4-32 所示，由用户选择需要列表的柱，点击【确认】，生成柱平法列表注写图，如图 4-33 所示。

3. PKPM 截面注写 1 生成柱图

这是将传统的柱剖面详图和平法截面注写方式结合起来的柱图表示方式。点击【表示方法】，在弹出的下拉菜单中选择＜PKPM 原位截面注写＞，点击生成 PKPM 原位截面注写柱图，如图 4-34 所示。此种出图方式目前使用的比较少。

柱号	标高	b×h	b1	b2	h1	h2	全部纵筋	角筋	b边中部	h边中部	类型	箍筋
KZ-1	12.000~15.000	400×500	100	300	500	0		4Φ18	1Φ18	2Φ16	1.(3×4)	Φ8@100/200
	15.000~21.000	400×500	100	300	500	0		4Φ18	1Φ16	2Φ18	1.(3×4)	Φ8@100/200
	21.000~27.000	400×500	100	300	500	0		4Φ20	1Φ16	2Φ16	1.(3×4)	Φ8@100/200
	24.000~27.000	400×500	100	300	500	0	12Φ16				1(4×4)	Φ8@100/200
	27.000~31.500	400×500	100	300	375	125		4Φ25	4Φ25	2Φ20	1.(4×4)	Φ8@100/200
KZ-2	−1.600~0.500	500×550	250	250	101	449	12Φ16				1.(4×4)	Φ10@100
	−5.00~6.000	500×550	250	250	101	449	12Φ16				1.(4×4)	Φ8@100/200
	6.00~12.000	500×500	100	400	250	250	12Φ16				1.(4×4)	Φ8@100/200
	12.000~27.000	400×500	200	200	101	399		4Φ16	1Φ16	2Φ16	1.(3×4)	Φ8@100/200
KZ-3	−1.600~0.500	650×550	325	325	550	0		4Φ18	2Φ16	2Φ16	1.(4×4)	Φ12@100
	−0.500~3.000	600×550	300	300	550	0		4Φ18	2Φ16	2Φ16	1.(4×4)	Φ10@100/200
	3.000~6.000	600×500	300	300	550	0		4Φ18	2Φ16	2Φ16	1.(4×4)	Φ8@100
	6.000~12.000	550×500	275	275	500	0	12Φ16				1.(4×4)	Φ8@100/200
	12.000~18.000	500×500	250	250	500	0	12Φ16				1.(4×4)	Φ8@100/200
	18.000~27.000	400×500	200	200	500	0		4Φ16	1Φ16	2Φ16	1.(3×4)	Φ8@100/200
	27.000~31.500	400×500	200	200	375	125	12Φ22				1.(4×4)	Φ8@100/200

图 4-33　平法列表注写柱表

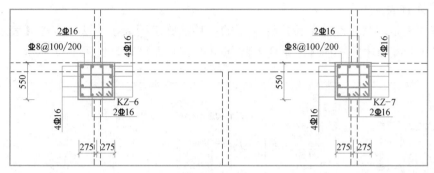

图 4-34　PKPM 原位截面注写柱图

4．PKPM 截面注写 2 生成柱图

这是将柱编号和柱剖面详图分开绘制的方式。点击【表示方法】，在弹出的下拉菜单中选择＜PKPM 集中截面注写＞，点击生成 PKPM 集中截面注写柱图，如图 4-35 所示。

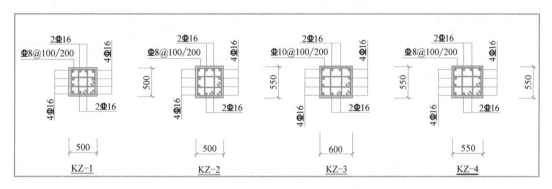

图 4-35　PKPM 集中截面注写柱图

5．PKPM 剖面柱表

PKPM 剖面柱表是将柱剖面图大样图画在表格中的绘图方法。点击【表示方法】，在弹出的下拉菜单中选择＜PKPM 剖面列表＞，点击【PKPM 柱表】，在弹出的柱选择对话框中选择需要列表的柱，点击【确认】，生成 PKPM 剖面柱表，如图 4-36 所示。

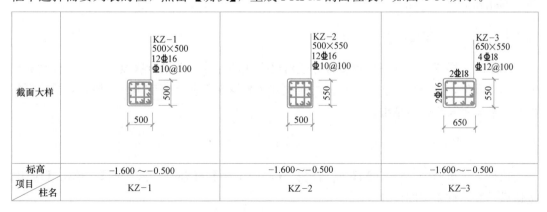

图 4-36　PKPM 剖面柱表

6. 广东柱表

广东柱表是广东省设计单位广泛采用的一种柱施工图表示方法，点击【表示方法】，在弹出的下拉菜单中，选择【广东柱表】，点击生成广东柱表，如图4-37所示。

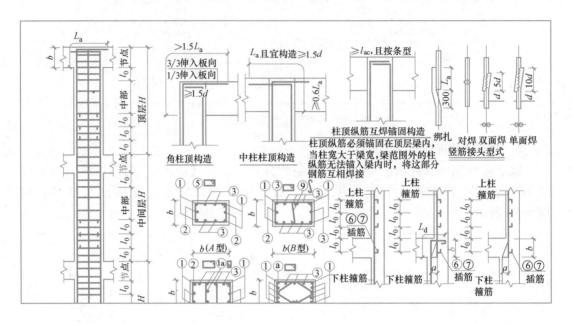

图4-37　广东柱表

7. 立剖面柱图

这是传统的柱施工图画法，点击【立剖面图】，屏幕下方提示："请选择要画立剖面图的柱"，点取需要出图的柱，弹出柱选择对话框，如图4-38所示。点击【确认】，生成立剖面柱图，如图4-39所示。

8. 三维渲染柱图

在生成立剖面柱图后，点击【三维线框】和【三维渲染】，生成三维渲染柱图，如图4-40所示，将该图放大仔细观察，不仅可以看到柱内的纵筋和箍筋，甚至可以看到钢筋的绑扎和搭接等情况。

4.2.6　柱施工图编辑

和梁施工图相似，程序提供多种方式对已生成的柱施工图进行修改、标注、移动和查询显示等操作，以及显示柱的计算钢筋面积和实配钢筋面积，便于用户校核，包括异型柱配筋参数显示及修改对话框。

4.2.7　工程案例

执行主菜单命令：【PKPM】→【结构】→【砼施工图】→【柱平法施工图】，单击【应用】按钮后，开始柱施工图设计。

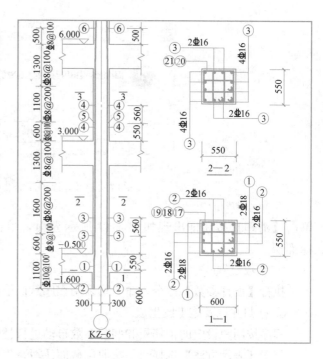

图 4-38 选择柱对话框   图 4-39 立剖面柱图

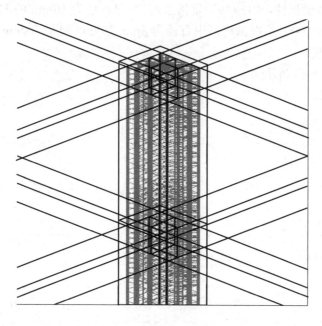

图 4-40 柱三维渲染图

1. 设钢筋层

执行【参数】→【设钢筋层】命令，弹出定义钢筋标准层对话框，由于本工程共有 11 个自然层，则单击【增加】按钮增加钢筋层，使每一个钢筋层包含一个自然层。

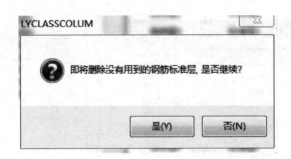

图 4-41　删除钢筋标准层图

单击【清理】按钮即出现如图 4-41 所示界面，单击"是"便可删除没有用到的钢筋标准层。

2. 参数设置

执行【设计参数】命令，命令均采用程序默认值即可。

3. 柱归并以及施工图生成

程序按用户设定的钢筋层和归并系数自动进行柱归并操作，如图 4-42 所示。

点击【表示方法】选择<平法原位截面注写>生成柱施工图，如图 4-30 所示。

图中标注的含义如下（以 KZ-8 为例）："KZ-8 500×500"是指编号为 8 截面为 500mm×500mm 的框架柱，"12Φ16"是指采用 12 根直径为 16mm 的 HRB400 钢筋为受力钢筋，"Φ8@100/200"是指箍筋采用直径为 8mm 加密区间距 100mm，非加密区间距 200 的 HRB400 钢筋。

柱施工图如图 4-43 所示。

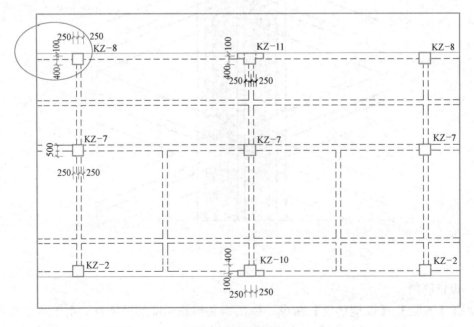

图 4-42　柱归并图

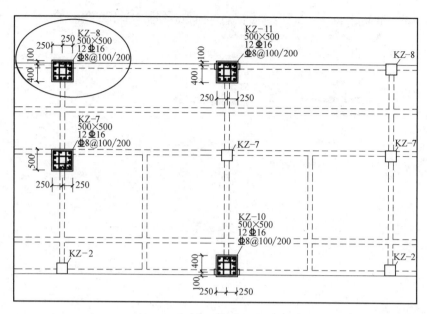

图 4-43 柱施工图

4.3 墙施工图设计

在 PKPM 软件主页面【结构】页中选择【砼施工图】中的【墙】，如图 4-1 所示。

4.3.1 打开剪力墙图

点击【墙】，弹出墙施工图绘制界面。通过该对话框可以选择【绘新图】或【打开旧图】，选择打开某个自然层的平面图形。第一次进入时通常选择【第 1 自然层】和【绘新图】，程序自动打开当前工作目录下的第一层剪力墙平面图。

1. 工程参数设置

点击【参数】→【设计参数】，弹出工程选项对话框，共有五页，如图 4-44 所示，按工程实际情况设置各项参数。

1)【显示内容】

可按需要选择施工图中显示的内容。【配筋量】表示在平面图中（包括截面注写方式的平面图）是否显示指定类别的构件名称和尺寸及配筋的详细数据。

【柱与墙的分界线】指图 4-43 中圈定位置以虚线表示的与墙相连的柱和墙之间的界线，可按绘图习惯确定是否要画此类线条。

如选中【涂实边缘构件】，在截面注写图中，将涂实未做详细注写的各边缘构件；在平面图中，则是对所有边缘构件涂实。此种涂实的结果在按【灰度矢量】打印后会比下拉菜单中【设置】→【构件显示】（绘图参数）→【墙、柱涂黑】的颜色更深。

如选中【轴线浮动提示】，则对已命名的轴线在可见区域内示意轴号。此类轴号示意内容仅用于临时显示，不保存在图形文件中。

2)【绘图设置】

图 4-44　工程选项对话框

设置绘图对话框，如图 4-45 所示，本页设置均对以后画的图有效，已画的图不受影响。

可按使用者的绘图习惯选择用 TrueType 字体（如下左图）或矢量字体（如下右图）表示钢筋等级符号。（用下拉菜单的【文字】→【点取修改】命令中【特殊字符】输入的钢筋符号只能按矢量字体输出）

"包含各层连梁（分布筋）"的开关决定是否在同一张图上显示多层的内容，使用者可根据设计习惯选择。

如选中【标注各类墙柱统一数字编号】，则程序用连续编排的数字编号替代各墙柱的名称。

在画平面图（包括截面注写方式的平面图）之前可以设定要求在生成图形时考虑文字避让，这样程序会尽量考虑由构件引出的文字互不重叠，但选中该项则生成图形时较慢。

关于【标高与层高表】的开关选项在相关章节另行说明。

"大样图估算尺寸"指画墙柱大样表时每个大样所占的图纸面积。

3）【选筋设置】

选筋设置对话框，如图 4-46 所示，选筋的常用规格和间距按墙柱纵筋、墙柱箍筋、水平分布筋、竖向分布筋、墙梁纵筋、墙梁箍筋六类分别设置。程序根据计算结果选配钢筋时，将按这里的设置确定所选钢筋的规格。

【规格】和【间距】表中列出的是选配时优先选用的数值。

【规格】表中反映的是钢筋的等级和直径，用 A～E 依次代表不同型号钢筋，依次对应 HPB300、HRB335、HRB400、HRB500、RRB550，在图形区显示为相应的钢筋符号。

【纵筋】的间距由【最大值】和【最小值】限定，不用【间距】表中的数值。【箍筋】或【分布筋】间距则只用表中数值，不考虑【最大值】和【最小值】。

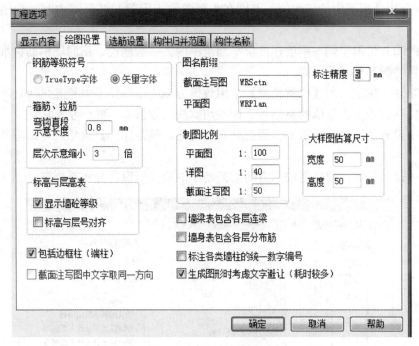

图 4-45 绘图设置对话框

可在表中选定某一格,用表侧的【↑】和【↓】调整次序,用【×】删除所选行。如需增加备选项,可点在表格尾部的空行处。选筋时程序按表中排列的先后次序,优先考虑用表中靠前者。例如:在选配墙柱纵筋时,取整体分析结果中的计算配筋和构造配筋之中的较大值,根据设定的间距范围和墙柱形状确定纵筋根数范围,按规格表中的钢筋直径依次试算钢筋根数和实配面积;当实配面积除以应配面积的比值在【配筋放大系数】的范围内时即认为选配成功。

如果指定的规格中钢筋等级与计算时所用的等级不同,选配时会按等强度换算配筋面积。

如果选中【同厚墙分布筋相同】,程序在设计配筋时,在本层的同厚墙中找计算结果最大的一段,据此配置分布筋。

如果选中【墙柱用封闭复合内箍】,则墙柱内的小箍筋优先考虑使用封闭形状。

现行规范对计算复合箍的体积配箍率时,是否扣除重叠部分暂未做明确规定。程序中提供相应选项,由使用者掌握。

【每根墙柱纵筋均由两方向箍筋或拉筋定位】通常用于抗震等级较高的情况。如选中此开关,则不再按默认的【隔一拉一】处理,而是对每根纵筋均在两方向定位。

【选筋方案】包括本页上除【边缘构件合并净距】之外的全部内容,均保存在 CFG 目录下的【墙选筋方案库.MDB】文件中。保存时可指定方案名称,在做其他工程墙配筋设计时可用【加载选筋方案】调出已保存的设置。

可以在读入部分楼层墙配筋后重新设置本页参数,修改的结果将影响此后读计算结果的楼层。这样可实现在建筑物中分段设置墙钢筋规格。

4)【构件归并范围】

构件归并范围对话框如图 4-47 所示,同类构件的外形尺寸相同,需配的钢筋面积

（计算配筋和构造配筋中的较大值）差别在本页参数指定的归并范围内时，按同一编号设相同配筋。

构件的归并仅限于同一钢筋标准层平面范围内。一般地说，不同墙钢筋标准层之间相同编号的构件配筋很可能不同。

洞边暗柱、拉结区的【取整长度】常用数值为 50mm，程序中考虑此项时通常将相应长度加大以达到指定取整值的整倍数。如使用默认的数值 0，则不考虑取整。

程序中设有【同一墙段水平、竖直分布筋规格、间距相同】选项，可适应部分设计者的习惯。

如选中这一开关，程序将取两方向的配筋中的较大值设为分布筋规格。

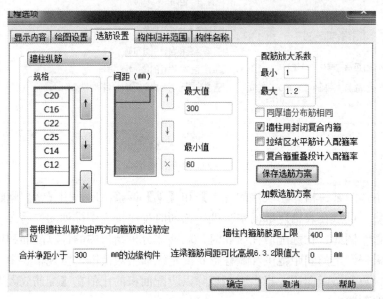

图 4-46　选筋设置对话框

5）【构件名称】

构件名称设置对话框如图 4-48 所示，部分参数含义如下，构件类别简图见图 4-49（图中各符号含义见规范）。

表示构件类别的代号默认值参照【平面整体表示法】图集设定。如选中【在名称中加注 G 或 Y 以区分构造边缘构件和约束边缘构件】，则这一标志字母将写在类别代号前面，其中 YDZ、YAZ 是约束边缘端柱、约束边缘暗柱，均属于约束边缘构件；GDZ、GAZ 是构造边缘端柱、构造边缘暗柱，均属于构造边缘构件。这些都是剪力墙结构中特有的，他们的作用都一样，设置在剪力墙的边缘，起到改善受力性能的作用。

可在【构件名模式】中选择将楼层号嵌入构件名称，即以类似于 AZ1-2 或 1AZ-2 的形式为构件命名。使用者可根据自己的绘图习惯选择并设置间隔符。默认在楼层号与表示类别的代号间不加间隔符，而在编号前加【-】隔开。加注的楼层号是自然层号。

2. 编辑旧图

程序通常总是先打开旧图，即用户已生成或编辑过的剪力墙施工图，如没有旧图，程序打开第 1 标准层平面图，编辑旧图也可以直接点击【打开旧图】。

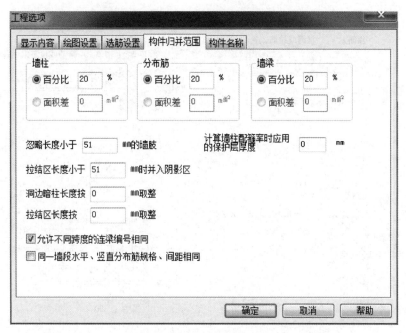

图 4-47　构件归并范围对话框

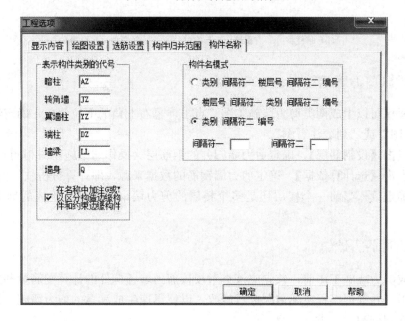

图 4-48　构件名称设置对话框

3. 打开新图

如用户需要画新图获重新绘制当前楼层的剪力图，可以点击【绘新图】，并在对话框中确定是否有选择的保留绘图信息。

4. 换标准层

点击屏幕右上角的下拉菜单换标准层。

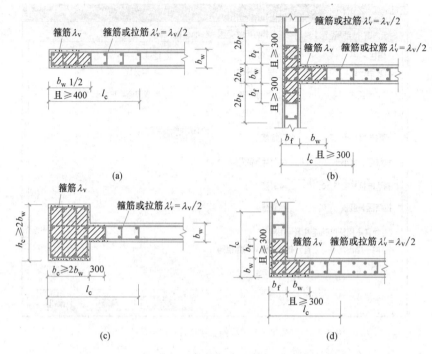

图 4-49　构件类别简图

（a）暗柱；（b）有翼墙；（c）有暗柱；（d）转角墙（L形墙）

4.3.2　读取剪力墙钢筋

（1）程序可以生成两类剪力墙施工图。点击屏幕右上角的下拉菜单，确定绘制剪力墙"截面注写图"或"列表注写图"。

（2）点击【设钢筋层】，确定剪力墙归并的钢筋层（操作与梁施工图相同）。

（3）点击【选计算依据】，确定剪力墙钢筋的数据来源，即计算分析软件的名称。

（4）确定读入当前一个楼层还是多个楼层的剪力墙钢筋数据，生成的剪力墙截面注写图。

4.3.3　编辑剪力墙钢筋

在生成剪力墙施工图前，首先应该查对校核剪力墙各构件的计算配筋量和配筋方式是否正确合理，并根据工程实际情况进行修改，以便迅速生成满意的剪力墙施工图。程序将剪力墙构件划分为大三类：

（1）墙柱：包括端柱、翼柱（翼墙、转角墙）、暗柱等三种剪力墙边缘构件。

（2）墙梁：剪力墙上下层洞口间的墙，也称连梁。

（3）分布筋：剪力墙边缘构件以外的墙体部分布置的水平分布筋和垂直分布筋。

程序提供了多种剪力墙配筋编辑修改方式，主要有：

（1）命令修改方式。点击【编辑墙柱】【编辑连梁】【编辑分布筋】，点取剪力墙相应构件，以对话框方式对计算配筋进行修改。例如剪力墙边框柱编辑对话框，如图 4-50 所示。

（2）双击修改方式。双击剪力墙构件的钢筋标注，弹出构件编辑对话框。例如双击连梁标注后弹出输入连梁配筋对话框。

（3）点击鼠标右键快捷修改方式。将光标指向需要修改的构件，点击鼠标右键，弹出构件编辑对话框，进行构件参数编辑修改。

（4）标注编辑修改。用于对剪力墙标注字符进行移位、换位、删除等操作。

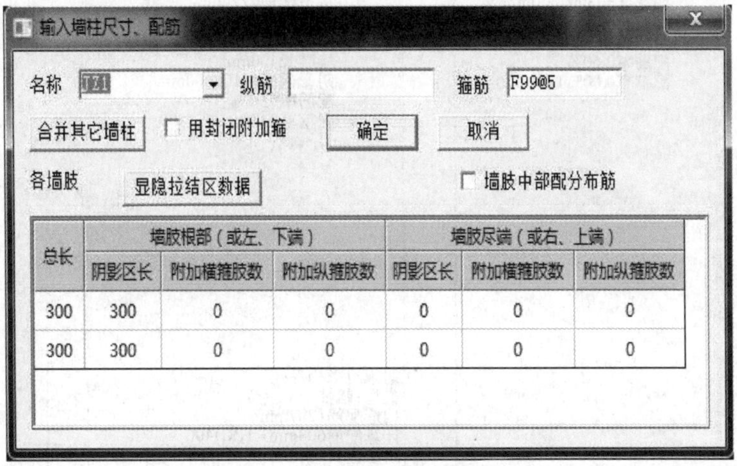

图 4-50　输入墙柱尺寸配筋对话框

提示，新版软件对剪力墙施工图做了较大改进：

（1）设置边缘构件合并净距，初始值为 300mm，若边缘构件间距小于设定值，边缘构件合并出图，合并后的纵筋面积不小于构件计算配筋之和，配筋率和配箍率取较大值。若间距大于设定值，边缘构件各自出图。

（2）程序可以自动处理斜交墙柱、布置端柱的墙柱、多节点墙柱、小墙肢等复杂剪力墙施工图情况。

4.3.4　查询剪力墙配筋面积

在【校核】区域，点击【计算面积】【实配面积】，通过本命令可以显示剪力墙计算配筋量和实配钢筋量，便于设计人员分析对比，如图 4-51 所示。

4.3.5　剪力墙平面图

在屏幕右上角选择"平面图"，在生成的剪力墙平面图中，仅显示剪力墙构件标注。在【平法表】区域，点击【墙柱表】【墙梁表】【墙身表】等命令，将剪力墙参数表格和详图拖放到图中合适位置，形成剪力墙平面图。

4.3.6　工程案例

执行主菜单命令：【PKPM】→【结构】→【砼施工图】→【墙】，开始墙施工图设计。

1. 参数设置

在屏幕菜单中，执行【设计参数】命令，弹出工程选项对话框，按工程实际情况设置各项参数，本工程各参数均采用程序默认值。

二维码 4-1
工程案例 1
平法施工
图绘制

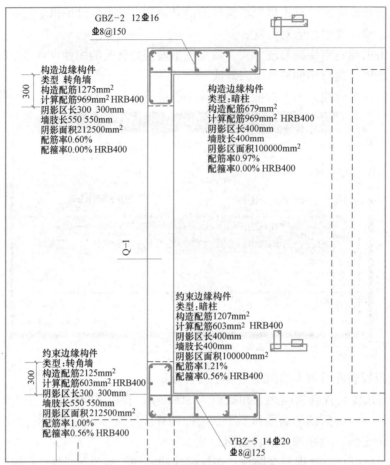

图 4-51 剪力墙边缘构件和剪力墙墙身配筋面积图

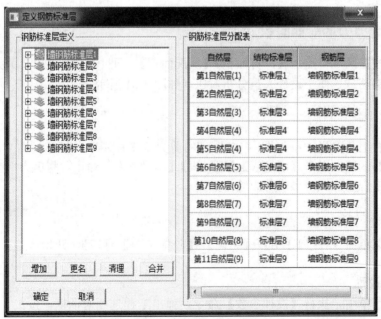

图 4-52 定义钢筋标准层对话框

图 4-53 选择剪力墙施工图

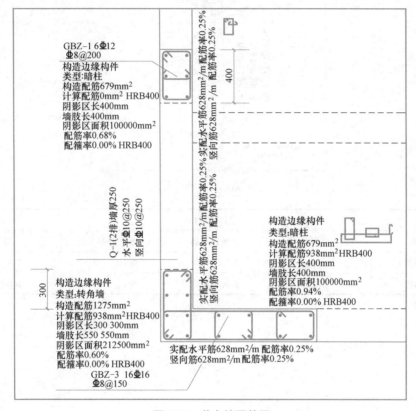

图 4-54 剪力墙配筋图

2. 设钢筋层

执行【设钢筋层】命令，弹出"定义钢筋标准层"对话框，如图 4-52 所示，单击增加【增加】按钮，设置一个墙钢筋标准层包含一个自然层。

3. 读取剪力墙钢筋

生成剪力墙截面注写图：确定读入当前一个楼层还是多个楼层的剪力墙钢筋数据，在屏幕左上方选择【表示方法】→【截面注写图】，如图 4-53 所示。

选计算依据：执行"选计算依据"命令，选择依据 SATWE 配筋结果。

自动配筋：执行"自动配筋"命令，程序自动根据墙体的计算结果配筋，如图 4-54 所示。

4. 编辑剪力墙钢筋

在生成剪力墙施工图前，查对校核剪力墙各构件的计算配筋率和配筋方式是否正确合理，并根据工程实际情况进行修改。

5. 剪力墙平面图

在生成的剪力墙平面图中，仅显示剪力墙构件标注。如图 4-55 所示，【墙身表】【墙柱表】命令，将剪力墙参数表格和详图拖放到图中合适位置形成的剪力墙平面图，如图 4-56 和图 4-57 所示。

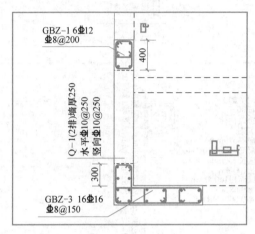

图 4-55　剪力墙平面图

剪力墙身表				
名称	墙厚	水平分布筋	垂直分布筋	拉筋
Q-1(两排)	250	Φ 10 @250	Φ 10 @250	Φ 6@500
Q-1(两排)	200	Φ 10 @250	Φ 10 @300	Φ 6@500

图 4-56　墙身表

版面	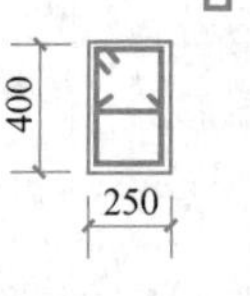	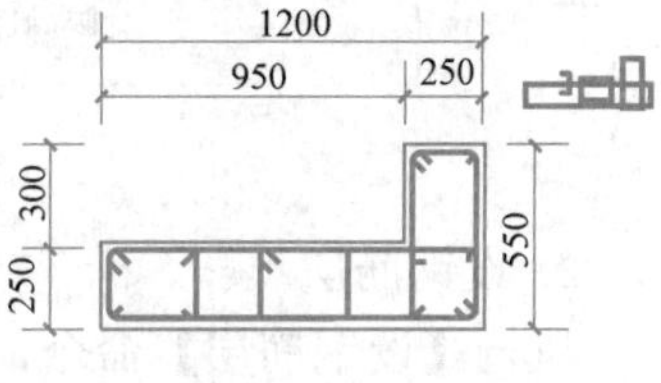
编号	GBZ-1	GBZ-3
纵筋	6Φ12	14Φ16
箍筋	Φ8@200	Φ8@150
标高	6.000～9.000	6.000～9.000

图 4-57　墙柱大样表

本章小结

（1）本章介绍了钢筋混凝土"梁平法施工图设计"，包括梁钢筋层的划分，配筋参数的设置与归并，梁平法施工图的生成以及查改与编辑，梁挠度图与裂缝图的生成与判断。梁配筋参数的设置与归并应综合考虑材料的经济性和施工的便利性，同时应注意梁的配筋形式与梁的裂缝密切相关。

（2）介绍了钢筋混凝土"柱施工图设计"，包括柱的设计参数设置，其中关键是柱的归并与配筋参数的设置，柱归并分为竖向归并和水平归并，配筋参数的设置则涉及主筋和箍筋，不同的参数设置对设计结果影响明显；程序为柱施工图的生成提供了不同的选项，设计者可根据不同的情况选用。

（3）介绍了钢筋混凝土"剪力墙平法施工图设计"，剪力墙的设计包括了墙体、连梁和边缘构件，剪力墙的设计内容同样包含了各种构件的归并与配筋参数的设置，构件归并只限于同一钢筋标准层，配筋参数的设置则综合考虑钢筋的直径和间距，不同的参数设置对设计结果影响明显。

（4）本章提供了关于钢筋混凝土梁、柱、剪力墙平法施工图设计操作实例，以同一个项目为例，包含了完整的梁、柱、剪力墙的施工图设计过程，以供读者学习参考。

第 5 章　钢筋混凝土排架厂房设计——
PK 软件的使用

本章要点及学习目标

　　本章要点：

　　本章主要介绍钢筋混凝土排架结构设计，即 PK 模块的使用，包括采用人机交互方式进行 PK 建模，使用 PK 进行排架结构设计的基本步骤和方法，以及接 PK 绘制排架柱施工图的基本步骤和方法。

　　学习目标：

　　通过本章学习，掌握使用 PK 进行钢筋混凝土排架结构设计的基本步骤及方法，掌握排架参数的定义及设置，掌握各种荷载输入及内力分析方法，以及如何采用 PK 绘制施工图。

　　PK 是二维框排架结构设计程序模块，可以接 PMCAD 建立的三维结构模型进行分析计算，亦可使用其自身的交互建模功能单独建立二维结构模型并进行分析计算，是进行框排架结构设计较常用的设计程序。

5.1　采用人机交互方式进行 PK 建模

5.1.1　PK 的启动

　　如图 5-1 所示，在 PKPM 软件主界面"结构"页中选择"PK 二维设计"，即可显示

图 5-1　PK 主界面

框、排架 CAD 主菜单。

从结构计算到完成施工图设计，需执行两个步骤的操作：一是 PK 数据交互输入和计算；二是施工图设计。第一步操作提供了结构模型的主要信息源，第二步操作时还需补充输入绘施工图需要的相关信息。

这里用人机交互方式或数据文本文件方式生成一个平面杆系的结构模型。

点击"新建/打开"，设置工作目录后，即可进入交互式数据输入界面，如图 5-2 所示，在输入工程文件名处可以输入新的文件名，点击"确定"，进入后可以建立框排架立面图，然后在立面图上布置梁、柱、恒载、活载、风载和吊车荷载。也可点击"查找"，直接输入工程名，打开已有数据文件，并进行修改计算。

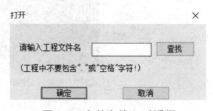

图 5-2 文件名输入对话框

如果是从"PMCAD 形成 PK 文件"生成的框架、连续梁或底框的数据文件，或以前用手工填写的结构计算数据文件，则可在点选进入后用人机交互方式进行修改并计算。

5.1.2 PK 主菜单

启动 PK 后，程序将显示如图 5-3 所示的 PK 主菜单。全新主菜单采用集成的 Ribbon 界面风格，所有功能菜单都展现在屏幕顶部，菜单按照功能作用组织，将相应模块的模型输入、优化设计、结构计算、施工图设计集成在一起。切换屏幕顶部的功能项，配合各功能分区的具体功能，可顺利实现结构设计。

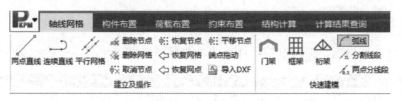

图 5-3 主菜单界面

5.1.3 轴线网格

框架立面网格线是柱轴线或梁的顶面，网格生成菜单见图 5-3。网格可用坐标两点直线的方式输入，也可采用平行直线、分隔线段等。对于一些形式较规则的框架、桁架、门式刚架，可使用快速建模功能，通过对话框快速建立网格。

通过"两点直线"和"平行直线"，勾画框架立面网格，线条布置与定位的操作均与 PMCAD 建模相同；通过"平行网格"，绘制完轴线后，可输入复制间距，复制已有轴线。

"删除节点""删除网格""恢复节点""恢复网格""平移节点"等菜单用来编辑修改已有的节点和网格线，布置完柱、梁荷载后，多余的网格节点应该删掉，特别是在直线柱中间、直线梁中间的多余节点（并非变截面处）也应该删掉，通过"平移节点"可随意改变网格的形状，平移节点后其上已布置的网格、构件与荷载均可自动移到新的位置。删除节点或网格后，在被删除的部位已布置的柱梁、荷载会丢失，但在其余未变部位一般不变。还可导入已有 DXF 文件，方便绘制网格。

利用"框架"网格功能，可迅速建立框架立面网格。单击"框架"，弹出对话框，如图 5-4 所示，可根据自己实际工程方案快速建立框架模型。

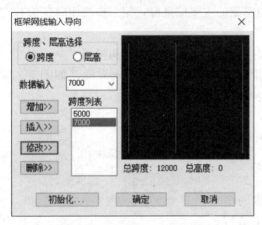

图 5-4　框架网格输入导向对话框

在"数据输入"项中，程序给定了常用的跨度和层高值。选择合适的数据，单击"增加"后会在"跨度列表"中出现输入的数值，同时，右侧会显示对应的图形网格，可通过此预览屏幕检查和修改输入的数据正确与否。

单击"门架"，可绘制双坡和单坡门架，由这两种基本形式可以组合成任何形式的门式刚架。也可以在这里输入刚架的大致轮廓，结合"分割线段"和坐标输入方式，生成刚架模型。在分段处，程序会自动增加节点。

单击"桁架"，可形成桁架结构的外轮廓和腹杆，上下弦杆的节点可以通过输入分段来输入。在分段处，程序会自动增加节点。腹杆的连接方式可以由程序自动生成，也可以自由连接，可以用"两点直线"来实现，腹杆的再分可以用"分割线段"输入分段节点，用"两点直线"来连接。

点击"弧线"可进行圆弧形或抛物线形的网格；"分割线段""两点分线段"可进行网格线段划分。

5.1.4　构件布置

绘制完框架网格后，即可进行构件布置，构件布置界面如图 5-5 所示。

图 5-5　构件布置界面图

1. 柱布置

进行柱布置前，首先要进行截面定义。单击"截面定义"，弹出如图 5-6 所示对话框。

点击"增加"按钮，共有 10 种柱截面类型可供选择，选择某一种截面类型后，弹出如图 5-7 所示对话框，可进行截面参数输入，可在此选择柱截面类型，并进行截面参数设置。确定后，该截面可以增加到标准截面定义列表。

从标准截面定义列表中选择一个截面，点击"删除"按钮，可以删除该标准截面；点击"修改截面参数"按钮，可以修改当前类型的截面参数，同时在模型中布置的该截面被修改为当前截面，用于修改某一标准截面；点击"复制"按钮，可以拷贝被选择截面的数据，修改标准截面，确认后，该截面可以增加到标准截面定义列表最后，用于快速输入参数基本相同的截面；点击"修改截面类型"按钮，弹出截面形式选择对话框，可重新选择截面类型，输入必要的参数，确定后，标准截面总数不变，同时在模型中布置的该截面被修改为当前截面，用于替换某一标准截面。

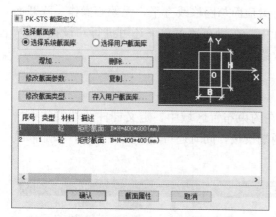
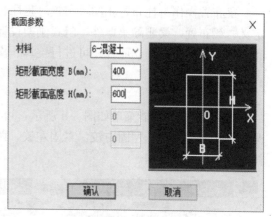

图 5-6 截面定义对话框

图 5-7 截面参数输入对话框

存入用户截面库：用于将所有显示在标准截面定义列表中的标准截面数据存入定义的标准截面库文件中，该文件以文本文件的形式，名称可自定义。

柱必须在已建网格线基础上进行布置。在柱截面定义完成以后，点击"柱布置"，会出现柱截面选项，如图 5-8 所示，选取需要布置的已定义好的柱截面类型，输入柱截面布置方式及柱对轴线的偏心值，点击确认，再点取需要布置该柱的网格线，即可在所选定的网格线上布置所定义截面类型的柱。

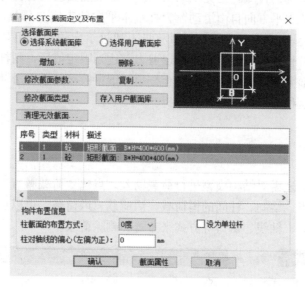

图 5-8 柱布置输入对话框

删除柱：用光标点取某一网格后，它上面已被布置的柱即被删除。

柱构件定义为抗风柱以后，抗风柱上作用风荷载，左风表示山墙风压力，右风表示山墙风吸力，垂直于刚架面作用，平面内风荷载作用计算时不考虑抗风柱上作用的风荷载。

"杆件布置"功能菜单下还可设置构件计算长度，可以定义与修改柱、梁的计算长度。

2. 梁布置

梁布置操作与柱布置相同，布置时程序将梁顶面与网格线齐平，无偏心操作。除截面定义、梁布置、梁删除菜单外，门式刚架设计中，在梁布置菜单下还可进行"设夹层梁"和"删夹层梁"操作，此外还可进行挑耳、次梁等设置。

5.1.5　约束布置

"约束布置"功能菜单如图 5-9 所示，可在约束布置区域中，定义杆件两端的约束情况，定义两端刚接，左固右铰，右固左铰，两端铰接，同时还可进行支座修改，添加修改补充数据及底框数据。

图 5-9　约束布置界面图

与节点相连的杆件在该端均为铰接时，可以使用节点铰工具，将所有与该节点相连杆件在该端就都设置为铰接。

钢桁架中，一般都是轴心受力杆件，因此所有构件通常应当作两端铰接的柱输入。

没有定义约束情况的杆端，为完全约束情况，即节点处的所有杆件，不会发生相对位移。定义杆端约束"水平方向自由滑动"为杆端水平向约束完全释放，不传递水平剪力。"约束水平相对位移差"则限制水平相对滑移量不超过给定的最大相对位移差，相对滑移在给定的最大相对位移差范围内，则不传递剪力，达到限定值后，则杆端连接要传递水平剪力。混凝土柱屋面梁为钢梁情况，混凝土柱顶与钢梁铰接并设置滑动支座情况，可以选择定义约束来模拟这种连接情况的计算分析。

5.2　荷载布置

在完成建模后，还需对结构模型进行荷载输入。点选"荷载布置"，打开如图 5-10 所示界面，可输入节点、梁间、柱间的恒荷载、活荷载、风荷载，可以点取相应的菜单，输入荷载参数，用光标、轴线、窗口等方式来布置、删除荷载。

图 5-10　荷载布置界面图

5.2.1　恒载输入

点击"恒荷载"菜单下"荷载布置"，打开如图 5-11 所示菜单，各操作含义及用法如下。

　　节点荷载：可输入作用节点的弯矩，垂直力和水平力，每节点只能加一组力，加上新的一组后原来的信息将被覆盖。单击该菜单，出现如图 5-12 所示输入节点荷载对话框，根据实际情况输入荷载即可。

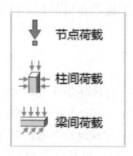

图 5-11　恒载输入菜单

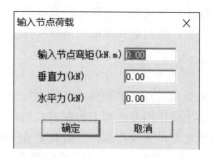

图 5-12　输入节点荷载对话框

　　柱间荷载：点击该菜单，出现如图 5-13 所示的对话框，选择所需荷载类型，在对话框右侧进行相关参数设置，每一柱间可逐次相加多个荷载。

　　梁间荷载：荷载输入方式同柱，每一根梁上可逐次相加多个荷载，如图 5-14 所示。

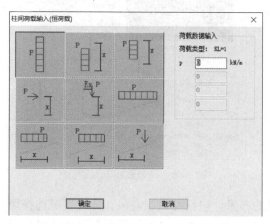

图 5-13　柱间荷载输入（恒载）对话框

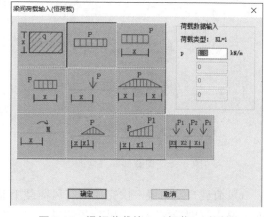

图 5-14　梁间荷载输入（恒载）对话框

　　点击"荷载删除"，出现如图 5-15 所示界面。

　　点荷删除：单击"点荷删除"，点到某节点后，某节点上的所有荷载均被删除。

　　柱荷删除：单击"柱荷删除"，点到某根柱后，该柱上所有荷载均被删除。

　　梁荷删除：单击"梁荷删除"，点到某根梁后，该梁上所有荷载均被删除。

　　荷载查改：在模型中选择需修改的梁和柱，可检查和修改构件上的荷载。

5.2.2　活载输入

　　各菜单含义及用法与"恒载输入"类似。

　　一般屋面均布活荷载不与雪荷载同时考虑，应取两者中的较大值，在"活载输入"中完成屋面均布活荷载或雪荷载的布置和编辑。但雪荷载的分布不是单一的均布，屋面形式不同则雪荷载的分布也不同。

软件提供活荷载自动布置功能。首先应选择活荷载类型，即普通活荷载和雪荷载，然后输入荷载信息，确定后由软件自动完成荷载布置。当选择雪荷载时，软件自动判断屋面形式，按规范要求提供积雪分布情况供选择。

其中"互斥活载"选项，需设定互斥活荷载的组数以及当前要输入的组号。互斥荷载组之间为互斥关系，与其他活荷载为相容关系。如不上人屋面均布活荷载，可不与雪荷载同时组合，雪荷载和屋面活荷载互斥。

5.2.3　风载输入

风荷载可直接手动输入，除直接输入风荷载的方式外，程序还提供菜单"自动布置"，可自动生成作用在框架上的左、右风荷载。点取"自动布置"，输入相关参数，软件可以自动生成和布置风荷载，风荷载垂直于构件网格线布置。风荷载自动布置同时完成所有风荷载工况的布置，交互对话框见图 5-16。当选中其中任一构件风荷载信息时，立面框排架图对应构件将显示红色。

图 5-15　荷载删除界面图

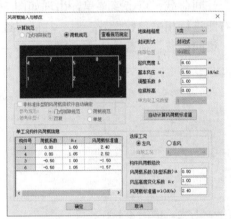

图 5-16　风荷载输入对话框

风荷载自动布置一次完成所有风荷载工况的布置，包括左风、右风，通过工况选择切换工况，分别设置相应的风荷载信息。自动布置完成后，通过"选择工况"菜单切换当前显示的工况，可交互对自动布置的结果进行编辑。

5.2.4　吊车荷载

吊车荷载菜单见图 5-17，在此界面可进行吊车荷载定义、布置菜单，单击"吊车数据"，进入吊车荷载定义对话框，如图 5-18，提供对吊车荷载数据的增加、编辑、管理功能。

可根据此对话框进行吊车数据输入或已有数据修改，单击"增加"可得到图 5-19 所示吊车参数设置对话框，根据实际工程吊车资料进行参数设置。

吊车荷载的输入提供两种方式，即手工输入（直接输入荷载值）和程序导算。当选择程序导算时，点击"导算"按钮弹出如图 5-20 所示对话框，直接输入吊车资料和相关参数，程序可以计算作用在该计算榀的吊车竖向荷载 D_{max}、D_{min}，横向水平刹车力 T_{max} 和吊车桥架重 W_t，点取"计算"，可以显示自动计算出的吊车荷载值；点取"直接导入"，这些数据将会传入到所定义的吊车荷载数据中。

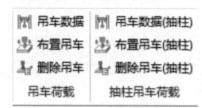

图 5-17　吊车荷载菜单

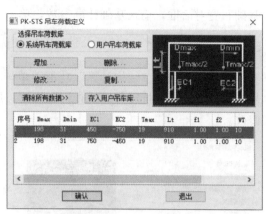

图 5-18　吊车参数输入对话框

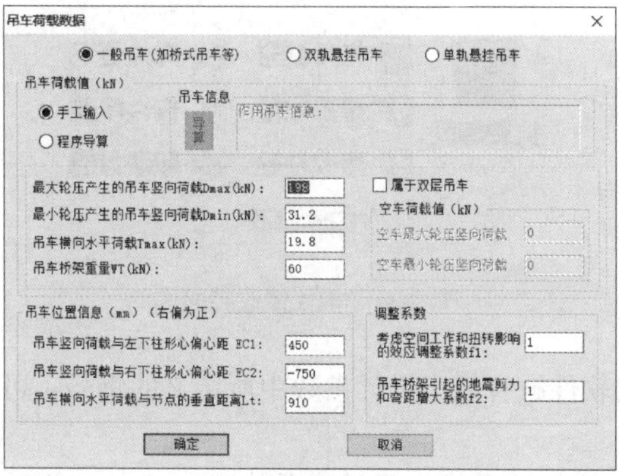

图 5-19　吊车数据输入对话框

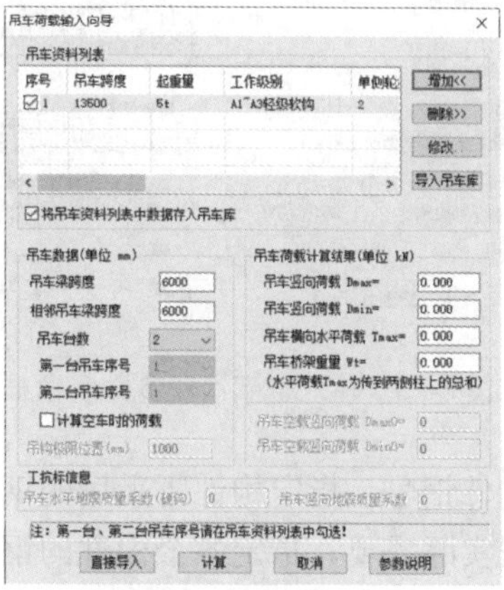

图 5-20　吊车荷载程序导算对话框

布置吊车：单击"布置吊车"，选中吊车数据，点取吊车荷载作用的左右节点即可。

删除吊车：单击"删除吊车"，选中吊车数据，点取吊车荷载作用的左右节点即可。

对于抽柱排架，应在"抽柱吊车荷载"中定义、布置吊车。

5.2.5　附加重量与基础布置

点取"补充数据"菜单，即可进入附加重量与基础布置菜单，如图 5-21 所示。

附加重量：该菜单用来在节点上补充输入地震作用时要考虑的附加重量。单击"附加重量"，出现如图 5-22 所示的输入对话框。

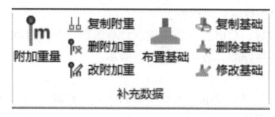

图 5-21　补充数据对话框

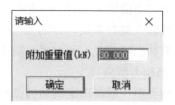

图 5-22　附加重量输入对话框

基础布置：如果需要计算基础，则可以在该项输入基础数据与布置基础，图 5-23 为基础布置对话框，输入基础计算参数，单击"确定"即可。

5.2.6 构件修改

点取屏幕顶部"结构计算"功能菜单，在构件修改区域中，如图 5-24 所示，完成钢号、梁柱混凝土、抗震等级的查询和修改，用于构件标准截面、布置偏心和角度的查询和修改。

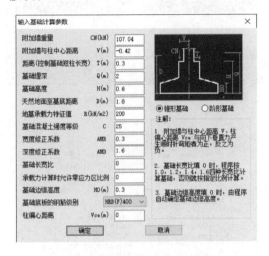

图 5-23 输入基础计算参数对话框   图 5-24 构件修改界面图

构件钢号：指定构件所采用的钢材牌号。软件缺省值为设计参数中所定义的钢号，可以根据实际需要，指定各个构件的钢材牌号。

抗震等级：指定构件所采用的抗震等级。软件缺省值为设计参数中所定义的抗震等级，可以根据实际需要，指定各个构件的抗震等级。

"修改梁砼"：修改混凝土截面梁构件的混凝土强度等级。输入构件混凝土强度等级后，选择需要修改混凝土强度等级的梁，确定后，被选梁的混凝土强度等级变为输入的值。

"修改柱砼"：修改混凝土截面柱构件的混凝土强度等级，与"修改梁砼"类似。

构件查询：显示和查询构件的截面信息，选择一个构件后，用对话框的方式详细显示构件的截面参数、材料、布置角度、验算规范等信息。

5.2.7 参数输入

单击"参数输入"，出现如图 5-25 所示的参数输入对话框。

参数输入共有 7 项，分别为：结构类型参数、总信息参数、地震计算参数、荷载分项及组合系数、活荷载不利布置、防火设计及其他参数，各项内容如下所示。

1. 结构类型参数

结构类型：根据选定的结构类型，程序将按相应规范，采取不同的计算与控制。

设计规范：此处指定结构分析采用的验算规范。

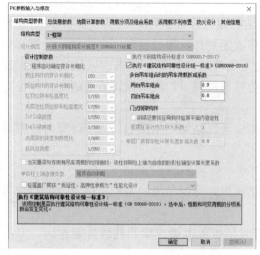

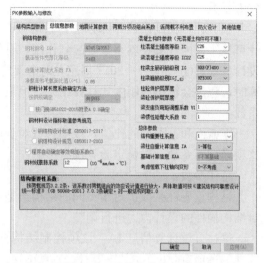

图 5-25 参数输入与修改对话框 　　　　　图 5-26 总信息参数对话框

设计控制参数：此处可以指定柱容许长细比的确定方式、梁的挠跨比、柱顶位移控制限值，程序在进行分析时将以此作为控制条件，不满足时，程序将给出警告信息。

其中：当选择《钢结构设计标准》GB 50017—2017 进行验算时，挠度验算需要输入两个值：第一个 "$[V_T]$/梁跨度" 为永久和可变荷载标准值产生的挠跨比容许值；第二个 "$[V_Q]$/梁跨度" 为可变荷载标准值产生的挠跨比容许值。

对于长细比，当结构类型选择单层钢结构厂房、多层钢结构厂房结构时，按照《建筑抗震设计规范》GB 50011—2010（2016 年版）规定，柱的容许长细比与轴压比有关，在建模期间无法确定，因此程序增加"程序自动确定容许长细比"选项。当选中选项后，由程序在内力分析后自动确定柱容许长细比；当不选中选项时，交互输入构件容许长细比。

当选择《门式刚架轻型房屋钢结构技术规范》GB 51022—2015（简称《门规》）进行验算时，如果模型中有夹层，需要输入夹层处柱顶位移和柱高度比、夹层梁的挠度和跨度比两个限值，软件按规范给出了缺省值，可以交互修改。结构计算时，程序自动判断夹层位置，并按照此处的限值进行控制。

多台吊车组合时的荷载折减系数：该项可以参考《建筑结构荷载规范》GB 50009—2012 表 6.2.2 选取。

门式刚架梁按压弯构件验算平面内稳定性：该项只有在设计规范选取《门式刚架轻型房屋钢结构技术规范》GB 51022—2015 验算时才需要选取，对于门式刚架钢梁，是仅按压弯构件计算其强度和平面外的稳定性，还是还要按压弯构件验算其平面内稳定性。如果选中该项，程序对门式刚架钢梁的平面内稳定按压弯构件验算，否则不进行其平面内稳定性验算。

2. 总信息参数

点选"总参数信息"，打开页面如图 5-26 所示。

钢结构参数：

该项输入的参数只对钢结构构件计算起作用。

自重放大系数：只在钢构件自重荷载计算时考虑了该项参数，用钢量计算时没有计入放大系数。

钢柱计算长度系数计算方法：只对按《钢结构设计标准》GB 50017—2017 线刚度比计算柱平面内计算长度系数时起到作用，有侧移或无侧移框架的界定，应按现行《钢结构设计标准》GB 50017—2017 界定，钢桁架应按无侧移结构计算。当选取采用《门规》验算时，程序会输出线刚度比计算结果，但最终验算是按照《门规》计算方法确定计算长度系数。

净截面和毛截面的比值：该项参数对程序强度计算结果产生影响，强度计算时要考虑这项净截面系数，对稳定验算没有影响。

总体参数：

结构重要性系数：对于不同的结构类型和结构设计使用年限的要求，修改该项参数将对结构构件的设计内力进行调整。

梁柱自重计算信息 IA：该项控制结构分析时是否考虑梁或梁和柱的自重作用，可供选择的选项有：0-不算、1-算柱、2-算梁柱。

基础计算信息 KAA：该项只有在布置了基础以后，可供选择的参数：

0-不算基础，选择该项，则即使布置了基础，但计算时不进行基础计算；

1-算，选择该项，则对柱底计算所有组合内力进行基础计算；

2-算（但不考虑抗震），该项则对所用非地震作用组合进行基础计算。

考虑恒载作用下柱轴向变形：钢结构一般都应该考虑恒载作用下柱的轴向变形，尤其是对柱轴向变形比较敏感的结构，如桁架等。

混凝土构件参数：

该部分参数输入内容主要针对混凝土构件计算设置，如果所分析工程中没有混凝土构件，则该部分参数输入一般可以不用修改。

各参数的意义及用法如下：

梁、柱混凝土强度等级 IC：C25 填 25，C30 填 30，以此类推，根据工程需要输入梁、柱混凝土强度等级。

柱梁主筋级别 IG：钢筋级别可采用 HPB300、HRB335、HRB400、HRB500 和冷轧带肋钢筋等，可根据实际工程需要进行选择。

柱梁箍筋级别：箍筋级别同主筋，可根据实际工程需要进行选择。

梁、柱主筋混凝土保护层厚度（mm）：可根据规范规定和实际需要进行设置。

梁支座弯矩调幅系数 U1：在竖向荷载作用下，钢筋混凝土框架梁设计允许考虑塑性内力重分布，适当减小支座负弯矩，相应增大跨中正弯矩。

梁惯性矩增大系数 U2：对于现浇楼板结构，可以考虑楼板对梁刚度的贡献而对梁刚度进行调整，程序默认为 1.0。可考虑楼板作为翼缘对梁刚度和承载力的影响，根据规范计算梁受压区有效翼缘计算宽度，也可采用梁刚度增大系数法近似考虑。

3. 地震计算参数

点选地震计算参数，打开页面如图 5-27 所示。

该页参数输入主要为结构地震作用计算设置，对于不需要考虑抗震的结构，只要在本页第一项地震作用计算选取 0-不考虑，即可跳过本页其他参数的输入，程序将不考虑结构的地震作用；否则必须按具体工程认真输入该页各项参数：

抗震等级、地震烈度、场地类别、设计地震分组：应根据具体工程，按抗震规范填写；抗震等级对混凝土构件和钢构件都起作用。

计算振型个数：对于单层单质点体系，填1，多层应按工程计算需要填写。

周期折减系数：应根据具体工程结构布置情况进行填写。

阻尼比：程序根据已给结构类型参数，按相应结构类型给出默认值，也可自行修改。

附加重量的质点数：输入了附加重量以后，程序自动计数。

竖向地震作用系数：应根据具体工程结构布置情况进行填写，不计算竖向地震时不用输入该参数。

地震力计算方法：选择振型分解法，程序将自动按《建筑抗震设计规范》GB 50011—2010（2016年版）振型分解法进行结构地震作用计算。

如图5-28所示，当需要手工输入各层水平地震力的时候，可以点取输入各层水平地震力项，软件将弹出地震力输入对话框，应根据振动质点数和拟计算振型数依次填各质点在每一振型下的地震力。

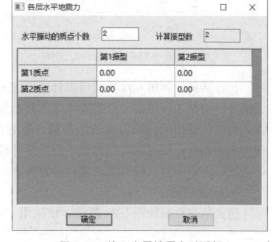

图5-27 地震计算参数对话框   图5-28 输入水平地震力对话框

振动质点的选取：对于规则框架，每个层面即为一个振动质点，自下而上排列；对于不规则框架，即为可以独立振动的质点个数，可以选取按振型分解法进行预计算，然后可以在计算结果文件中查得程序计算得到的震动质点的编号与排列顺序，再在此基础上输入质点数和按质点顺序填入各振型地震力。

地震作用效应增大系数：根据《建筑抗震设计规范》GB 50011—2010（2016年版）第5.2.3条规定，规则结构不进行扭转耦联计算时，平行于地震作用方向的边榀，其地震作用效应应乘以增大系数，来估计水平地震作用扭转影响。

规则框架考虑层间位移校核和薄弱层内力调整：根据《建筑抗震设计规范》GB 50011—2010（2016年版）第5.5.1和3.4.3条规定，对规则框架，抗震验算时考虑层刚度计算、地震作用层间位移角计算、薄弱层判断与薄弱层内力调整，可选择本参数。

4. 荷载分项及组合系数

荷载分项及组合系数输入页面如图5-29所示。

荷载分项系数与荷载组合系数：程序自动按《建筑结构荷载规范》GB 50009—2012给出默认值，一般不需要修改，对于特殊情况结构，也可按需要修改。

5. 活荷载不利布置

活荷载不利布置页面如图 5-30 所示。

图 5-29　荷载分项及组合系数对话框　　　　图 5-30　活荷载不利布置对话框

相容活荷、各组互斥活荷可以分开考虑不利布置，为活荷载的计算考虑带来了更大的灵活性。如某工程楼面活荷需要考虑不利布置，而不上人屋面活荷可以不考虑活荷不利布置，可以把楼面活荷作为普通活荷载（相容活荷）输入，并在计算参数中选择"相容活荷"不利布置；屋面活荷作为第一组互斥活荷输入，并在计算参数中不勾选"第一组互斥活荷载"不利布置，即可实现这一计算要求。

6. 防火信息

防火信息页面如图 5-31 所示，该项用于设置防火信息。

图 5-31　防火设计对话框　　　　　图 5-32　其他信息对话框

7. 防火信息

其他信息见图 5-32，可设置计算结果文本输出内容、图形输出方式等杂项信息。

结果文件中包含：这是一个多选参数设置，选择"单项内力"，则结果文件包含单项内力计算结果；选择"组合内力"，则结果文件包含组合内力计算结果。

结果文件输出格式：选择"宽行""窄行"，程序计算结果按不同幅宽输出。

5.2.8 结构计算

在完成模型输入（或优化计算）以后，点取屏幕顶部"结构计算"功能菜单，如图 5-33 所示。执行结构计算命令，程序即对所建模型进行内力分析、杆件强度、稳定验算及结构变形验算、基础设计等。结构计算完成后，才可生成计算书及进行后续施工图设计。

点取"结构计算"以后，程序弹出输入生成计算书文件名对话框，确定以后，程序自动进行计算，计算完成后，可切换屏幕顶部的"计算结果查询"功能菜单，进行结果查询。

图 5-33　结构计算对话框

5.2.9 二维分析结果说明

二维结构计算分析完成以后，切换屏幕顶部功能菜单，点击"计算结果查询"即可查看计算结果，计算结果包括图形输出和文本文件输出两部分，图形输出包括梁柱内力图、强度和稳定应力图、配筋包络图、节点位移与钢梁挠度图等。

计算结果中有展开项的查询项目均使用左侧树形方式显示，查看结果更方便直接。如标准内力查看结果如图 5-34 所示。

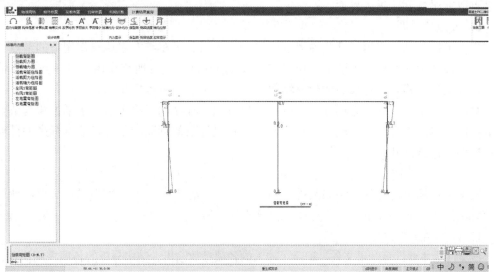

图 5-34　结构计算对话框

图形输出包括梁柱内力图、强度和稳定应力图、配筋包络图、节点位移与钢梁挠度图等。文本文件输出包括计算结果文件、基础计算文件、计算长度信息文件与超限信息文件等。

1. 图形输出

1）配筋包络和钢结构应力图

图形输出文件包含内容有：钢结构梁柱构件的强度、稳定应力比计算结果、长细比，混凝土梁柱的配筋包络。注意：进入计算查询菜单后，程序缺省打开的就是配筋与应力比图。

2）内力包络图

弯矩包络图：绘制各构件基本组合的弯矩包络图（kN·m）。

轴力包络图：绘制各构件基本组合的轴力包络图（kN）。

剪力包络图：绘制各构件基本组合的剪力包络图（kN）。剪力包络图绘出的剪力包络图形为绝对值最大情况。

3）恒载内力图

恒载内力图分别输出了恒载标准值作用下结构的弯矩、轴力与剪力图（对应单位分别为 kN·m、kN、kN）。

4）活载内力包络图

如果考虑活荷的不利布置，本项输出的为活荷载标准值在不利布置作用下结构各构件的弯矩、轴力与剪力包络图（对应单位分别为 kN·m、kN、kN）。

如果不考虑活荷的不利布置，程序将按所有活荷一次加载考虑，本项输出的为活荷载标准值一次加载作用下结构各构件的弯矩、轴力与剪力图。

5）风载弯矩图

本项输出左、右风载标准值作用下的弯矩图（kN·m）。

6）地震作用弯矩图

本项输出左、右地震力标准值作用下的弯矩图（kN·m）。

7）钢材料梁挠度图

点取钢梁挠度，进入界面。

8）节点位移图

程序可以分别输出恒、活、左风、右风、恒+活、吊车与左右地震作用下的节点位移图，均为各项标准值作用下的节点位移（单位为 mm）。左右地震作用下的节点位移输出为考虑各振型位移效应叠加后的位移结果，从中还可以查看各振型图。

对风载、吊车荷载、地震作用下的节点位移图，程序同时给出节点水平位移与节点标高的比值，以此作为该图形输出中柱顶水平位移设计限值判断的条件，节点标高的计算从计算模型的最低点开始。

2. 文本文件输出

文本文件输出包括计算结果文件"PK11.out"，基础计算文件"JCdata.out"，计算长度信息文件"MemberInfo.out"与超限信息文件"Stscpj.out"。

1）计算结果文件

该文件为主要计算结果文件，记录了输入的各项参数输出、结构分析的各项控制信息、各单项内力计算结果、节点位移、内力组合结果、构件的强度稳定验算结果和钢梁挠度等。

2）基础计算文件

该文件给出了用于基础计算的柱底力输出，包括用于地基承载力计算的柱底力标准组合和用于基础计算的柱底力基本组合。

3）计算长度信息

该文件给出了程序所用柱的计算长度信息，对轻型门式刚架，并给出梁的计算长度信息。

4）超限信息文件

程序认为不满足规范规定或超过指定限值条件的验算项，即视为超限，在本文件中输出所有超限信息项目。

5.3　PK施工图设计

如选择"排架柱绘图"，即可进入排架柱绘图界面，如图5-35所示。

图5-35　排架柱绘图界面

5.3.1　吊装验算

画排架柱图前，可先对每根排架柱作翻身、单点起吊的吊装验算，每根柱的节点用光标在柱任意位置指定，并可反复调整，柱最后配筋将考虑结构计算与吊装计算结果的较大值。

点击"吊装验算"菜单，出现如图5-36所示的对话框。

选择排架柱序号，单击"OK"，出现如图5-37所示对话框。

输入吊装时的柱混凝土强度等级，单击"OK"，程序将提示，请用光标指定吊装点的位置。当单击一点时，绘图区会显示该点为吊装点时的弯矩图，并会出现如图5-38所示的对话框。

可点击"修改"反复调整吊装点。

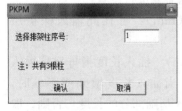　　

图5-36　排架序号对话框　　　图5-37　混凝土强度对话框　　　图5-38　修改提示对话框

5.3.2　修改牛腿

修改牛腿菜单如图5-35所示，各菜单含义及用法如下。

132　第5章　钢筋混凝土排架厂房设计——PK软件的使用

牛腿尺寸：单击该菜单，绘图区会显示牛腿尺寸，同时程序会提示请选择需要修改的牛腿。用光标点取牛腿后，会出现如图 5-39 所示的对话框，可在此修改牛腿信息。

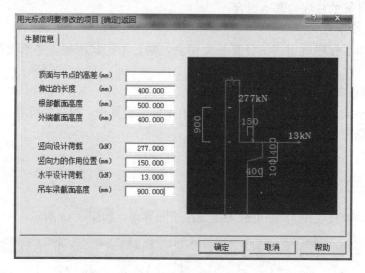

图 5-39　牛腿信息对话框

相同修改：该菜单可将一个牛腿的信息拷贝给另一个牛腿。点击此菜单，程序会提示：请选择相同的牛腿，先选择的为被拷贝的，后选择的是被修改的。

牛腿荷载：该菜单的用法与牛腿尺寸类似，程序会在排架立面图上显示牛腿处作用的水平、竖向荷载。

轴线位置：该菜单将显示各排架柱与轴线的关系，并可修改轴线位置。

放大系数：该菜单是对结算结果加以人工干预的一种方法。点击该菜单，程序提示：请选择需要修改钢筋调整放大系数的柱。用光标选择后，可根据需要输入适当的放大系数。

其他信息：其他信息包括保护层厚度、插入长度、柱根标高、图纸规格 4 个选项，如图 5-40 所示，根据需要进行设置。

保护层厚度（mm）：可在此输入保护层厚度。

插入长度（mm）：插入长度指排架柱插入基础部分的长度，当插入长度填 0 或不填时，程序自动按 $0.9H$（H 为底段柱截面高）并取整求出该柱插入基础部分的长度。否则，取输入的长度。

图 5-40　排架柱其他信息界面

柱根标高（m）：柱根标高指结构计算时柱底的实际标高值，一般应为柱与基础的连接处，当该值小于 0 时，不能丢掉前面的负号，程序由该值求出各柱段标高值。

图纸规格：图纸规格有 1 号图纸和 2 号图纸两种，根据需要进行选择。

5.3.3　修改钢筋

点击"修改钢筋"，程序会在排架柱立面图上显示各个菜单所对应的配筋值及所在位置，可根据实际工程进行校核。

改柱纵筋：单击该菜单，绘图区显示排架柱纵筋，并且程序提示，请选择需改动的柱段，选中该柱段后，程序会提示输入第一种钢筋的直径，输入后，又提示输入第二种钢筋的根数和直径，输入后回车即可。

牛腿纵筋、牛腿弯筋、改柱纵筋：这三个菜单用法与改柱纵筋类似。

5.3.4　施工图

该菜单主要完成排架柱的施工图设计，可在此设置绘图参数，程序会提示输入排架柱的序号，顺序为从左至右。

绘图参数：点击绘图参数，出现如图 5-41 所示对话框，可在此输入绘图参数，单击 OK 即可。

图 5-41　绘图参数对话框

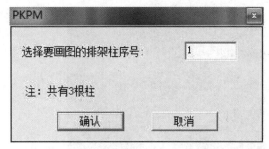
图 5-42　排架柱序号对话框

选择柱：单击该菜单，出现如图 5-42 所示对话框，输入排架柱序号（排架柱序号为左至右），单击"OK"即可。

5.4　钢筋混凝土排架厂房设计实例

某汽车配件车间，采用两跨钢筋混凝土排架结构，每跨跨度 18m，柱距 6m，总长度 72m，内设两台电动单梁吊车（$G_n=10t$，$S=16.5m$），屋顶采用预应力钢筋混凝土马鞍板。本工程按抗震设防烈度 7 度设计，丙类抗震设防，第一组，地震加速度值为 $0.10g$，设计使用年限 50 年，安全等级二级，排架抗震等级为三级，车间剖面图如图 5-43 所示。图 5-44 为马鞍板屋面和柱间支撑示意图，图 5-45 为抗风柱柱顶与马鞍板连接示意图。柱顶高度为 10.5m，牛腿标高 7.5m，基础顶部标高为 -1.4m。恒荷载 2.5kN/m^2，活荷载 0.7kN/m^2，雪荷载 0.5kN/m^2，基本风压 0.4kN/m^2。除垫层外，混凝土强度等级为 C25，箍筋采用 HRB400，受力钢筋采用 HRB400。各柱尺寸：边柱，上柱 400mm×400mm，下柱 400mm×600mm；中柱，上柱 400mm×600mm，下柱 400mm×600mm。

执行主菜单命令，打开 PK 二维设计，开始排架结构设计。

1. 网格生成

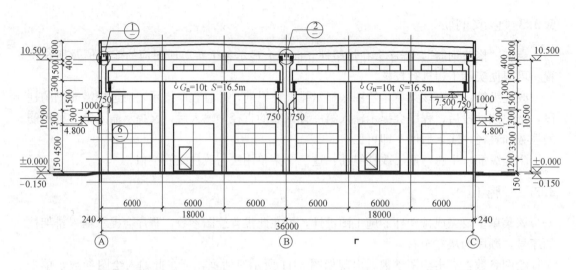

图 5-43 车间剖面图

图 5-44 马鞍版屋面和柱间支撑

图 5-45 抗风柱柱顶连接

该排架为规则排架，下柱高度 H_l 和上柱高度 H_u 分别为 $H_l=7.5\text{m}+1.4\text{m}=8.9\text{m}$，$H_u=3\text{m}$。可用"框架网格"命令建模，也可用"平行直线"建模，建立如图 5-46 所示模型。

2. 柱布置

首先定义柱截面，如图 5-47 所示。

然后进行柱布置，按照程序提示输入对轴的偏心。

3. 梁布置

首先定义梁截面，如图 5-48 所示。然后进行梁布置，选取第 4 种梁，单击确认，用光标在第一跨梁上单击，然后用同样方法在第二跨上布置。

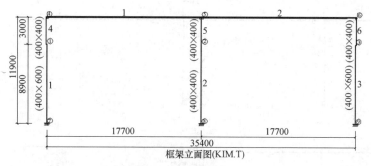

图 5-46 框架立面图

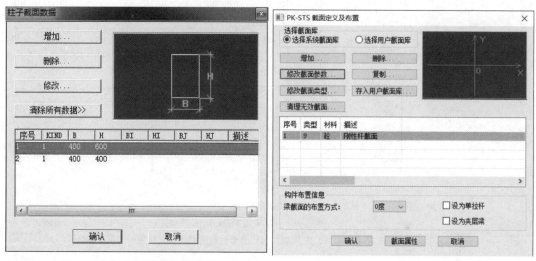

图 5-47 定义柱子截面对话框   图 5-48 定义梁截面对话框

4. 铰接构件

单击布置梁铰，根据程序提示，输入 3，选择两端铰接，回车，用光标选择两根梁即可，梁两端出现"○"，即为铰接。

5. 恒载输入

图 5-49 为排架荷载图。边天沟大样图如图 5-50 所示，$e=375\text{mm}$，此时应计算边柱恒载偏心弯矩。

该排架结构无梁间恒载，只需输入节点恒载和柱间恒载。如图 5-51 所示，输入节点弯矩、垂直力和水平力。

本工程屋面恒荷标准值：2.5kN/m^2，梁跨度为 18m，柱距 6m，另恒载需计入马鞍板托梁自重 3.75kN/m，天沟板自重及粉刷 2.84kN/m^2，则有边柱集中力 $P_1=2.5\times9\times6+3.75\times6+2.84\times0.35\times6=163.5\text{kN}$，中柱集中力 $P_2=2\times P_1=327.0\text{kN}$，边柱恒载偏心弯 $M_1=P_1\times e=163.5\times0.375=61.3\text{kN}\cdot\text{m}$。

吊车梁和轨道自重（本例 $P_1=35\text{kN}$，距中柱中心偏心距 $e=750\text{mm}$，距边柱中心偏心距 $e=450\text{mm}$）需要重新输入。

单击"确定"，用光标点取对应节点。用同样方法输入其他节点荷载。然后输入柱间

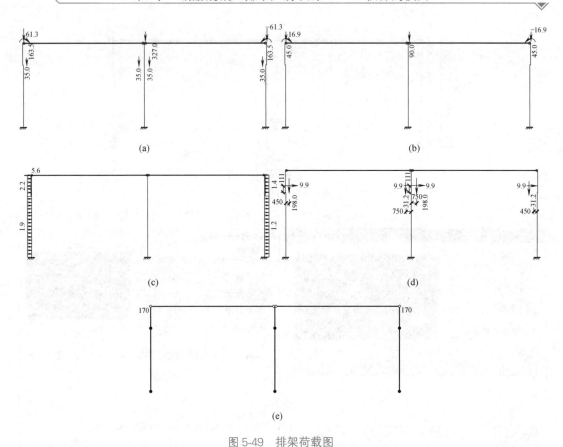

图 5-49　排架荷载图

（a）恒载图；（b）活载图；（c）左风载；（d）吊车荷载简图；（e）柱顶附加重量图

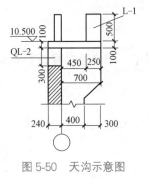

图 5-50　天沟示意图

恒载，如图 5-52 所示，输入数值后，点击"确定"完成输入。

6. 活载输入

同样可输入节点活载，梁间活载，柱间活载。本工程屋面雪荷载标准值为 $0.5\mathrm{kN/m^2}$，屋面活载为 $0.7\mathrm{kN/m^2}$，梁跨度为 18m，柱距 6m，经计算，边柱荷载为 45kN，中柱荷载为 90kN。同样应计算边柱活载偏心弯矩，$M_2 = P_2 \times e = 45 \times 0.375 = 16.9\mathrm{kN \cdot m}$。

输入方法同第 5 步类似。

7. 左风输入

点取"风荷载""自动布置"，程序根据结构体型，自动计算各构件作用风载标准值并自动布置，柱底标高主要用于风压高度变化系数的选取。填好风载所有参数以后，点取"确定"，程序自动把风载作用在对应构件上，柱顶位置人工输入女儿墙集中风载 $P_2 = 5.6\mathrm{kN}$。当然，风荷载也可在自动布置的基础上再修改。一般规则的框排架可以采用"自动布置"，不规整的结构，有时需要人工干预输入。

8. 右风输入

右风输入方式同左风输入，本工程同样采取"自动布置"，程序将保留左风输入对应参数并自动调整风载作用方向，直接点取"确定"即可。

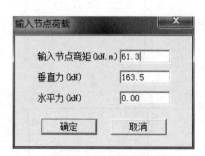

图 5-51 输入节点恒载对话框

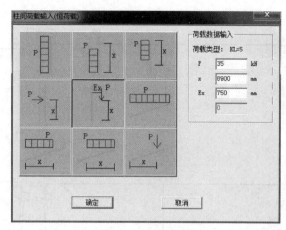

图 5-52 柱间恒载输入对话框

9. 吊车荷载

单击"吊车数据",在弹出对话框中单击"增加",如图 5-18、图 5-19 所示,在吊车参数对话框中输入相应参数。参数输入完成后根据程序提示布置吊车即可,输入完成后的吊车荷载示意图如图 5-49（d）所示。

10. 参数设置

在屏幕菜单中,执行"参数输入"命令,弹出参数输入对话框,如图 5-26 所示,按工程实际情况设置各项参数。

11. 柱顶附加重量输入

如图 5-49（e）所示,在柱顶节点上补充输入地震作用时要考虑的附加重量。

12. 计算

单击计算,程序自动生成计算结果,包括弯矩包络图、轴力包络图及剪力包络图,如图 5-53 所示。亦可输出各单项荷载作用下的内力图,如恒载弯矩图、恒载轴力图、恒载剪力图、活载弯矩图、活载轴力图、活载剪力图、风载弯矩图、地震作用弯矩图以及振型图、节点位移图等,部分单项荷载内力图如图 5-54 所示。本工程排架柱配筋包络图如图 5-55 所示。

13. 绘图

单击 PK 主菜单的"排架柱绘图",点击"应用"进入,点击"施工图",程序弹出如图 5-41 所示的对话框,在该对话框中输入绘图参数。

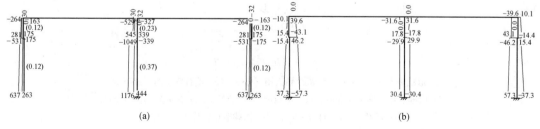

图 5-53 排架柱轴力和剪力包络图（kN）

（a）轴力包络图；（b）剪力包络图

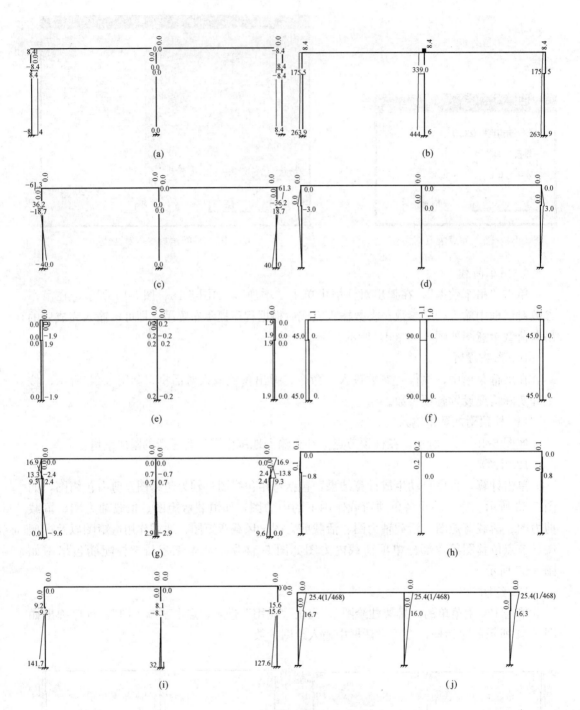

图 5-54 单项荷载内力图 (一)

(a) 恒载剪力图 (kN); (b) 恒载轴力图 (kN); (c) 恒载弯矩图 (kN·m);
(d) 恒载节点位移图 (mm); (e) 活载剪力图 (kN); (f) 活载轴力图 (kN);
(g) 活载弯矩图 (kN·m); (h) 活载节点位移图 (mm);
(i) 左风弯矩图 (kN·m); (j) 左风位移图 (mm)

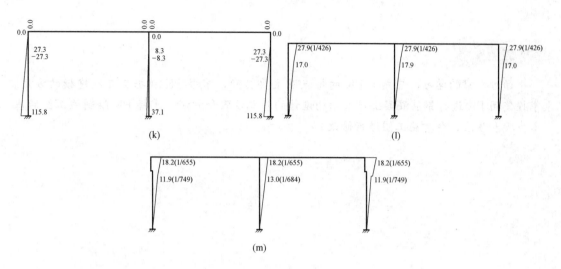

图 5-54　单项荷载内力图（二）

（k）左震弯矩图（kN·m）；（l）左震节点位移图（mm）；（m）吊车节点位移图（mm）

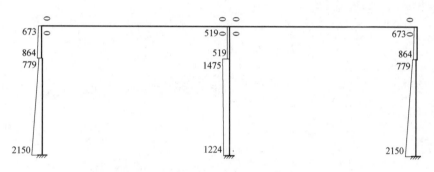

图 5-55　配筋包络图（mm²）

接下来选择柱，程序将弹出如图 5-42 所示对话框。输入序号，单击"OK"，即可得到如图 5-56 和图 5-57 所示的施工图。

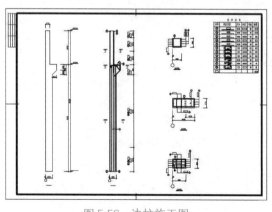

图 5-56　边柱施工图

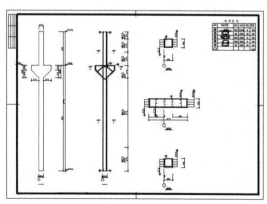

图 5-57　中柱施工图

本工程屋盖结构布置等其他施工图详见附录Ⅸ。

本章小结

通过本章的学习，应熟悉 PK 的特点及主要功能，掌握 PK 数据交互及建模的方法。掌握使用 PK 进行钢筋混凝土排架结构设计的基本步骤和方法。掌握 PK 绘制施工图的基本步骤和方法，会对施工图进行修改。

第 6 章　门式刚架轻型房屋钢结构设计

本章要点及学习目标

本章要点：

本章主要介绍门式刚架（图 6-1）轻型房屋钢结构体系的荷载计算与输入以及刚架梁柱节点与断面设计、简支和连续檩条与墙梁的设计区别、抗风柱和吊车梁的设计要点等。

学习目标：

通过本章学习，掌握门式刚架轻型房屋钢结构的二维建模过程及施工图绘制，以及围护构件檩条、墙梁、抗风柱等的设计，对于有吊车的厂房还需掌握吊车梁的设计。

图 6-1　门式刚架轻型房屋钢结构实例

STS 门式刚架功能模块，可用于门式刚架轻型房屋钢结构厂房的三维和二维设计，如图 6-2 所示。三维建模可以通过立面编辑的方式建立主刚架、支撑系统的三维模型；通过吊车平面布置的方法自动生成各榀刚架吊车荷载；通过屋面墙面布置建立围护构件的三维模型。程序可自动完成主刚架、柱间支撑、屋面支撑的内力分析和构件设计；自动完成屋面檩条、墙面墙梁的优化和计算。绘制柱脚锚栓布置图，平面、立面布置图，主屋面、墙面设计。完成钢材统计和报价。三维建模较繁琐，耗时较长，修改不太方便。实际工程中的门式刚架结构，一般采用单一柱网，受力简单明确，可简化为平面结构体系，故更多采用二维设计方法，快捷方便。对于檩条、墙梁、抗风柱等围护结构构件，可采用 STS 工具箱单独进行计算与施工图的绘制。

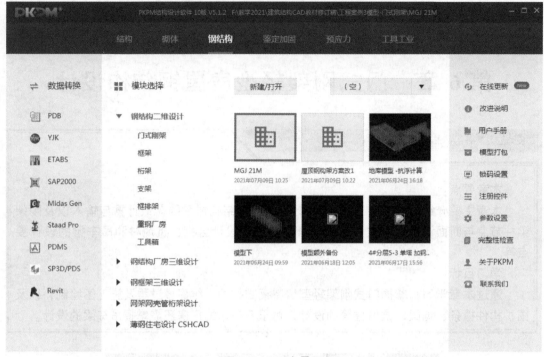

图 6-2 STS 主界面

6.1 门式刚架二维设计

STS 提供人机交互图形输入功能，对于门式刚架，可以采用快速建模方式。下面以附录 Ⅹ——工程实例 3 所示的某实际工程为例，介绍门式刚架轻型房屋钢结构二维设计全过程。

[工程概况] 某汽车配件车间（详见附录Ⅹ），7 度设防，采用单跨双坡门式刚架（MGJ 21M. SJ），跨度 21m，屋面坡度 1/15，柱距 8m，总长度 72m，内设两台电动单梁吊车（$G_n=10t$，$S=19.5m$），牛腿标高 6.5m，檐口高度 10m。钢材采用 Q345B。恒荷载 0.3kN/m^2，活荷载（取屋面活荷载 0.3kN/m^2 和雪荷载 0.35kN/m^2 中较大值）0.35kN/m^2，基本风压 0.4kN/m^2，经计算，由吊车最大轮压 P_{max} 产生的作用在牛腿上的竖向荷载最大值$=D_{max}=197.55kN$，最小值 $D_{min}=42.49kN$，水平刹车力引起的最大横向水平荷载 $T_{max}=9.28kN$，本工程采用钢吊车梁，吊车梁高度 $h=600mm$。车间建筑剖面及刚架计算简图如图 6-3 所示，截面尺寸表见表 6-1。

刚架构件截面尺寸表（mm）　　　　　　　　表 6-1

构件编号	左（上）翼缘	右（下）翼缘	腹板厚度	截面总高度
下柱（Z1）	280×12	280×12	10	400
上柱（Z2）	280×12	280×12	8	350
左斜梁	220×10	220×10	8	500～350
右斜梁	220×10	220×10	8	350～500

6.1.1 二维模型及荷载输入

1. 点"网格生成"

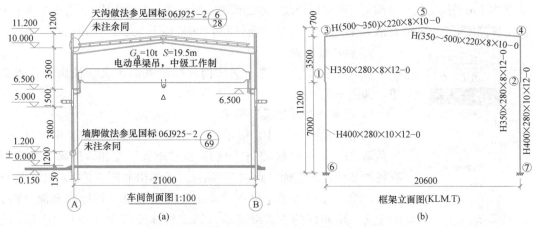

图 6-3　MGJ 21M 立面图

（a）建筑剖面图；（b）计算简图

对于门式刚架结构类型，可以通过程序提供的"快速建模"→"门式刚架"功能来快速建立工程网格，可设计单跨或多跨门式刚架。对于多跨门式刚架，需要根据工程实际，输入总跨数以及每一跨的信息，下面以图 6-3 所示的 21m 跨的单跨双坡门式刚架为例进行介绍。

（1）利用门式刚架快速建模，可以直接指定牛腿位置，快速生成带牛腿节点的门式刚架网格模型。参数输入完成后返回，将自动更新门式刚架建模主对话框中信息。

（2）设计信息设置。可以选择是否自动生成构件截面，铰接信息，自动导算和布置恒、活、风荷载等信息。如果选择"自动生成构件截面与铰接信息"，程序将自动完成截面定义、荷载布置等操作，可以直接进行截面优化或者结构计算，智能化程度较高。

本章主要说明如何掌握各菜单的功能和使用，所以不采用自动布置梁柱断面，仅选择自动导算与布置恒、活、风荷载等，如图 6-4 所示，对于各种荷载，后续都可以修改。同样，在快

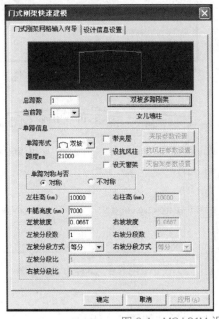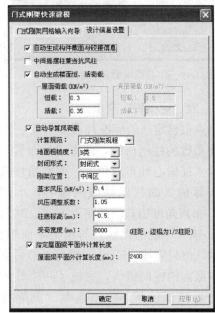

图 6-4　MGJ 21M 设计信息设置对话框

速建模生成的网格线的基础上，亦可以修改、添加或删除网格线，方便快捷。（图 6-3、6-4 中的下柱高度取 7000mm 是指牛腿顶高度 6500mm 至柱底±0.000 以下 500mm 的距离）

图 6-5　柱布置主菜单

2. 点"柱布置"

点取"柱布置"，进入钢柱构件标准截面定义、柱构件布置菜单，如图 6-5 所示。

1）点取"截面定义"菜单

要定义如图 6-3（b）所示的上柱和下柱截面，即工形（H 形）等截面 Z1（下柱）和 Z2（上柱）。点"增加"按钮，屏幕上出现画有各种类型柱的页面，点"工字形柱"，弹出如图 6-6 所示柱定义对话框，填入相应参数，再点"确定"即完成第一种标准截面（Z1）的定义。用同样的方式继续输入第二种标准截面（Z2），定义完成的两种柱断面如图 6-7 所示。

对于焊接组合工形（H 形）截面，可以输入轴心受压构件的截面分类（根据 GB 50017 表 5.1.2-1），例如，当翼缘为焰切边时，对 Y 轴截面分类可以选择"2-b 类"；当翼缘为轧制边时，可以选择"3-c 类"（即软件缺省值）。按 b 类计算的构件承载力要高于按 c 类计算，本工程为"2-b 类"。

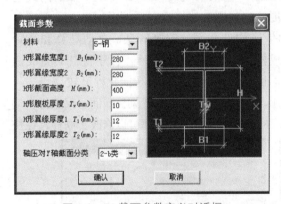

图 6-6　Z1 截面参数定义对话框　　　　图 6-7　定义完成的上柱 Z2 和下柱 Z1 截面

2）点取"柱布置"菜单

分别点取已定义的标准柱截面（Z1、Z2），再点取要布置的柱网格线，即完成柱布置。此时要求输入柱偏心和布置角度。偏心指柱截面中心对实际输入的柱网格线的偏心，本例为 200mm。布置角度指截面的布置方式，"0"度指截面 x 轴（一般指强轴）与刚架平面垂直。本例取默认值只需按［Enter］即可。然后点取要布置该截面的柱网格线，完成了一个柱的布置。对布置错误的柱，可以点取"删除柱"，

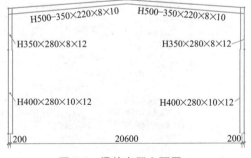

图 6-8　梁柱布置立面图

再点取其轴线删除该柱，重新布置，本例布置好的梁柱如图 6-8 所示。

3. 点"梁布置"

本菜单定义梁的标准截面，进行梁布置，操作方法同"柱布置"。本例屋面斜梁为变截面钢梁，首先定义左斜梁截面，选择变截面类型，截面数据为：（500～350）×220×8×10，如图6-9所示，右斜梁截面数据为：（350～500）×220×8×10，定义完成的两种梁断面如图6-10所示。梁截面定义完毕后，再分别布置到相应的梁网格线上，操作完成后如图6-8所示。

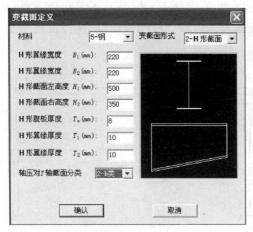

图6-9 左斜梁截面参数定义对话框   图6-10 定义完成的左右斜梁截面

4. 点取"计算长度"菜单

此处定义刚架柱、梁平面内计算长度系数和平面外计算长度，平面内计算长度系数默认值为－1，即结构计算时取程序自动计算结果。如果用户有充分依据，也可采用自定义值，此时只要键入自定义值（正数），点取相应构件即可。本例平面内不进行修改，保持"－1"，由程序自动按《门规》计算，如图6-11所示。

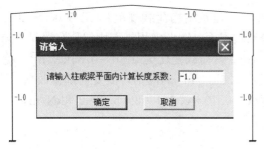

图6-11 刚架平面内计算长度系数取值   图6-12 刚架平面外计算长度取值

刚架平面外计算长度程序默认值为杆件实际长度，通常都需要根据平面外支撑布置情况修改。本工程设置柱间交叉支撑，在6.500m处同时还设置钢吊车梁，钢柱平面外计算长度取柱间支撑的支撑点间距（即上柱3500mm，下柱6500mm）；屋面檩条布置间距1.2m，间隔布置隔撑，而且檩条与屋面板有可靠连接（用自攻螺钉连接），所以取2.4m（隔撑间距）作为斜梁平面外计算长度。点取"平面外"，弹出输入平面外计算长度对话框，输入平面外计算长度值，再点取需要修改的构件修改，如图6-12所示。

5. 点"铰接构件"

此处为定义杆件两端的约束，即定义两端刚接，左固右铰，右固左铰，两端铰接等。点取"布置柱铰"，"布置梁铰"，按提示完成相应的操作。布置错误后，同样可以删除。本工程为有吊车的厂房，柱两端宜设置为刚接形式，取默认值即可。

6. 点"恒载输入"

可输入节点恒载，梁间恒载，柱间恒载。可以点取相应的菜单，输入荷载参数。本工程屋面恒荷标准值为 $0.3kN/m^2$，柱距 8m，故自动导算到梁间均布恒载标准值为 $0.3\times8=2.4kN/m$，因为前面已选择自动导算恒载，故在此不需输入。但是吊车梁和轨道自重（本例 $P_1=10kN$，偏心距 $e=550mm$）需要重新输入，点取"柱间恒载"，选择荷载类型5，输入荷载大小和偏心距即可，如图 6-13 所示。

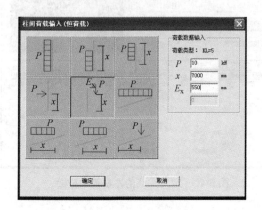
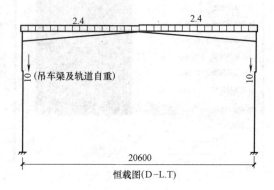

图 6-13   刚架恒载输入及修改简图

7. 点"活载输入"

同样可输入节点活载，梁间活载，柱间活载。本工程屋面活荷标准值为 $0.35kN/m^2$（取活荷与雪荷较大值），自动导算到梁间均布活载标准值为 $0.35\times8=2.8kN/m$，因为前面已选择自动导算活载，故在此不需输入。

但注意本工程檐口位置存在积雪荷载，按照《建筑结构荷载规范》GB 50009—2012 第 7 章表 7.2.1 第 9 项，对于有女儿墙的单跨双坡屋面，需考虑积雪不均匀分布情况，经计算，积雪分布长度取两倍女儿墙高度 $L=2.4m$，雪荷载变化为 $0.70\sim0.35kN/m^2$，檐口处积雪荷载 $0.70kN/m^2$ 为普通位置积雪荷载 $0.35kN/m^2$ 的两倍，需要局部修改输入，点取"梁间活载"，选择荷载类型11，输入荷载 $(0.70\sim0.35)\times8=5.6\sim2.8kN/m$，如图 6-14 所示。

8. 点"左风输入"

点取"自动布置"，由程序根据结构体型，按《门规》自动计算各构件上作用的风载标准值并自动布置，风荷载调整系数取1.1，是考虑门规基本风压是在《建筑结构荷载规范》GB 50009—2012 查得的基本风压基础上乘以 1.1 的调整系数。柱底标高主要用于风压高度变化系数的取值，本工程钢柱埋入地面以下 $-0.5m$，故此处输入 -0.5。填好风载所有参数以后，点取"确定"，程序自动把风载作用在对应构件上，如图 6-15 所示，柱顶位置人工输入女儿墙集中风载 $P_2=3.23kN$。当然，风荷载也可在自动布置的基础上再修改。一般规则的门式刚架可以采用"自动布置"，不规则的门式刚架结构，有时需要人工干预输入。

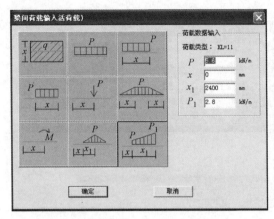
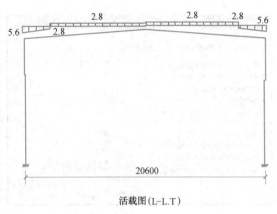

图 6-14　刚架活载输入及修改简图

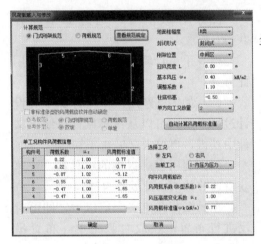
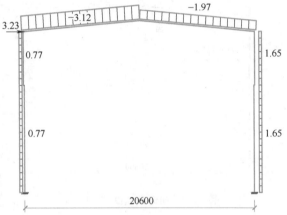

图 6-15　刚架左风输入及修改简图

程序规定：对于左风、右风、风吸力、风压力、水平荷载规定向右为正，竖向荷载规定向下为正，反之为负。

9. 点"右风输入"

右风输入方式同左风输入，本工程同样采取"自动布置"，程序将保留左风输入对应参数并自动调整风载作用方向，直接点取"确定"即可，此处不再赘述。

10. 吊车荷载定义与布置

点取［吊车荷载］菜单，即可进入吊车荷载定义、布置菜单，如图 6-16 所示。

选择吊车数据进入吊车荷载定义对话框，如图 6-17 所示。点取〈增加〉，即进入吊车荷载数据输入对话框，选择一般吊车。应该注意程序要求输入的是最大轮压 P_{max} 和最小轮压 P_{min} 产生的作用在刚架牛腿上的竖向荷载最大值 D_{max} 和最小值 D_{min}，以及水平刹车力引起的最大横向水平荷载 T_{max}，均需根据影响线，按规范算法先行算出，本例采用的吊车数据详见 6.4 节表 6-2。

图 6-16　吊车布置主菜单

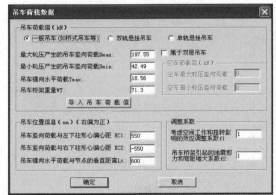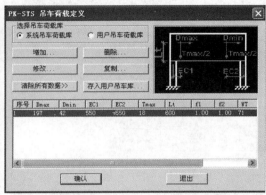

图 6-17　刚架吊车荷载输入对话框

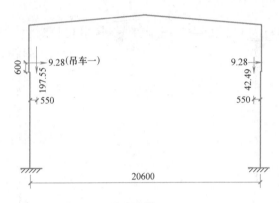

图 6-18　吊车荷载图 (C-H.T)

图中各数值可以通过如下途径获得：

（1）手工计算后填入，本工程采用此方式；

（2）如果已经用吊车梁计算工具设计过吊车梁，可以从吊车梁计算结果文件中获得，再填入（见 6.4 节）；

（3）利用程序提供的工具箱，快速获得这些数值，此处不再详述。

在吊车荷载定义完成以后，即可对吊进行布置，点取右侧菜单［布置吊车］，选取图 6-17 所示定义的吊车荷载，再依次选取左牛腿节点和右牛腿节点，即可在对应柱牛腿位置上布置吊车荷载，如图 6-18 所示。

6.1.2　二维计算结果分析与调整

1. 点"参数输入"

此项必须按照实际工程情况来调整并确认各项信息，否则程序取默认值，主要包括结构类型参数、结构计算总信息、地震计算参数等，现分别介绍如下。

1）结构类型参数

（1）结构类型

选取"2-门式刚架轻型房屋钢结构"。

（2）设计规范

选取"1-《门式刚架轻型房屋钢结构技术规范》GB 51022—2015 计算"。

（3）设计控制参数

根据本工程实际情况，本例按《门规》选取各参数限制如下：

受压杆件的容许长细比：180；

受拉杆件的容许长细比：300；

钢梁的挠度与跨度比：1/180；

柱顶位移与柱高比：1/180。

虽然本工程屋面坡度较小，斜梁仍按压弯构件验算平面内稳定，结构类型参数设置对话框如图 6-19 所示。

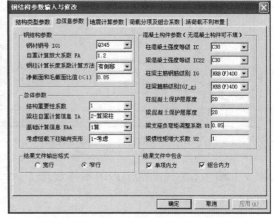

图 6-19 结构类型参数对话框   图 6-20 总信息参数对话框

2）总信息参数

本工程钢材选用 Q345B，程序自动考虑构件自重，钢柱计算长度系数计算方法按"有侧移"，计算刚架时输入基础计算信息进行基础设计，总信息参数设置对话框如图 6-20 所示。

3）地震计算参数

根据《门规》第 4.4.2 条条文解释，对于单层门式刚架轻型房屋钢结构，由于自重较轻，按设计经验，当抗震设防烈度为 7 度时，一般地震力不起控制作用，但保守起见，本工程仍考虑地震作用，抗震等级四级，采用振型分解法计算地震力，上述参数设置对话框如图 6-21 所示。

4）荷载分项及组合系数

根据荷载规范，本工程保持默认值，不进行修改，如图 6-22 所示。

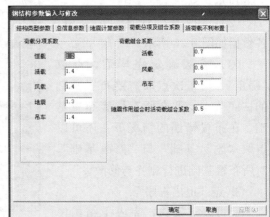

图 6-21 地震计算参数对话框   图 6-22 荷载分项与组合系数对话框

图 6-23　活荷载不利布置对话框

5）活荷载不利布置

本工程没有布置互斥活载，选取考虑相容活荷的不利布置，如图 6-23 所示。

2. 点"补充数据"

本菜单可完成"附加重量"与"基础布置"功能，如图 6-24 所示。

附加重量：正常使用阶段没有直接作用在结构上或已考虑在其他荷载类型（非恒、活荷载），而在地震力的计算中，需要考虑此部分地震作用时，把其当作附加重量输入到地震力计算时质点集中的节点上。本工程在柱顶输入附加重量，取女儿墙＋1/2 柱高范围内的墙体重量 $P_3 = 14.88\text{kN}$ 作为附加重量进行输入，如图 6-25 所示。

图 6-24　补充数据对话框

图 6-25　刚架附加重量输入

布置基础：本工程采取程序自动设计基础，需要在该项输入基础数据与布置基础。基础参数输入与布置操作方法如下：

（1）点取"布置基础"，如图 6-25 所示。

（2）修改基础计算对应参数，各数据如图 6-26 所示。

（3）参数确定完毕后，点取"确定"，再依次点取需要布置基础的柱底节点，即在所有柱底布置基础。在布置错误的情况下，还可以点取"删除基础"与"修改基础"，对所布置基础进行删除与修改。

3. 点"退出程序"

经过以上操作，完成了结构模型的建立，点取"退出程序"，弹出

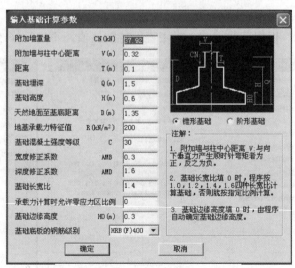

图 6-26　门式刚架基础设计信息输入

确认对话框，点存盘退出时，程序自动保存工程文件，退出时，程序要保存建模数据（默认扩展名为.jh）。

4. 二维结构计算与结果查询

1）点取"结构计算"

程序即对用户所建模型进行内力分析、杆件强度、稳定验算及结构变形验算等。结构计算时，要求输入计算结果文件名，本工程保持默认输出结果文件："PK11. OUT"，点取"确定"。程序立即进入计算分析，并显示"正在进行计算..."标志，计算完成以后，弹出如图 6-27 所示的计算结果查询控制面板。

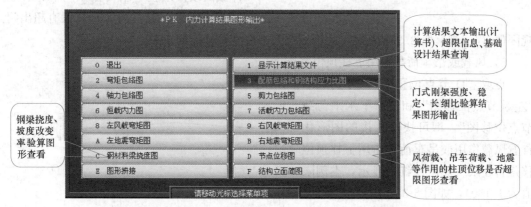

图 6-27　门式刚架验算结果图形及文本显示查看

2）强度、稳定、长细比验算结果查询

点取"3 配筋包络与钢结构应力图"，即可快速直接地查看强度、稳定、长细比图形验算结果，如图 6-28 所示。

当验算结果有超出规范限制的（以红色显示），须返回交互输入修改超限构件截面或修改整个结构模型。本工程强度、稳定、长细比均没有超出规范限制。

3）钢梁挠度查询

点取"C 钢材料梁挠度图"，然后再选取"钢梁（恒＋活）相对挠度图"即可快速直接的图形化查看钢梁的相对挠度验算结果，如图 6-29 所示。

当有超出规范限制的（挠跨比与挠度值均以红色显示），同样须返回交互输入调整构件截面或修改整个结构模型。本工程挠跨比没有超出规范限值（《门规》第 3.3.2 条规定此值为 1/180）。

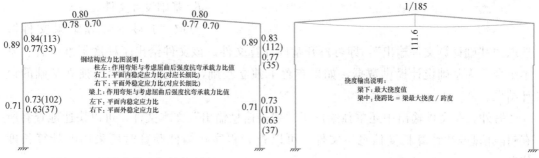

图 6-28　配筋包络和钢结构应力比图　　　　　图 6-29　钢梁绝对挠度图（恒＋活）（mm）

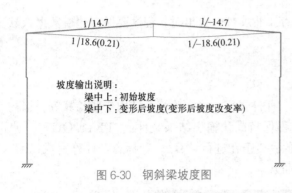

图 6-30　钢斜梁坡度图

4）坡度改变率查询

点取"C 钢材料梁挠度图"，然后再选取"斜梁计算坡度图"即可快速直接的查看斜屋面钢梁的坡度改变率图形验算结果，如图 6-30 所示。

当斜梁坡度改变率超出门规限制时（以红色显示），须返回交互输入调整构件截面或修改整个结构模型。本工程坡度改变率为 0.21（约 1/5），没有超出门规限值（《门规》第 3.3.3 条规定此值不应大于坡度设计值的 1/3）。

5）风载或吊车荷载作用下柱顶位移查询

点取"D 节点位移图"，分别选取"左风节点位移图"和"吊车水平荷载节点位移图"，即可快速直接的图形化查看风载作用或吊车荷载作用下柱顶位移是否超限（超限以红色显示，本例限值为 1/180），如图 6-31、图 6-32 所示。同理，当超限时，须返回交互输入调整构件截面或修改整个结构模型。

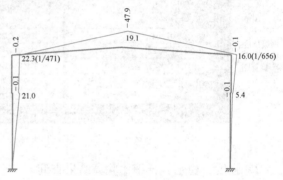

图 6-31　左风（标准值）节点位移图（mm）

5. 计算结果文件查询

点取"1 显示计算结果文件"，选取"记事本打开计算结果"或"浏览器打开计算结果"，即可打开计算结果文件。该文件为主要计算结果文件，记录了交互输入的各项参数、结构分析的各项控制信息、各单项内力计算结果、节点位移、内力组合结果、构件的强度稳定验算结果和钢梁挠度等。局部稳定验算结果、按钢结构规范计算有效截面计算结果、格构式截面单肢、缀材验算结果等都必须通过这个文件进行查看。

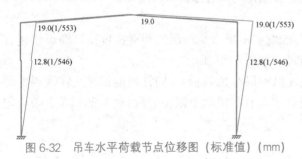

图 6-32　吊车水平荷载节点位移图（标准值）（mm）

6. 基础设计文件

点取"1 显示计算结果文件"，选取"基础计算文件输出"，即可打开基础计算文件。该文件给出了柱底标准组合、基本组合，为基础设计提供数据，如果布置了独立基础，该文件还会给出独立基础的设计结果。

另外，在文件输出中还单独给出了"超限信息输出"文本文件，可以快速地查看所有超限信息，"计算长度信息"文件，可以查看程序在构件验算时所采用的计算长度信息。

6.1.3 节点设计与施工图绘制

经过结构计算，各项验算指标都满足规范要求的前提下，即可进入"绘施工图"菜单，进行门式刚架节点设计和施工图绘制，对话框如图 6-33 所示。完成整套门式刚架施工图需要进行以下步骤。

1. 设置参数

点取"设置参数"，定义施工图的绘制方式、绘图比例以及材料表信息。此项必须执行，功能是读取二维结构计算结果，准备初始数据。

2. 设置梁拼接点、檩托布置

图 6-33 绘图主菜单

本菜单显示刚架轮廓图，在梁梁连接节点处，可设置拼接节点。程序默认在所有梁梁连接处均设置拼接节点，拼接点用红色圆点显示。用户可以根据实际需要设置和删除。［布梁檩托］［布柱檩托］可以在刚架梁或者刚架柱上分别定义不同的檩托类型和布置参数，根据工程的实际情况选取即可。布置完成后的檩托会统计入材料表，在刚架施工图和构件施工图中绘制，亦可自行修改或删除布置的檩托，如图 6-34 所示。

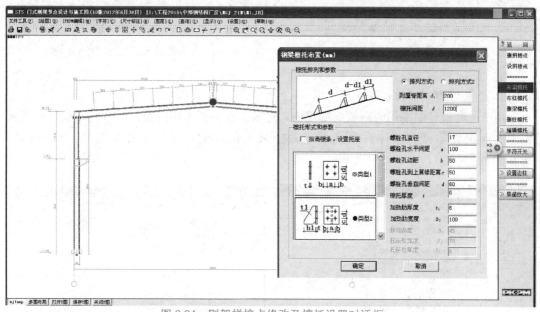

图 6-34 刚架拼接点修改及檩托设置对话框

3. 节点设计

节点设计功能菜单如图 6-35、图 6-36 所示。

参数设置：进行节点设计相关的参数设置，选择斜梁和柱连接节点、屋脊节点、柱脚节点形式。本例选择的连接节点形式如图 6-35 所示。

1）确认梁、柱连接节点的控制信息

本工程端板加劲肋设置采用程序自动设置，端板螺栓连接的高强度螺栓采用 10.9 级摩擦型高强螺栓，受力计算方法采用"2. 中和轴在端板形心"，自动调整高强螺栓直径，如图 6-36 所示。

2）选择柱脚节点形式，确认柱脚控制参数

输入的锚栓直径为柱脚设计的最小直径，对每一个柱脚节点，程序首先采用用户输入的锚栓直径计算。本例锚栓强度采用 Q345B，柱脚采用槽钢作为抗剪键，如果存在锚栓抗拉强度不能满足要求的情况时，程序会自动增大锚栓直径，柱脚设计对话框如图 6-37 所示。

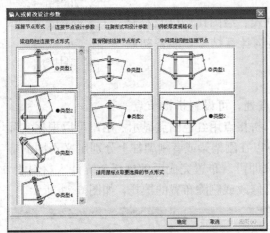

图 6-35　连接节点形式对话框

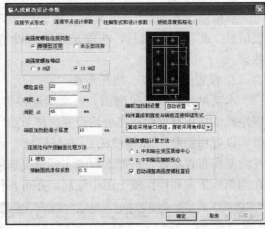

图 6-36　连接节点设计参数对话框

3）钢板厚度规格化

用于选取设计中采用的钢板厚度规格，选取工程中拟采用的板件厚度组，设计时将从表中选取板件厚度，当计算厚度大于表中最大值，将采用程序计算结果，对话框如图 6-38 所示。

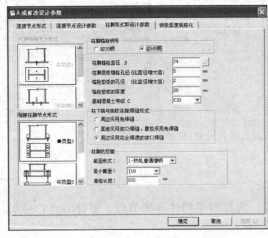

图 6-37　柱脚形式与设计参数对话框

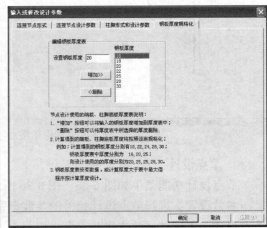

图 6-38　钢板厚度规格化对话框

当所有参数确认后，程序进行节点设计，并生成节点计算结果文件 node.out，以及出错信息文件 nodeerr.out，反映了节点设计不满足的信息，可自行查看修改。

　　4. 节点修改

　　进入本菜单后，屏幕显示刚架整体施工图，可对其放大、查看、修改。点取［节点文件］菜单，可立即查看节点计算结果文件 node. out，需修改某节点剖面时，点取修改节点菜单，在提示区输入该节点剖面号，对话框中会显示该节点的设计数据和节点剖面图，如果数据有修改，对话框中的节点剖面图会显示修改后的结果。按确定按钮后，施工图也会立即更新，修改过程可以反复进行。

　　修改节点时，若选取"验算修改结果"，则程序以修改后的数据为初值，对螺栓孔径、端板厚度、端板宽度、螺栓排数、角焊缝焊脚尺寸等数据给予计算。若满足，则采用该值；否则，由程序自动调整。

　　5. 绘整体施工图

　　点取"整体绘图"，出现如图 6-39 所示绘图信息，进入最后施工图绘制过程，该菜单将生成最终刚架整体施工图，包括刚架立面图、各节点剖面图、材料表。当有节点设计不满足信息时，程序立即给以提示，可点"出错信息"菜单查看。本工程所有节点均设计满足，没有警告信息。对需要设置抗剪键的节点程序自动进行设计并相应更新施工图和材料表。同时可在本菜单中进行图面布局、移动标注、图形编辑、图形输出等，本例刚架施工图详见附录Ⅹ。

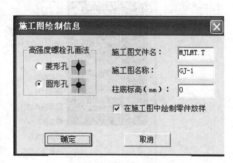

图 6-39　整体绘图信息

6.2　檩条与墙梁计算与施工图

　　使用 STS 工具箱（图 6-40、图 6-41）中的"屋面檩条、墙面檩条"菜单，可进行简支或连续檩条、墙梁的计算、验算，亦可绘制施工图。

图 6-40　屋面檩条设计对话框

图 6-41　墙面檩条设计对话框

6.2.1　简支檩条设计

1. 操作方法与参数选取

本工程屋面檩条（跨度 8m）可按简支檩条设计，材质 Q235B，采用 C 形镀锌檩条（C200×70×20×2.5），普通位置檩条间距取 1.2m，但在天沟附近，因为女儿墙的存在，会导致积雪不均匀分布，故天沟位置的檩条间距宜适当减小或者把檩条壁厚加厚。

点取如图 6-40 所示"简支檩条"菜单，出现檩条计算数据输入对话框，如图 6-42 所示，输入荷载、参数等计算信息。

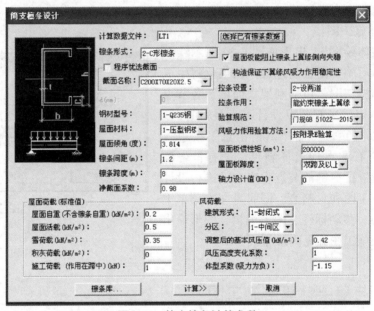

图 6-42　简支檩条计算参数

（1）数据文件名：将当前对话框中设置的数据保存到指定的数据文件中，该文件为文本文件，如需要选择已有檩条数据，点击"选择已有檩条数据"进行试算；如需要建立新的檩条计算数据，应输入数据文件名称，本工程文件名定义为 LT1。

（2）钢材型号：工程中较常用的檩条钢材为 Q235B 钢或 Q345B 钢，本工程选用 Q235B 钢。

（3）檩条形式：目前可计算的檩条截面形式包括冷弯薄壁型钢 C 形、Z 形（斜卷边和直卷边）、双 C 形口对口组合或背对背组合、高频焊接 H 型钢、国标宽窄翼缘 H 型钢、普通槽钢、轻型槽钢、薄壁矩形钢管等，本工程选用 C 形直卷边檩条。

优选截面：通过点取"程序优选截面"，能够由程序自动选择最经济并且满足规范要求的檩条截面。

（4）屋面板惯性矩：是指每米屋面板的惯性矩，如果按《门规》计算风吸力作用时，必须输入该数据。

（5）风荷载信息：输入风荷载信息时，程序可以根据建筑形式、分区，自动按规范给出风荷载体形系数，用户也可以修改或直接输入该体形系数。

（6）拉条作用：通常拉条的作用：①约束上翼缘；②约束下翼缘；③同时约束上下翼

缘。根据不同的拉条设置情况，进行选择，当采用圆钢形式拉条，仅在靠近上翼缘位置设置时，拉条仅能起到约束檩条上翼缘的作用；当采用双层拉条或交叉拉条时，拉条对檩条的上下翼缘都能起到约束作用。程序中对应的计算处理为：拉条能够约束檩条上翼缘，则在恒＋活荷载作用下，檩条上翼缘受压稳定验算，平面外计算长度取拉条之间的间距，否则取整根檩条的长度为平面外计算长度；风吸力下翼缘受压稳定验算时，如果拉条能够约束下翼缘，则下翼缘受压稳定验算平面外计算长度取拉条间距，否则也取整跨檩条的长度。

本工程每跨设置 2 道拉条，拉条设在上翼缘 1/3 处，能约束檩条上翼缘。

（7）刚性檩条计算：当输入轴力设计值（大于 0），程序自动认为所计算檩条为刚性檩条，按压弯构件进行计算，计算书中将详细给出压弯构件验算项目。不论是否输入轴力设计值，在计算结果最后，程序都会输出在当前屋面荷载作用下，檩条所能承担的最大轴力设计值。

（8）验算规范：对于冷弯薄壁型钢檩条，可以选择按《门规》或《冷弯薄壁型钢结构技术规范》GB 50018—2002（后面简称《冷弯规范》）进行验算。当为高频焊 H 型钢或热轧型钢截面时，可以选择《钢结构设计标准》GB 50017—2017 或《门规》进行校核。选择不同的规范，验算方法有所不同，计算结果也稍有差别。

（9）风吸力作用验算方法：选择《门规》验算时，风吸力下翼缘稳定验算方法可以选式（9.1.5-3）计算。《门规》式（9.1.5-3）稳定计算方法与《冷弯规范》验算方法相同。

风吸力作用稳定验算按旧版《门规》附录 E 计算或者《门规》式（9.1.5-3）计算，两者在计算结果上存在较大差异。在设置拉条且拉条仅约束上翼缘的情况下，《门规》式（9.1.5-3）或《冷弯规范》的计算结果比按旧版《门规》附录 E 计算结果偏大；拉条同时约束上下翼缘时，旧版《门规》附录 E 计算结果偏大。

建议风吸力作用选择原则如下：

1）压型钢板屋面（厚度大于 0.66mm），屋面与檩条有可靠连接（自攻螺钉等紧固件），设置单层拉条靠近上翼缘，选择按旧版《门规》附录 E 计算；

2）刚度较弱的屋面（塑料瓦材料等）、非可靠连接的压型钢板（扣合式等），应选择《门规》式（9.1.5-3）或《冷弯规范》计算，拉条的约束作用应根据实际拉条设置情况选择。建议此时应设置双层拉条、交叉拉条或型钢拉条，拉条同时约束上下翼缘。

2. 计算结果说明

输入檩条计算结果文件名，程序自动进行计算。计算结果文件输出非常细致，所有变量和计算条目都有中文说明，本工程檩条计算结果输出如图 6-43 所示，可以看出，强度和稳定应力都有较大余量，但挠度已接近规范限制，为变形控制，故檩条钢材用 Q235B 钢即可，没必要采用 Q345B 钢。

当结果不满足规范要求时，文件最后输出：

＊＊＊＊＊设计不满足 ＊＊＊＊＊，需重新设计截面。

6.2.2 连续檩条设计

1. 参数选取

1）点取如图 6-40 所示对话框中的"连续檩条"菜单，出现连续檩条计算数据输入对

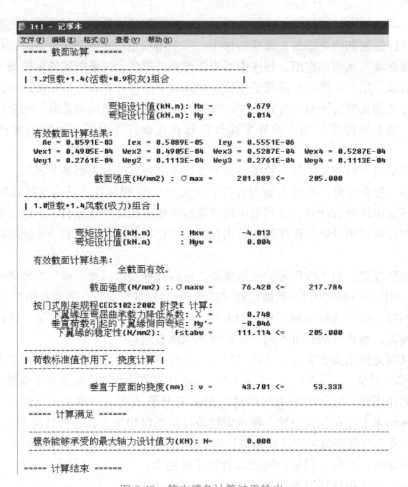

图 6-43　简支檩条计算结果输出

话框，如图 6-44 所示。

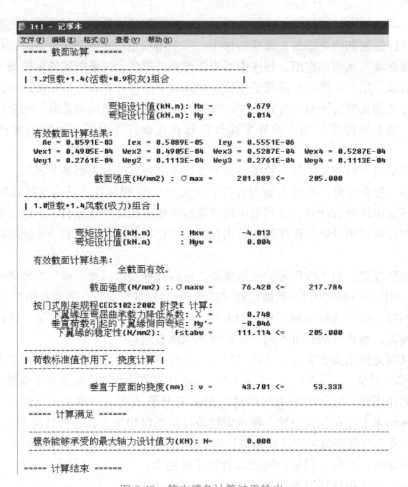

图 6-44　连续檩条计算参数

因连续檩条（力学计算模型一般为 5 跨连续梁）相对于简支檩条（力学计算模型为单跨简支梁）而言，考虑支座承受负弯矩，跨中弯矩得以降低，故断面可以减小。同时考虑到斜卷边 Z 形容易嵌套做成连续形式，而且运输方便，通常实际工程中也主要选用斜卷边 Z 形搭接形成连续檩条，本工程边跨选用斜卷边 Z 形镀锌檩条（XZ160×60×20×2.5），中间跨内力变小，采用 XZ160×60×20×2.0，材质仍为 Q235B，普通位置檩条间距仍为 1.2m，拉条设置两道。

2）验算规范与方法：可以选择的验算规范有《冷弯薄壁型钢结构技术规范》GB 50018—2002 与《门式刚架轻型房屋钢结构技术规程》GB 51022—2015，选择《门规》验算时，风吸力作用下翼缘受压时的稳定验算可以选择按旧版《门规》附录 E 或《门规》式（9.1.5-3）验算，计算方法的差异见 6.2.1 简支檩条部分。

3）搭接长度的选取：根据国内有关资料，如《轻钢结构中 Z 型连续檩条设计问题的探讨》（陈友泉．《建筑结构》．2003.7）研究表明，为保证连续性条件，搭接长度不宜小于跨长 10%。在满足连续性条件下，可以根据弯矩分布情况调整搭接长度，根据端跨和中间跨的弯矩分布情况不同而分别考虑，以搭接端弯矩不大于跨中弯矩为条件来确定搭接长度，如图 6-45 所示，$M'_1 \leqslant M_1$，$M'_2 \leqslant M_2$。程序在验算时，对于跨中根据拉条的设置情况，分多个单元，每个单元又划分 13 个断面，对所有断面（包括 M'_1 和 M'_2 位置）都进行强度验算，自动搜索强度起控制作用的截面位置。一般而言，为使截面设计更为经济，单檩强度仅由跨中控制；对于支座双檩位置（即搭接处），程序按双檩强度考虑，进行强度验算，但一般支座双檩位置强度不起到控制作用。

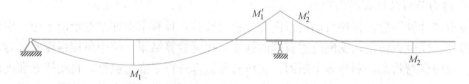

图 6-45　连续檩条弯矩简图

"程序优选搭接长度"，当选择了改选项时，搭接长度输入项自动变灰，这时就不用再人工输入搭接长度，程序会自动根据上述原则优选来确定搭接长度，并在结果文件中给出程序优选最终采用的搭接长度结果。优选搭接长度的结果首先满足连续性条件（10%跨长）的前提下，再根据弯矩分布情况，调整搭接长度，使檩条截面强度由跨中控制。

4）不对称跨信息设置：当选择连续跨形式为"不对称多跨"时，可以点取该项，为每跨单独设置跨度、拉条、搭接、风载等信息。

5）截面选择：根据连续檩条弯矩分布情况，在边跨与中间跨相同跨度的情况下，通常边跨弯矩较中间跨大，选择截面时，可以选择边跨与中间跨相同的截面尺寸，但边跨截面厚度比中间跨截面稍厚，如中间跨选择 Z160×60×2.0，边跨可选择 Z160×60×2.5，易于安装。

"程序优选截面"，当选择了该项时，截面输入项自动变灰，这时就不用再人工输入边、中跨截面，程序会自动从檩条库中选择满足验算条件的最小截面。为了使优选出的截面更经济、更符合设计人员的常规截面选择，在进行优选前，用户可以先行对檩条库进行维护，把经常用到的檩条库中没有的截面，人工定义增加进去；把不可能用到的，从檩条库中删除，这样程序在自动选择截面的时候，会仅从当前的截面库中选取。

6）考虑活荷最不利布置：程序考虑的活荷不利布置方式为完全活荷的最不利布置，该项的选取对内力及挠度计算结果影响较大，在无充分根据的前提下，通常都应该考虑。

7）支座双檩条考虑连接刚度折减系数：该参数主要用于内力分析时，支座双檩位置的双檩刚度贡献，考虑到冷弯薄壁型钢檩条的特殊连接方式，不同于常规的栓焊固接连接，对双檩叠合部位，考虑连接对双檩刚度应进行折减，有关资料建议可按单倍刚度计算

（即该参数可以选取 0.5）。该项对内力分析结果有一定的影响，折减的越多，支座部位负弯矩相应越小，跨中弯矩相应会有所增大。

8）支座双檩条考虑连接弯矩调幅系数：考虑到支座搭接区域有一定的搭接嵌套松动从而导致支座弯矩释放，因此需要对支座弯矩进行调幅，有关资料建议可以考虑释放支座弯矩的 10%（即调幅系数 0.9）。当考虑支座弯矩调幅时，程序对跨中弯矩将相应调整。

9）风荷载取值：当采用《门规》表 4.2.2-1 选取风荷载时，"调整后的基本风压"应按《荷载规范》的规定值乘以 1.05 填入；风荷载体型系数，程序默认根据边、中跨檩条的受荷面积、建筑形式、分区按《门规》表 4.2.2-1 确定，用户也可以手工直接修改该体型系数。

10）计算数据存储与载入：当所有参数选取完毕后，点取计算，程序在进入计算的同时，自动把计算数据存储到用户输入的"计算数据存储文件"对应的文件（本工程名为CLT1）中。以后想要载入这个计算数据时，可以通过点取右下角的"读取原有数据"，选取对应数据文件名，即可载入计算数据。

2. 内力分析与计算结果查看

点取"计算"后，程序自动进行内力分析与校核，计算书中详细地给出了边、中跨单檩的强度、风吸力稳定，支座位置双檩的强度，挠度验算结果。跨中单檩强度验算时，程序根据双向受弯状态，划分多个断面，对所有断面都进行了强度验算，自动搜索强度起控制作用的截面位置。最后给出验算是否满足标志。亦可通过图形查看：单项内力图、组合内力图、强度稳定验算结果图、挠度图。考虑活荷载最不利布置，各项组合内力均为包络结果。

斜卷边 Z 形檩条，荷载作用面与截面主惯性轴不在一个面内，属于双向受弯状态，各类荷载要按主惯性轴方向分解，两个方向计算模型不一样，垂直屋面强轴方向，仅刚架梁为支座点，在沿屋面弱轴方向，考虑设置的拉条也作为支座点。

点取"重新设计"，则退出结果查看界面，返回到交互输入对话框，并保留原先输入的计算参数。

6.2.3　简支墙梁设计

1. 操作方法

墙梁计算时的数据输入方法和檩条基本相同，请参照简支檩条计算的操作方法。目前可计算的墙梁形式为冷弯薄壁型钢 C 形、Z 形（斜卷边和直卷边）、双 C 形口对口、双 C 形背对背、高频焊接 H 型钢、国标宽窄翼缘 H 型钢、普通槽钢、轻型槽钢和薄壁矩形钢管。

本工程墙梁（QL1），可按简支设计，如图 6-46 所示。纵向跨度 8m，横向（山墙处）跨度 7m，材质 Q235B，采用 C 形镀锌檩条（C180×70×20×2.0），考虑到门窗开洞尺寸的影响，间距取 0.8m，详见附录Ⅹ中附图 10-11ⒶⒷ轴墙架布置图。

2. 计算结果说明

输入墙梁计算结果文件名，程序自动进行计算。计算结果文件输出非常细致，所有变量和计算条目都有中文说明。

当结果不满足规范要求时，文件最后输出：＊＊＊＊＊ 设计不满足 ＊＊＊＊＊，需

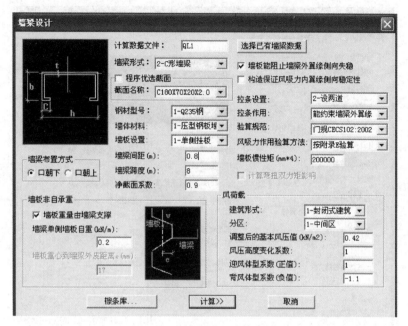

图 6-46 简支墙梁计算参数

重新设计，否则，输出：＊＊＊＊＊设计满足＊＊＊＊＊。

6.2.4 连续墙梁设计

1. 参数选取

点取图 6-41 所示对话框中的"连续墙梁"菜单，出现连续墙梁计算数据输入对话框，如图 6-47 所示。本工程边跨选用斜卷边 Z 形镀锌墙梁（XZ140×50×20×2.5），中间跨内力变小，采用 XZ140×50×20×2.0，材质仍为 Q235B，普通位置墙梁间距仍为 0.8m，拉条设置两道。

各项参数、截面、搭接长度的选取方法同"连续檩条计算工具"。

双力矩的考虑：当单侧挂板且墙板重量由墙梁支撑时，墙板自重对墙梁偏心荷载的作用，使墙梁产生较大的双力矩作用，双力矩对墙梁的承载力极为不利，按规范要求，墙梁计算时应该考虑此双力矩作用，但对于连续墙梁，规范中没有规定双力矩的计算方法，程序对于连续墙梁没有计算双力矩影响，建议按《冷弯规范》8.3.1 条，采取构造措施，减小双力矩的影响。

2. 内力分析与计算结果查看

点取"计算"后，程序自动进行内力分析与校核，计算完成后自动弹出验算结果计算书与计算结果图形查看界面，此处不再赘述。

斜卷边 Z 形墙梁，在墙板荷载、风载作用下，属于双向受弯状态，各类荷载要按主惯性轴方向分解，两个方向计算模型不一样，竖向考虑拉条也为墙梁的支撑点，水平仅刚架柱为支座点。计算书中详细地给出了边、中跨单墙梁的风吸力、风压力下的抗弯、抗剪强度、风吸力稳定，支座位置双檩的抗弯、抗剪强度，水平、竖向挠度验算结果。跨中单檩强度验算时，程序根据双向受弯状态，划分多个断面，对所有断面都进行了强度验

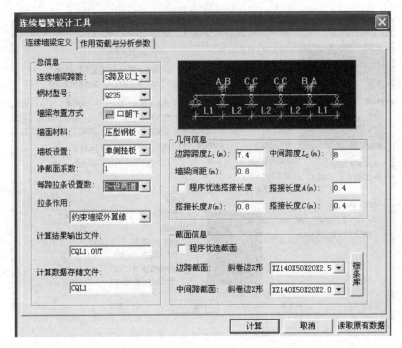

图 6-47　连续墙梁计算参数

算，自动搜索强度起控制作用的截面位置。最后给出验算是否满足标志。

6.3　抗风柱计算与施工图

门式刚架轻型钢结构房屋端部，即山墙位置，一般需设置抗风柱，本工程山墙抗风柱布置（间距 7000mm）如图 6-48 所示。

程序对抗风柱能够进行内力计算及强度、稳定验算，并完成施工图的绘制。可供选择

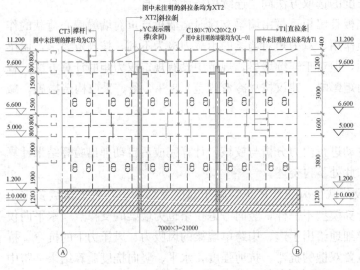

主构件表			
构件代号	材质	规格	构件名称
QL-01	Q235B	C180×70×20×2.0	热镀锌简支墙梁
CD	Q235B	C180×70×20×2.0	热镀锌窗挡
YC	Q235B	L63×5	隅撑
T1	Q235B	φ12	热镀锌直拉条
XT2	Q235B	φ12	热镀锌斜拉条
CT3	Q235B	φ12圆外套φ34×2.5圆管	热镀锌撑杆
MZ	Q235B	□18a	门柱

图 6-48　山墙墙架布置图

的抗风柱截面有焊接组合 H 形截面、普通工字钢、各类 H 型钢截面、箱形截面、圆管截面、十字形截面等。本工程抗风柱截面取 H350×250×8×10，具体操作详述如下。

1. 抗风柱计算

点取如图 6-40 所示"工具箱"中的"抗风柱计算与施工图"，进入抗风柱计算工具交互参数输入对话框，如图 6-49 所示。

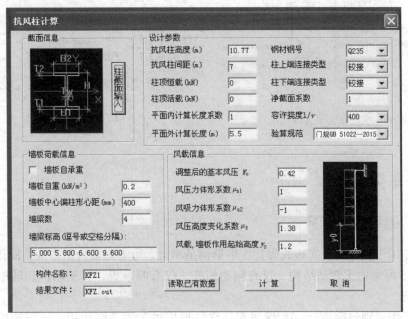

图 6-49　抗风柱计算参数示意图

当选取不同的柱上下端连接类型时，软件自动按无侧移框架，按线刚度比查表获得柱平面内计算长度系数（两端铰接时，程序默认取计算长度系数为 1.0），并显示于对话框中，用户也可以手工修改该计算长度系数值。可以选取《钢结构设计标准》GB 50017—2017 或《门规》进行验算。当存在墙体而且为非自承重墙、墙载通过墙梁由抗风柱来承受时，去掉墙板自承重按钮框，就可以输入墙板及墙梁信息，其中墙板自重项中应包含墙梁自重部分。

计算结果文件均以中文的方式输出，给出了详细的中间计算参数。输出验算项目包括：长细比、强度、平面内稳定、平面外稳定、挠度等，对于工形截面、钢管截面还给出了局部稳定验算结果，对于焊接组合 H 形截面，当腹板高厚比验算不满足而其他项验算满足的情况下，程序还给出基于有效截面强度、稳定验算结果。在结果文件最后，程序给出抗风柱验算是否满足标志。

2. 抗风柱施工图

点取"抗风柱施工图"，首先要求输入绘图文件与图面设置信息。点取确认后进入抗风柱施工图绘制界面。点取右侧菜单中的"加抗风柱"来添加抗风柱施工图到当前图形中，如果前面计算过抗风柱，且截面为焊接组合 H 形截面或国标 H 型钢截面，截面尺寸信息、钢材料信息、墙梁信息都能够传递到施工图中。

点取右侧菜单中的"连接节点"来添加抗风柱连接节点施工图到当前图形中。

本工程抗风柱按两端铰接设计，截面采用焊接 H350×250×8×10，柱顶采用弹簧板与钢梁相连，柱底铰接，用 4M24 柱脚锚栓与混凝土短柱相连，如图 6-50、图 6-51 所示。

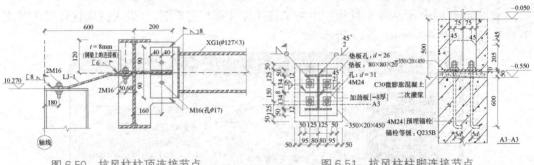

图 6-50 抗风柱柱顶连接节点   图 6-51 抗风柱柱脚连接节点

6.4 吊车梁设计

6.4.1 功能和适用范围

本程序用于设计简支实腹式焊接工字形钢吊车梁，可考虑两台吊车的共同作用，可设计如图 6-55 所示的无制动结构、仅有制动桁架、仅有制动板、有制动板和辅助桁架四种吊车梁类型。

吊车工作级别包括 A1～A8 级吊车。软件根据吊车的共同作用，按照结构力学的计算方法计算吊车梁的最不利情况，可进行吊车梁截面的验算和自动选择。

程序自动选择截面是以强度、挠度和疲劳来选择截面，给用户提供参考截面。验算截面是校核用户输入的截面是否满足规范的要求。

程序对吊车梁的整体稳定（仅对无制动结构的吊车梁）、梁截面强度、局部挤压应力和梁竖向挠度进行计算和验算；对重级工作制吊车梁还计算和验算水平挠度和疲劳应力，并进行梁截面加劲肋设计、突缘式支座加劲肋以及连接焊缝计算。计算结果还可输出用于排架计算的吊车最大轮压、最小轮压、水平刹车力对柱牛腿的反力。

6.4.2 吊车梁计算

点取"工具箱"中的"吊车梁计算与施工图"运行吊车梁设计程序，进入吊车梁设计主菜单。

本工程吊车梁跨度 8m；无制动结构，钢材采用 Q345 钢（16Mn 钢）；腹板与翼缘连接焊缝采用自动焊。截面形式采用焊接工字钢（单轴对称，采用宽厚受压上翼缘）；吊车资料采用北京起重运输机械研究所提供的 LDB 型电动单梁起重机，产品规格，如表 6-2 所示。

LDB 型电动单梁起重机产品规格   表 6-2

吊车起重量(t)	吊车跨度(m)	台数	工作制	吊钩类别	最大轮压(t)	最小轮压(t)	小车重(t)	吊车总重(t)	轨道型号
10	19.5	2	中级 A3-A5	软钩	7.024	1.511	1.000	7.130	38kg/m

1. 计算数据输入

本例输入吊车梁数据文件 GDL8M，本跨和相邻跨吊车梁跨度均为 8m。吊车梁类型选择无制动板，材质为 Q345B 钢。输入如图 6-52 所示吊车梁截面，进行截面验算，吊车台数为 2 台，点取吊车资料列表中序号 1 吊车数据，再点取右侧"修改"按钮，弹出吊车数据输入对话框，按照表 6-2 中吊车资料输入第一台吊车数据，如图 6-53 所示。

本工程所选吊车梁断面尺寸如图 6-52 所示。

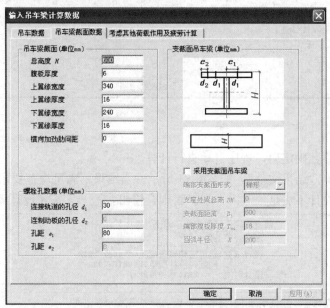

图 6-52　吊车梁截面示意图

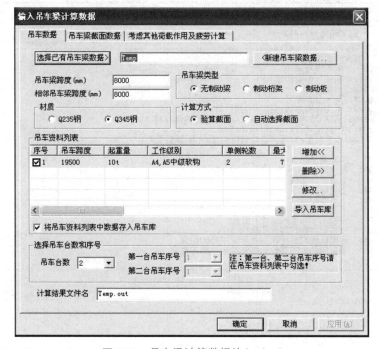

图 6-53　吊车梁计算数据输入（一）

图 6-53   吊车梁计算数据输入（二）

2. 吊车梁计算

吊车梁计算参数确定后，程序自动进行计算。

计算结果输出"结果文件"，如图 6-54 所示，当结果不满足规范要求时，文件最后输出：＊＊＊＊＊设计不满足＊＊＊＊＊。否则，输出：＊＊＊＊＊设计满足＊＊＊＊＊。

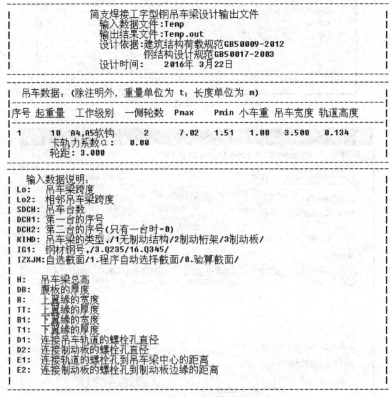

图 6-54   吊车梁验算结果输出

6.4.3   吊车梁施工图

吊车梁施工图的绘制程序采用人机交互方式输入吊车梁绘图参数，确认无误后，自动绘制出吊车梁详图、各种剖面和材料表。程序可以绘制任意跨度的吊车梁施工图。吊车梁可以是如图 6-55 对话框中所示的 4 种类型，制动结构和吊车梁连接的可以采用螺栓连接或焊接。吊车梁的位置可以是端跨、中间跨、或伸缩缝跨。与轨道的连接可以选择螺栓连接或焊接。

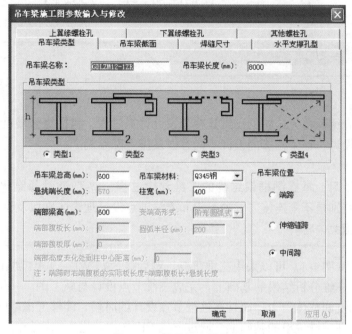

图 6-55　常见吊车梁类型

　　程序可以接力吊车梁计算数据和计算结果画图，也可以不经过计算，由用户输入绘图数据直接绘图。

6.5　门式刚架轻型房屋钢结构施工图实例

　　经过以上各节的介绍，可以完成门式刚架轻型房屋钢结构中主刚架、基础、檩条、墙梁、抗风柱、吊车梁等主要结构与构件的设计与施工图绘制，本例全套完整的建筑施工图和结构施工图详见附录Ⅹ。

本章小结

　　门式刚架轻型房屋钢结构二维设计模块主要包括单跨或多跨门式刚架的轴网输入；变截面或等截面工字型钢梁、钢柱的布置；恒、活、风、吊车荷载，地震力的输入自动布置；刚架内力分析与变形验算；节点设计；基础设计等内容。有吊车的轻钢厂房还要进行钢吊车梁的设计。

　　门式刚架围护结构设计主要包括檩条和墙梁的设计，以及山墙抗风柱的设计等，附录Ⅹ中给出的各构件以及连接节点的施工图，需要重点掌握。

第 7 章　钢框架结构设计

本章要点及学习目标

本章要点：

本章主要介绍钢框架结构的三维建模与设计计算过程，包括组合楼盖设计、梁梁和梁柱连接节点设计、框架柱脚的设计等内容以及施工图绘制。

学习目标：

通过本章学习，掌握钢框架结构的三维建模过程、SATWE 计算结果的合理判断、施工图绘制，特别是不同连接方式的梁梁和梁柱节点设计理论区别以及钢与混凝土组合楼盖的构造等相关内容。

钢框架结构（图 7-1）可以采用三维建模，然后接 SATWE、TAT 或 PMSAP 进行三维分析计算，在三维分析结果的基础上，完成三维节点设计与施工图。采用三维分析能够更好地反映结构空间整体受力，而且在进行节点设计的时候，能够考虑空间杆件间的相互关系。当然亦可在三维建模的基础上，通过形成 PK 文件，进入二维分析，再在二维分析的基础上完成平面框架节点设计与施工图。采用二维分析时，可以不经过三维建模，直接通过 "PK 交互输入与修改" 菜单进行二维建模。但对平面框架进行分析时，则不能考虑平面外的作用，节点设计也只能处理对平面内的杆件设计节点连接关系，无法兼顾到平面外杆件的合理连接，故一般采用三维分析。

图 7-1　钢框架实例

7.1　钢框架三维模型建立与计算

下面以具体工程为例，介绍钢框架结构三维设计全过程。

　　[工程概况] 某 2 层办公楼（详见附录Ⅺ），长度 30.0m，宽度 16.0m，底层层高 4.2m，二层层高 3.8m，楼梯跑至屋顶，上人屋面。采用钢框架结构，楼面恒荷载 3.0kN/m²，活荷载 3.0kN/m²，7 度设防，标准层平面图如图 7-2 所示。

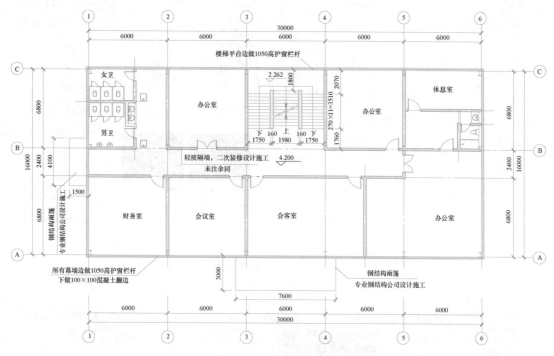

图 7-2　办公楼标准层平面图

7.1.1　三维模型及荷载输入

　　1. 钢框架三维建模

　　首先建立工作目录，进入三维建模主菜单，输入工程名称：GKJ1，确定后就进入三维模型交互输入主菜单，如图 7-3 所示。

　　点"轴网输入"菜单，完成本工程轴线网格。此处与前述第 2 章钢筋混凝土结构的输入方法完全相同。

　　点"楼层定义"下的"柱布置""主梁布置"菜单，进行构件标准截面的定义，然后根据平面布置图，将柱构件布置在节点上（可以输入偏心和布置角度），梁构件布置在网格线上（可以输入偏心，对于斜梁或错层梁可以输入两端相对于标准层的高差）。此处与前述钢筋混凝土结构类似，只不过前者常用矩形截面，而钢结构中，多用 H 形、工形、槽形，方钢管或圆钢管等薄壁构件，如图 7-4 所示。

　　点"楼层定义"下的"本层信息"，输入本标准层信息。板厚是混凝土板厚度（只用于楼板设计，或设置弹性楼板时使用，不用于计算楼板重量产生的荷载），对于组合楼板板厚是指从压型钢板顶面到楼板顶面的厚度，不包含压型钢板的肋高部分。

　　对于组合楼板的布置，则进入"楼层定义"-"楼板生成"-"楼盖定义"，定义和布置组合楼板，详见 7.1.3 节。

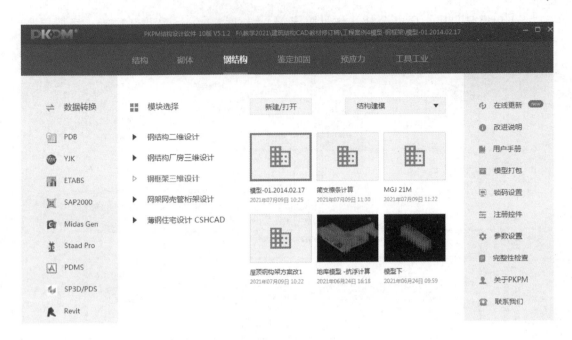

图 7-3　钢框架设计主菜单

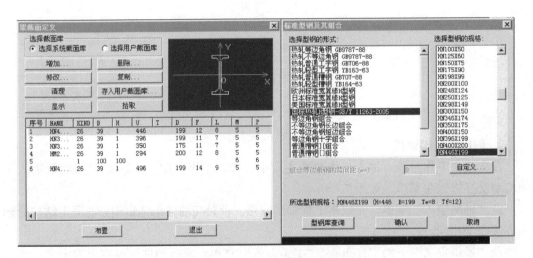

图 7-4　工字钢截面定义与布置示意图

点"荷载输入"菜单，输入当前标准层楼面恒、活荷载、梁上线载等数据，参见第 2 章 2.2 节。

点"设计参数"，定义结构类型、材料、地震、风荷载等计算和绘图参数。本例结构主材采用 Q345B 钢材，因此可以忽略混凝土构件的信息，总信息与材料信息对话框如图 7-5 所示，其他按照实际填写即可，不再赘述。

"楼层组装"，将结构标准层和荷载标准层对应，形成整体结构的实际模型。可以点取"整楼模型"，查看组装以后的全楼模型，如图 7-6 所示。

点"退出"菜单，并"存盘退出"保存数据，完成三维建模。

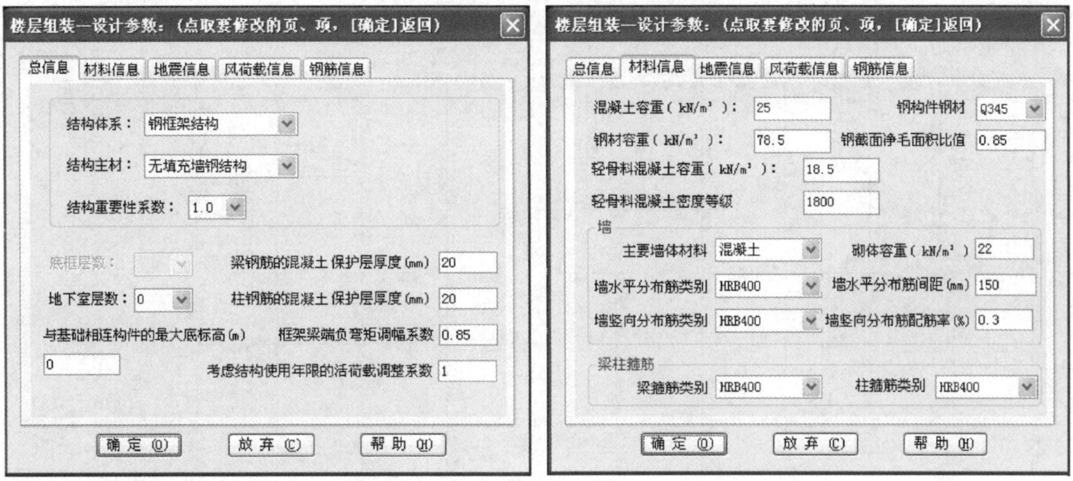

图 7-5 设计参数定义

2. PMCAD平面荷载校核

可以查询荷载布置和导荷计算结果，操作同前述第2章所讲的钢筋混凝土结构。

7.1.2 结构整体分析与构件验算

建模完成后点"前处理及计算"本例接SATWE完成内力分析和构件验算，钢结构与钢筋混凝土结构类似，也需查看整体结构规则性、位移等总信息控制指标，另外还要查看钢构件的强度、稳定、变形等是否满足相应规范要求。

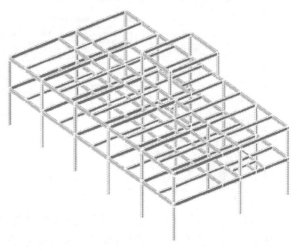

图 7-6 组装后的全楼模型

本例第1标准层的钢梁、钢柱应力简图如图7-7所示。

1. 钢梁强度与稳定验算

每根钢梁的下方都标有"Steel"字符，表示该梁是钢梁。若该梁与刚性铺板相连，不需验算整体稳定，则R2处的数字以"0"代替，钢梁应力输出格式如图7-8所示，本例④轴右侧Y向简支钢梁应力放大显示如图7-7右上角所示。

R1表示钢梁正应力强度与抗拉、抗压强度设计值的比值，本例为0.54，小于1，满足设计要求；

R2表示钢梁整体稳定应力与抗拉、抗压强度设计值的比值，本例为0，表示没有计算，因为楼盖采用压型钢板组合楼盖，可保证钢梁的整体稳定性，不再计算；

R3表示钢梁剪应力强度与抗拉、抗压强度设计值的比值，本例为0.16，小于1，满足设计要求。

2. 钢柱强度与稳定验算

钢柱除各项应力输出之外，还输出轴压比，如图7-7右下角和图7-9所示。

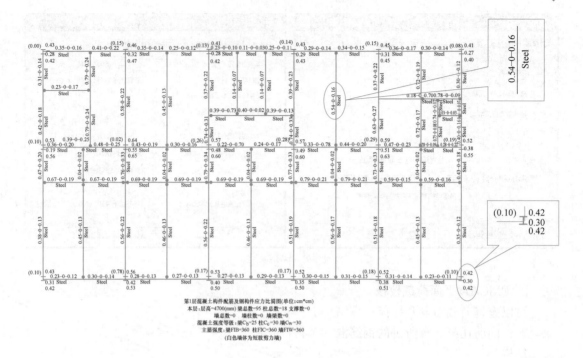

图 7-7　工字钢截面定义与布置示意图

图 7-8　钢梁应力输出　　　　　　　　　　图 7-9　钢柱应力输出

Uc 表示钢柱的轴压比数值，其限值与抗震等级有关；

R1c 表示钢柱正应力强度与抗拉、抗压强度设计值的比值，本例为 0.42，小于 1，满足设计要求；

R2c 表示钢柱整体稳定应力与抗拉、抗压强度设计值的比值，本例为 0.30，小于 1，满足设计要求；

R3c 表示钢柱剪应力强度与抗拉、抗压强度设计值的比值，本例为 0.42，小于 1，满足设计要求。

7.1.3　组合楼盖设计

点"楼层定义"-"楼板生成"-"楼盖定义"，可完成当前标准层的组合楼盖类型定义、施工阶段荷载输入、洞口处压型钢板切断方式等，施工活荷载一般取 $1.5kN/m^2$，本例采用"用户自定义截面库"，定义本工程使用的压型钢板截面参数，如图 7-10 所示。

选择"压板布置"，出现如图 7-11 所示界面，进行组合楼板的布置。可以通过［Tab］键切换到窗口模式，布置多个房间，本例用窗口选择所有房间布置组合楼板。选择完成后，软件会提示"指定一根与压型钢板平行的主梁或墙"，本例压板水平向布置，任意找一水平向的梁，点一下即可。

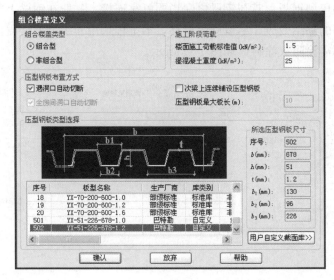

图 7-10　压型钢板组合楼盖定义对话框

7.1.4　组合楼盖施工图实例

组合楼盖类型可以分为组合型和非组合型两种，非组合型楼盖中压型钢板仅作为永久性模板，不考虑与混凝土共同工作；而组合型楼板不但用作永久性模板，而且在正常使用阶段作为混凝土板的下部受拉钢筋与混凝土共同工作形成组合作用。

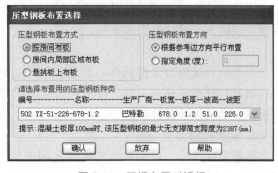

图 7-11　压板布置对话框

两种类型的组合楼盖各有特点，对于非组合型楼板、压型钢板可选用光面开口的板型，仅用于施工模板，可不涂防火涂料，使用阶段按普通混凝土楼盖设计；而对于组合型楼盖，压型钢板必须选用带纵向波槽、压痕的板型或设横向抗剪钢筋，或选用闭口型（当板底不涂防火涂料时，仅可考虑凹槽内压型钢板的替代钢筋作用）压型钢板，如图 7-12 所示，使其能与混凝土板共同作用，提高楼板的刚度。

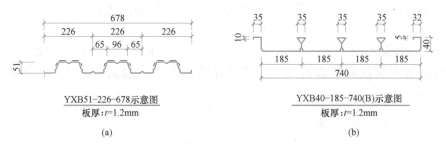

图 7-12　开口型和闭口型压型钢板
（a）开口型；（b）闭口型

无论选用何种形式的压型钢板，其与钢梁之间均要可靠连接，一般在钢梁上翼缘焊接抗剪栓钉，增加两者之间的黏结效应，尽量避免滑移，本工程采用非组合型楼盖，压型钢板仅起模板作用，并且不需涂防火涂料，如图 7-13 所示。

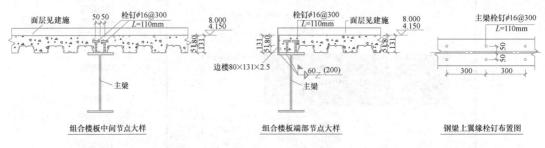

组合楼板中间节点大样　　　　　　组合楼板端部节点大样　　　　　　钢梁上翼缘栓钉布置图

图 7-13　压型钢板组合楼盖示意图

7.2　全楼节点设计

在整体计算满足规范要求的前提下，进行全楼连接节点设计并绘制施工图，目前软件能够完成的节点设计类型如下：

1. 梁柱连接节点设计

可完成焊接组合工形截面、普通工字钢、H 形、箱形、圆钢管、十字形、双槽钢口对口或背对背截面柱与工形、H 形截面梁的梁柱节点进行设计，也可完成 H 形钢梁与混凝土柱、墙的连接设计。

2. 梁梁连接节点

能够完成工形、H 形截面主次梁之间的简支铰接或连续梁节点设计，亦能够完成槽钢次梁与 H 形主梁的铰接连接设计。

3. 柱拼接设计

能够完成焊接组合 H 形、普通工字钢、H 形钢、箱形、圆钢管和十字形截面柱的拼接设计。

4. 梁拼接设计

能够完成焊接组合 H 形、普通工字钢、H 形钢截面的梁拼接设计。

5. 支撑连接设计

能够完成 H 形、角钢及组合、槽钢及组合、圆管截面支撑连接设计。

6. 柱脚设计

能够完成焊接组合 H 形、普通工字钢、箱形、圆钢管、十字形、双槽钢口对口和双槽钢背对背截面柱的柱脚设计，能够设计的柱脚类型包括外露式、外包式和埋入式等。

7.2.1　设计参数定义

点取"设计参数定义"即进入三维节点设计参数定义对话框，需要填写的节点设计控制参数项目包括：施工图参数、抗震调整系数、连接板厚度、连接设计参数、梁柱节点连接形式、柱脚节点形式、梁梁连接形式等。

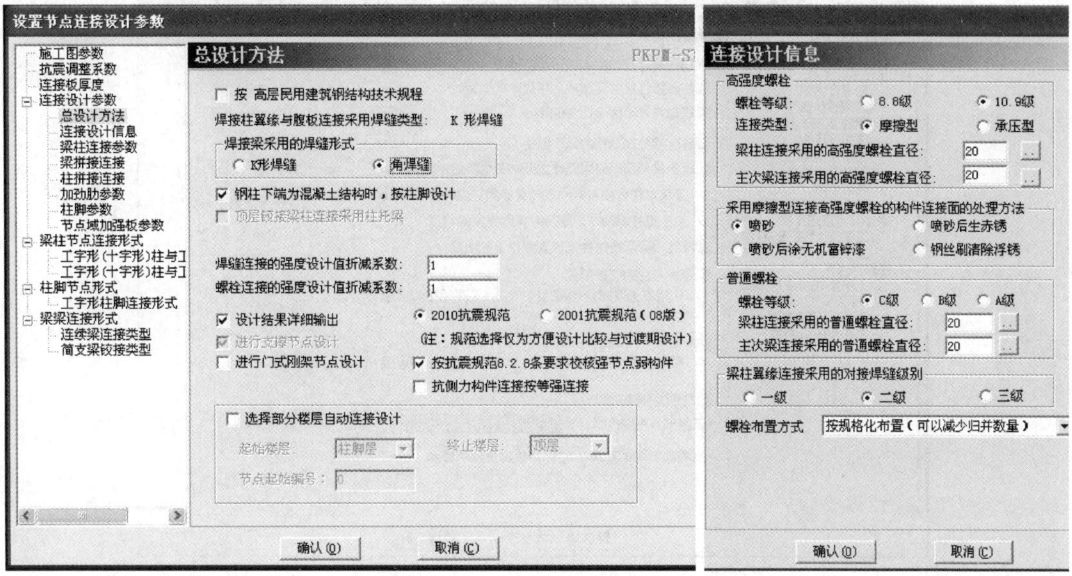

图 7-14 连接总设计方法与信息

连接总设计方法按相应规范执行，当翼缘塑性惯性矩在整个截面塑性惯性矩中所占的比例不小于 0.7 时，采用常用设计法：全部弯矩由翼缘承担，全部剪力由腹板承担，不考虑腹板承担弯矩。

梁截面、柱截面的拼接设计以及支撑连接节点设计程序自动采用等强度设计法。

当梁或柱截面采用 K 形对接焊缝连接时，其焊缝的连接强度认为和板材强度相同，不需要作焊缝的强度验算。当采用角焊缝连接时，需要对角焊缝进行设计。

连接设计信息是指工程中所采用的高强度螺栓和普通螺栓的直径和等级，对于摩擦型高强螺栓连接，还需确定构件接触面的处理方法；梁柱翼缘连接采用的对接焊缝级别以及螺栓的布置方式等，如图 7-14 所示。

7.2.2 梁柱连接节点设计

梁柱连接的控制参数是定义梁柱连接节点设计时的参数，本工程选用的各项参数如图 7-15 所示。

1. 工字形（或十字形、双槽钢背对背）柱与工形梁连接节点

1）固接连接

（1）强轴连接形式

① 梁翼缘采用对接焊缝，腹板采用单或双连接板与工字形柱强轴连接。梁腹板连接板采用角焊缝与柱连接，采用高强度螺栓与梁腹板连接。

② 梁翼缘采用对接焊缝，腹板采用角焊缝与工字形柱强轴连接，在距柱中心的一定位置进行梁的拼接。

（2）弱轴连接形式

① 梁翼缘采用对接焊缝与柱水平加劲肋连接，腹板采用连接板与工字形柱腹板连接。

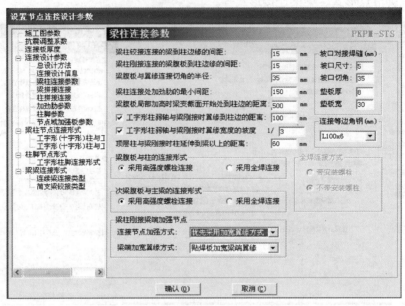

图 7-15　梁柱连接参数设置对话框

② 梁翼缘采用对接焊缝，腹板采用角焊缝与工字形柱弱轴连接，在距柱中心的一定位置进行梁的拼接。

本工程梁柱连接强轴和弱轴方向均采用固接，如图 7-16 所示。

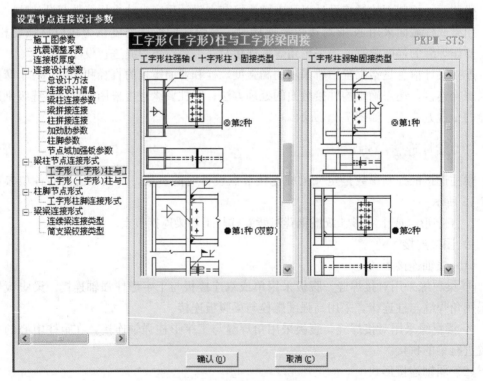

图 7-16　工形梁柱固接连接

2）铰接连接

实际工程中框架梁柱多采用刚接，铰接应用不多，此处不再介绍。

2. 钢管柱与工形梁连接节点

1）铰接连接

梁腹板采用单或双连接板与钢管柱连接。梁腹板连接板采用角焊缝和钢管柱翼缘连接，采用高强度螺栓与梁腹板连接。梁采用梁托与钢管柱连接。

两种连接方式如图 7-17（a）所示。

2）刚接连接

梁翼缘采用对接焊缝，腹板采用角焊缝与钢管柱柱壁连接，在距柱中心的一定位置进行梁的拼接，如图 7-17（b）所示。

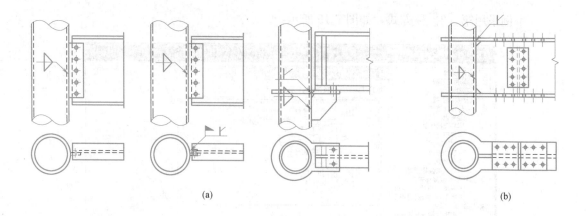

图 7-17 钢管柱与工形梁连接
（a）铰接；（b）刚接

此外还有十字形柱与工形梁连接节点、混凝土柱（或剪力墙）与工形钢梁连接节点等，此处不再赘述。

7.2.3 梁梁连接节点设计

1. 工字形（或单槽钢）截面简支次梁和工字形截面主梁的连接设计

程序可设计 4 种铰接连接类型。每种类型中的连接板的长度和宽度按螺栓连接的构造要求确定，连接板的厚度以及连接高强度螺栓则由计算确定，读者可参照相应规范执行。

（1）次梁采用等边角钢与主梁腹板连接。等边角钢与次梁腹板和主梁腹板均采用高强度螺栓连接，如图 7-18（a）所示。

（2）次梁与主梁腹板加劲肋连接，次梁腹板与主梁加劲肋采用高强度螺栓连接，如图 7-18（b）所示。

（3）次梁采用连接板与主梁腹板连接，连接板采用角焊缝与主梁的翼缘和腹板连接，连接板与次梁腹板采用高强度螺栓连接，如图 7-18（c）所示。

（4）次梁采用双连接板与主梁加劲肋连接，主梁加劲肋采用角焊缝与主梁的翼缘和腹板连接，加劲肋和次梁腹板与双连接板采用高强度螺栓连接，如图 7-18（d）所示。

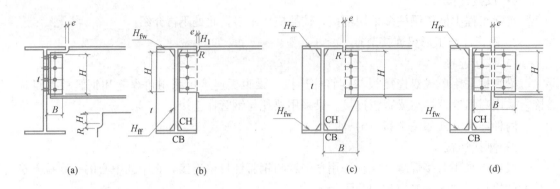

| (a) | (b) | (c) | (d) |

图 7-18　次梁与主梁铰接连接

本例采用第（2）种方式，如图 7-19 所示。

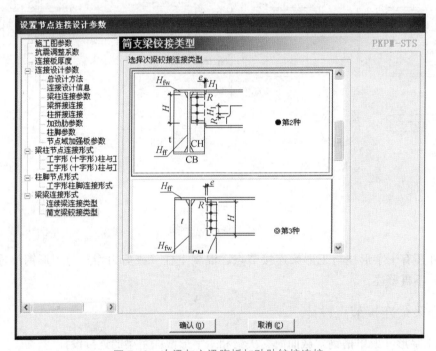

图 7-19　次梁与主梁腹板加劲肋铰接连接

2. 工字形截面连续次梁和工字形截面主梁的连接设计

此时，次梁根部腹板的连接高强度螺栓需按弯剪螺栓群进行验算。目前，程序可设计 3 种连续连接类型。

（1）次梁腹板与主梁加劲肋采用高强度螺栓连接，主梁加劲肋与次梁腹板采用角焊缝连接；次梁的翼缘采用连接板等强度相连，如图 7-20（a）所示。

（2）次梁采用双连接板与次梁腹板和主梁加劲肋连接，双连接板与次梁的腹板和主梁加劲肋采用高强度螺栓连接，主梁加劲肋与腹板采用角焊缝连接；次梁的翼缘采用连接板等强度相连，如图 7-20（b）所示。

（3）次梁翼缘采用对接焊缝与主梁连接，腹板采用角焊缝与主梁连接。在次梁的反弯

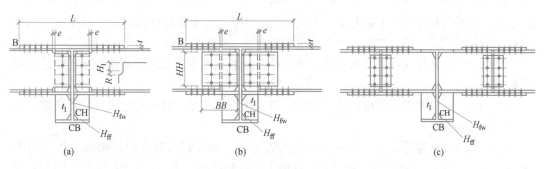

图 7-20 次梁与主梁连续连接

点处进行次梁截面的等强度拼接，如图 7-20（c）所示。

7.2.4 柱脚设计

柱脚亦分铰接和刚接两种，在 STS 软件中，对于刚接柱脚中的埋入式和包脚式，仅考虑柱脚底板的长宽和厚度、栓钉的设置和埋入深度。对所涉及的混凝土和钢筋（焊钉计算除外）的描述和计算，以及锚栓的锚固长度和固定架等，软件均未考虑。

1. 铰接柱脚设计

铰接柱脚是指仅承受轴心压力和水平剪力，而不能承受弯矩的柱脚，如图 7-21 所示。

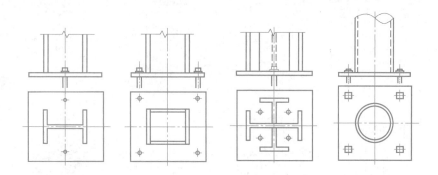

图 7-21 铰接柱脚

柱脚锚栓：仅起定位作用，锚栓不约束翼缘，因弯矩为零，故也就不存在弯矩下锚栓受拉的情况，所以只需针对轴拉力验算锚栓受拉即可。同时锚栓不能用来承受柱脚底部的水平剪力，柱脚底部的水平剪力由柱脚底部与其下部的混凝土之间的摩擦力来抵抗，此时，其摩擦力 V_{fb}（抗剪承载力）必须符合下式要求，即：

$$V_{fb} = 04N \geqslant V \tag{7-1}$$

当不能满足上式要求时，需要设置抗剪连接件。

锚栓垫板：厚度可取底板厚度的 0.5～0.7 倍，同时需要注意厚度规格化的要求。一般锚栓垫板开孔较锚栓直径大 5mm 左右。

柱脚底板：长宽厚均需通过计算确定，底板板厚一般不宜小于柱截面的较厚板厚度，且不小于 20mm。

柱脚加劲肋：厚度不宜小于 12mm，高度不小于 250mm，同时还应满足板件的宽厚比要求，程序内置宽厚比上限是 $18\sqrt{235/f_y}$。对于悬臂布置的柱脚加劲肋程序还会进行切角，切角的尺寸一般为宽度一半和高度一半。

焊缝：加劲肋与柱身采用角焊缝连接，柱身与底板刨平顶紧后采用角焊缝连接或对接焊缝连接。

抗剪键：抗剪键可采用槽钢或工字钢，与底板焊接连接，具体尺寸需按计算确定。

2. 刚接柱脚

刚接柱脚可分为外露式、外包式和埋入式三种，其柱脚构造不同，如图 7-22～图 7-24 所示分别为工形、圆钢管、箱形截面柱的上述三种柱脚形式，（a）和（b）分别为不带锚栓顶板和带锚栓顶板的外露式刚接柱脚；（c）为埋入式刚接柱脚类型；（d）为外包式刚接柱脚。

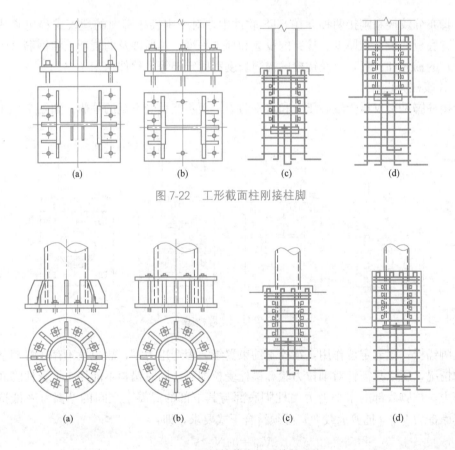

（a）   （b）   （c）   （d）

图 7-22   工形截面柱刚接柱脚

图 7-23   圆钢管截面柱刚接柱脚

1）外露式柱脚

（1）构造要求

锚栓、底板、加劲肋、焊缝构造同铰接柱脚。加劲肋上盖板厚度一般取 0.6 倍的底板厚度，同时满足规格化板厚要求。

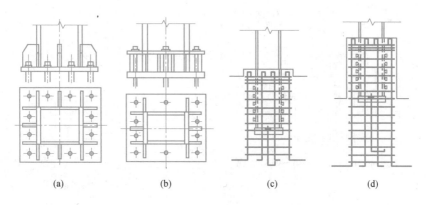

图 7-24　箱形截面柱刚接柱脚

（2）验算内容

锚栓、底板、加劲肋、焊缝等，参考相应规范执行，本工程选用外露式刚接柱脚，人机交互对话框如图 7-25 所示，STS 可对全楼柱脚进行设计，并出施工图，本工程Ⓐ轴交③轴的柱脚如图 7-26 所示。

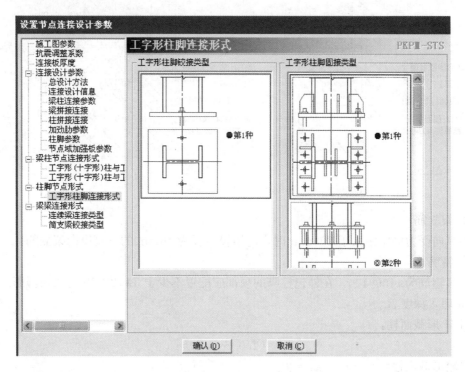

图 7-25　柱脚形式对话框

2）外包式柱脚

（1）构造要求

底板、锚栓、加劲肋可参考铰接柱脚相应的构造要求。

外包短柱每边受力筋配筋率应大于 0.2%，且四角角筋不宜小于 4Φ22，即每个角至少一根Φ22。

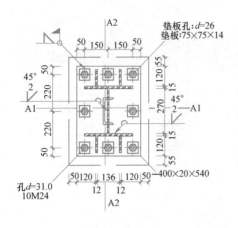

DZ1柱底预埋件详图　　　　　　柱脚轴测图

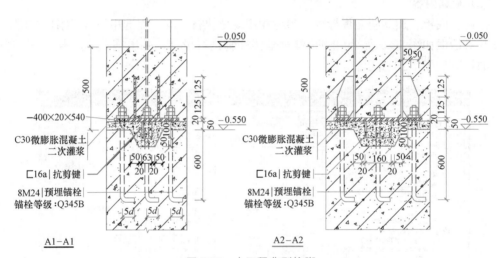

图 7-26　本工程典型柱脚

① 架立筋

当纵向受力筋中距大于 200mm 时，应增设直径为 16mm 的垂直纵向架立筋。

② 箍筋

一般箍筋为Φ10@100，在外包柱脚的顶部应配置不少于 3Φ12@50 的加强箍筋。

③ 埋入深度 B

对 H 形截面柱：

$$S_d = (2.0 \sim 2.5)h_c \tag{7-2}$$

对箱形截面柱：

$$S_d = (2.5 \sim 3.0)h_c \tag{7-3}$$

式中　h_c——钢柱的截面高度。

④ 栓钉

焊于钢柱埋入部分的抗剪圆柱头焊钉，应按要求确定。但对 H 形截面柱强轴左右两侧的翼缘、箱形截面柱两轴的每侧、圆管形截面柱两轴的每侧（90°扇面），其圆柱头焊钉数目不宜小于 8Φ16；焊钉杆长度可在 $4d \sim 6d$ 的范围内采用（d 为焊钉直径）；圆柱头焊

钉直径可在 φ13、φ16、φ19、φ22 中采用，通常采用 φ13 和 φ19。

（2）验算内容

① 受力筋、箍筋、栓钉等的验算，可参见钢结构教材中的相关内容。

② 锚栓只按构造设置，不考虑其受力。但尚应能承受未浇筑混凝土前由自重及施工荷载可能产生的拉力。

③ 底板。考虑柱脚实际是一个钢-混凝土的组合体，来自于钢柱的轴压力通过柱身的抗剪连接件及混凝土界面的摩擦力传递给了混凝土部分，所以实际传递给柱底的轴力应小于柱的轴力。

3）埋入式柱脚

（1）构造要求

构造要求都同外包式柱脚。

（2）验算内容

验算内容均同外包式柱脚，但需要注意验算时所采用的弯矩取值不同，参见相关规范。

7.3　钢框架结构施工图实例

根据设计要求，选择"画三维框架设计图"，"画三维框架节点施工图"，或者选择"画三维框架构件施工详图"。节点设计和施工图部分自动化程度较高，用户根据程序的菜单提示即可完成。

本工程全套完整的建筑施工图和结构施工图详见附录Ⅺ。

本章小结

钢框架的三维建模过程与钢筋混凝土结构类似，全楼建模完成后需要进入结构计算模块（如 SATWE）进行全楼内力分析以及钢梁、钢柱等构件的设计。

全楼连接节点（包括梁柱、梁梁）设计以及钢柱柱脚设计，需要进入 STS 模块操作；组合楼盖设计在 PMCAD 中完成。通过本章学习，全面掌握钢框架结构的设计过程以及全套施工图（详见附录Ⅺ）的内容。

第 8 章　JCCAD——基础设计

本章要点及学习目标

本章要点：

JCCAD 是 PKPM 结构系列软件中功能较为复杂的模块，它可以完成各类基础设计，并进行施工图绘制（平面图、详图及剖面图等）。

学习目标：

通过本章的学习，熟悉 JCCAD 设计模块，掌握各类基础的设计过程及设计理念，并能绘出相应的施工图。

8.1　JCCAD 简述

JCCAD 可以读取上部结构设计软件生成的各种信息，即从 PMCAD、SATWE、STS 等建模软件生成的数据库中自动提取上部结构与基础相连的各层柱网、轴线、墙、柱、支撑布置信息，并自动或交互完成工程实践中常用的各类基础设计。进入 PKPM 后，选择 <结构>选项卡中的基础设计模块，主界面如图 8-1 所示。

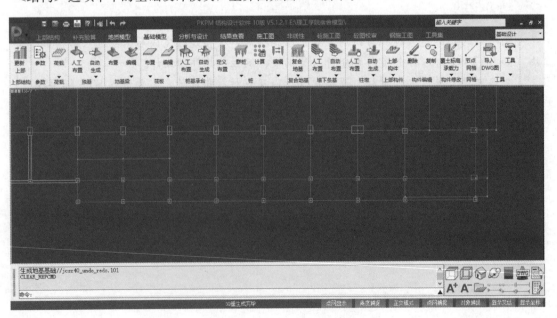

图 8-1　JCCAD 主界面

8.1.1　JCCAD 软件菜单功能介绍

1. 地质模型

提供直观快捷的人机交互方式输入地质资料，输入勘察设计单位提供的地质资料，用作基础沉降计算和桩的各类计算。

2. 基础模型

可以根据荷载和相应 JCCAD 参数自动生成柱下独立基础、墙下条基及桩承台基础，也可以交互输入筏板、基础梁、桩基础等信息。

3. 分析与设计

读取建模数据进行处理生成设计模型，并提供设计模型的查看与修改。对设计模型进行网格划分并生成进行有限元计算所需数据。分析模型的单元、节点、荷载等；桩土刚度的查看与修改。进行有限元分析，计算位移、内力、桩土反力、沉降等。对独基、承台按照规范方法设计；对各类采用有限元方法计算的构件根据有限元结果进行设计。

4. 结果查看

主要适用于查看各种有限元计算结果，包括"位移""反力""弯矩""剪力"。同时根据规范的要求提供各种设计结果，主要包括"承载力校核""设计内力"及"配筋""沉降""冲切剪切""实配钢筋"，另外软件提供了文本显示功能："构件信息""计算书""工程量统计"。

5. 基础施工图

用于绘制各类基础的施工图。

8.1.2　JCCAD 的操作步骤

利用 JCCAD 模块进行基础设计的步骤如下：

1)【基础模型】菜单，根据荷载和相应的参数自动生成柱下独立基础、墙下条基、桩承台基础，或者交互输入筏板、基础梁、桩基础的截面和位置信息。柱下独基、桩承台、墙下条基等基础在本菜单中即可完成全部建模、承载力、冲切、配筋等计算；地基梁、桩基础、筏板基础在此菜单中完成模型布置，再用后续的分析与设计模块进行基础设计。

2)【分析与设计】菜单，完成各种类型基础的分析设计及沉降计算。

3)【结果查看】菜单，用于查看各种分析计算结果，可根据计算结果来调整相应的设计。

4)【基础施工图】菜单，完成以上各类基础的施工图绘制。

需要注意的是，在进入 JCCAD 模块前，必须完成 PMCAD 的建模及荷载导算，并采用上部结构分析程序完成内力计算；如上部结构有改动，应执行"更新上部结构"。

8.2　地质模型输入

8.2.1　地质资料输入

地质资料是对建筑物周围场地地基状况的描述，是基础设计的主要依据。如果进行沉降计算，必须进行地质资料数据的输入。在桩基基础设计时，如果需要自动计算桩的承载力，也需要输入地质资料数据。在使用JCCAD模块进行基础设计时，设计者必须把建筑场地的各个勘测孔的平面坐标、竖向土层标高和各个土层的物理力学指标等信息在地质资料文件中描述清楚。地质资料文件可以通过人机交互方式生成，也可用文本编辑工具直接填写。

JCCAD可以把设计者提供的勘测孔的平面位置自动生成平面控制网格，并以函数插值方法求得基础设计所需要的任意处的竖向各个土层的标高和物理力学指标，并可形象地观察平面上任意一点的土层分布和土层的物理力学参数。

由于用处不同，对土的物理力学信息要求也不同。JCCAD中地质资料分为两类：有桩地质资料和无桩地质资料。有桩地质资料包含土的压缩模量、重度、土层厚度、状态参数、内摩擦角、黏聚力，每层六个参数；无桩地质资料只需压缩模量，每层一个参数。

8.2.2 菜单功能介绍

地质资料主界面显示交互生成地质资料文件状态，其菜单如图8-2所示。

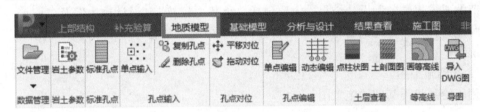

图8-2 地质资料菜单

1. 土参数

用于设定各类土的物理力学性质。选择【土参数】命令后，程序会弹出如图8-3所示的默认参数表。表中列出了19种常见的岩土的类号、名称、压缩模量、重度、内摩擦角、黏聚力、状态参数，设计者可在此表中选用、修改。特别是需要用到的土层的参数，修改后保存即可。桩基础需要输入压缩模量、重度、土层厚度、状态参数、内摩擦角、黏聚力六个参数。无桩基础有沉降计算要求时，只需输入压缩模量参数即可；无桩基础无沉降计算要求时，可以不进行【地质资料输入】操作。

2. 标准孔点

用于生成土层参数表——描述建筑物场地地基土的总体分层信息，作为生成各个勘测孔柱状图的模板（地基土层的分层数据）。所谓"标准孔点"就是能够包含大多数孔点土层分布情况的典型孔点。首先可以先按着该孔点土层布置确定所有孔点的位置，再逐一修改孔点土层。每层土的参数包括层号、土名称、土层厚度、极限侧摩擦力、极限桩端阻力、压缩模量、重度、内摩擦角、黏聚力、状态参数10个信息。选择【标准孔点】命令，程序弹出如图8-4所示的土层参数表对话框，用于生成各勘测孔柱状图的地基土分层参数，依照地质勘察报告输入。需要注意的是程序允许同一土层名称在土层参数表中多次出现；同一建筑场地的各个勘测孔应有相同的土层数，如有局部夹层，使某孔点没有某土层时，该土层厚度输入"0"，以保持各勘测孔土层总数相同。

图 8-3　默认土参数表

图 8-4　土层参数表

图 8-5　导入 DWG 图菜单

3. 导入孔位

若地质资料报告中包含 Auto Cad 格式的钻孔平面图，设计者亦可导入该图作为底图，用来参照输入孔点的位置，以方便孔点的定位。其菜单如图 8-5 所示，点击【基础模型】菜单中的【导入 DWG 图】，将画好的钻孔平面图插入到当前显示图中，屏幕上会弹出如图 8-6 所示的对话框，即可选择已存在的钻孔平面图。

图 8-6　导入 DWG 底图对话框

孔点选取可以按层选取也可以单点选取，然后点击【选择钻孔】按钮在右边的平面图里选择孔点。孔点选择完毕后点击鼠标右键，在弹出的对话框中选择【完毕】，然后在【导入图形放大倍数】对话框中输入导入图形的比例，通过输入的比例控制导入图形放大或者缩小的倍数，设置完毕后点【选择基准点】选择插入的基准点，并且点击【导入】，完成孔位的导入。

4. 输入孔点

设计者可用导入 DWG 底图并参照底图上孔点来描述点的方式输入孔点坐标，也可以手动输入各个孔点的坐标。选择【输入孔点】命令，设计者可以用光标依次输入各个孔点的相对位置。孔点一旦生成，其土层分层数据自动取【标准孔点】中"土层参数"的内容。

5. 复制孔点

用于土层参数相同勘测点的土层设置，也可以将对应的土层厚度相近的孔点用该命令进行输入，然后再编辑孔点参数。

6. 删除孔点

用于删除多余勘测点。

7. 单点编辑

单击需要修改的孔点，程序会弹出该孔点的土层参数表对话框，如图 8-7 所示，即可修改相关参数。

8. 动态编辑

1号孔点土层参数表　　　　　　　　　　　　　　— □ ×

↶　↷　删除　　　（孔口标高(m)：3.56　□用于所有点)　　（探孔水头标高(m)：2.16　用于所有点□）　　孔口坐标(x)：X= 168.13　　孔口坐标(y)：Y= -14.22

层号	土层类型	土层底标高 (m)	压缩模量 (MPa)	重度 (kN/m3)	内摩擦角 (°)	黏聚力 (kPa)	状态参数	状态参数含义	土层序号	
		□用于所有点	□用于所有点	□用于所有点	□用于所有点	□用于所有点	□用于所有点		主层	亚层
1	填土	2.76	10.00	20.00	15.00	0.00	1.00	定性/-IL	1	0
2	黏性土	1.56	10.00	18.00	5.00	10.00	0.50	液性指数	1	0
3	淤泥质土	-0.14	3.00	16.00	2.00	5.00	1.00	定性/-IL	1	0
4	粉砂	-4.44	12.00	20.00	15.00	0.00	25.00	标贯击数	1	0
5	粉砂	-6.74	12.00	20.00	15.00	0.00	25.00	标贯击数	1	0
6	淤泥质土	-11.54	3.00	16.00	2.00	5.00	1.00	定性/-IL	1	0
7	粉砂	-13.24	12.00	20.00	15.00	0.00	25.00	标贯击数	1	0
8	黏性土	-14.94	10.00	18.00	5.00	10.00	0.50	液性指数	1	0
9	黏性土	-18.34	10.00	18.00	5.00	10.00	0.50	液性指数	1	0
10	粉砂	-21.94	12.00	20.00	15.00	0.00	25.00	标贯击数	1	0
11	粉砂	-25.44	12.00	20.00	15.00	0.00	25.00	标贯击数	1	0
12	粉土	-27.04	20.00	20.00	15.00	2.00	0.20	孔隙比e	1	0
13	黏性土	-28.94	10.00	18.00	5.00	10.00	0.50	液性指数	1	0
14	粉土	-30.44	20.00	20.00	15.00	2.00	0.20	孔隙比e	1	0
15	风化岩	-40.44	10000.00	24.00	35.00	30.00	100.00	单轴抗压 MPa	1	0
16	中风化岩	-50.44	20000.00	24.00	35.00	30.00	160.00	单轴抗压 MPa	1	0

确定　　取消

图 8-7　1号孔点土层参数表

动态编辑是一种孔点的图形交互编辑方式，更加直观方便。设计者选择要编辑的孔点后，程序可以按照点状图和孔点剖面图两种方式显示选中的孔点土层信息，设计者也可以在图面上修改孔点土层的信息，将修改的结果直观地反映在图面上，方便理解和使用。

选择【动态编辑】命令，用光标单击若干要修改的孔点，右击确定，即可进入孔点编辑界面，其菜单如图 8-8 所示。

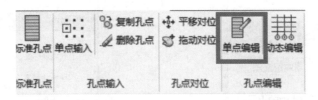

图 8-8　动态编辑右侧菜单

1) 剖面类型

设计者可以通过此命令在两种显示方式"孔点柱状图"和"孔点剖面图"中切换。

2) 孔点编辑

进入孔点编辑状态，将鼠标移到要编辑的土层之上，土层会动态加亮显示，表示当前是对土层操作，如添加土层，编辑土参数，删除土层，将鼠标移到要编辑的土层中间位置时，土层间会动态加亮显示，表示当前是对土层间可操作，如添加土层、孔点信息、0 厚度的土层参数修改，如果操作者想编辑当前选中的土层，右击弹出菜单选择相应的修改功能即可。

【结束编辑】返回上级菜单。

【添加土层】可以在当前土层之上添加新的土层。

【修改土层】可以修改当前土层的参数 ，输入参数对话框如 8-9 所示。

层号	土层类型	土层底标高(m)	压缩模量(MPa)	重度(kN/m3)	内摩擦角(°)	黏聚力(kPa)	状态参数	状态参数含义	土层序号 主层	土层序号 亚层	
		□用于所有点	□用于所有点	□用于所有点	□用于所有点	□用于所有点	□用于所有点				
1	填土	2.76	10.00	20.00	15.00	0.00	1.00	定性/-IL	1	0	
2	黏性土	1.56	10.00	18.00	5.00	10.00	0.50	液性指数	1	0	
3	淤泥质土	-0.14	3.00	16.00	2.00	5.00	1.00	定性/-IL	1	0	左
4	粉砂	-4.44	12.00	20.00	15.00	0.00	25.00	标贯击数	1	0	
5	粉砂	-6.74	12.00	20.00	15.00	0.00	25.00	标贯击数	1	0	
6	淤泥质土	-11.54	3.00	16.00	2.00	5.00	1.00	定性/-IL	1	0	左
7	粉砂	-13.24	12.00	20.00	15.00	0.00	25.00	标贯击数	1	0	
8	黏性土	-14.94	10.00	18.00	5.00	10.00	0.50	液性指数	1	0	左
9	黏性土	-18.34	10.00	18.00	5.00	10.00	0.50	液性指数	1	0	
10	粉砂	-21.94	12.00	20.00	15.00	0.00	25.00	标贯击数	1	0	
11	粉砂	-25.44	12.00	20.00	15.00	0.00	25.00	标贯击数	1	0	左
12	粉土	-27.04	10.00	20.00	15.00	2.00	0.20	孔隙比e	1	0	
13	黏性土	-28.94	10.00	18.00	5.00	10.00	0.50	液性指数	1	0	左
14	粉土	-30.44	10.00	20.00	15.00	2.00	0.20	孔隙比e	1	0	
15	风化岩	-40.44	10000.00	24.00	35.00	30.00	100.00	单轴抗压 MPa	1	0	
16	中风化岩	-50.44	20000.00	24.00	35.00	30.00	160.00	单轴抗压 MPa	1	0	

孔口标高(m): 3.56　□用于所有点　探孔水头标高(m): 2.16　用于所有点□　孔口坐标(m): X= 168.13　孔口坐标(m): Y= -14.22

图 8-9　修改土层参数

【删除土层】完成当前操作，操作者可以在如图 8-10 所示的对话框中选择删除的方式。

【孔点信息】操作者可以在如图 8-11 所示的对话框中修改当前孔点的坐标、标高等信息。

图 8-10　删除土层对话框

图 8-11　孔点编辑对话框

需要注意的是如果土层间有 0 厚度的土层存在，当选中土层间后，鼠标右侧菜单会出现【0 厚度编辑】菜单，可以选择【0 厚度编辑】/【0 厚度土层】命令进行编辑。

　　3）标高拖动

　　进入孔点土层标高拖动修改状态，设计者可以拾取土层的顶标高进行拖动修改土层的厚度，当鼠标移动到土层顶标高时，程序会自动拾取土层的顶标高，如图 8-12 所示。若有多层 0 厚度土层，程序会动态加亮显示土层顶标高，单击左键确认拖动当前的选中状态，移动鼠标，程序自动显示当前鼠标位置处的标高，单击左键确认完成土层标高的拖动。完成土层的编辑、添加、删除等操作后，程序会根据修改结果重新绘图。以上操作是在孔点柱状图显示下进行的，孔点剖面图的操作与上面的操作类似。

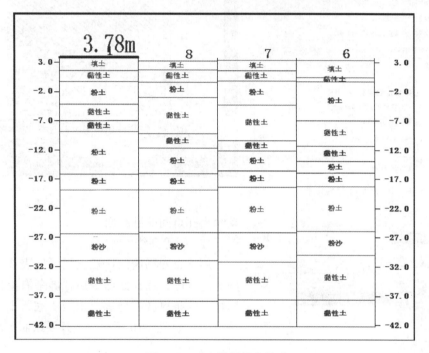

图 8-12　动态编辑标高拖动

　　9. 点柱状图

　　用于查看场地上任意点的土层柱状图，其菜单如图 8-13 所示。进入菜单后，光标连续点取平面位置的点，右击、屏幕上即可显示出这些点的土层柱状图。

　　1）桩承载力

　　选择此命令，程序会弹出如图 8-14 所示的对话框，操作者应输入相关项信息。

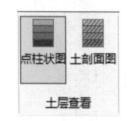

图 8-13　点柱状图菜单

　　2）生成计算书

　　选择此命令，程序会弹出如图 8-15 所示对话框，单击【输出】按钮即可生成计算书。

　　10. 土剖面图

　　用于观看场地上任意剖面的地基剖面图。

　　11. 孔点剖面

　　选择此命令进入绘制孔点剖面状态，操作者点取选择要绘制剖面图的孔点，程序会自

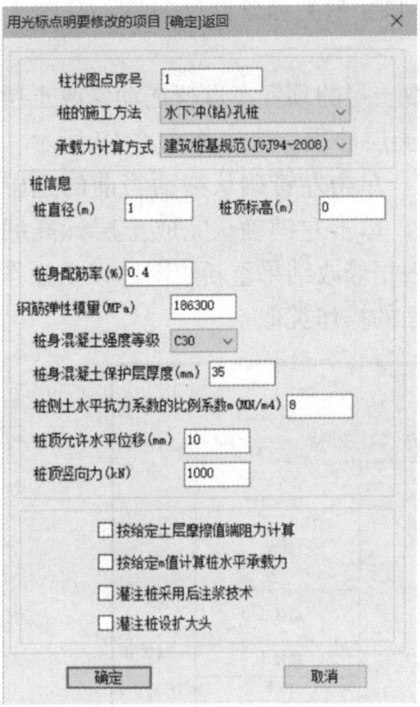

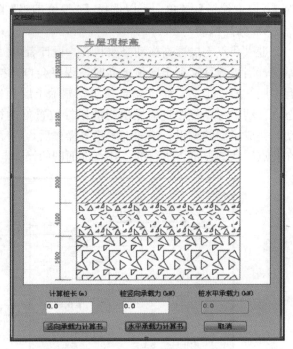

图 8-14　桩承载力对话框

图 8-15　计算书输出对话框

动绘出孔点间的剖断面。

12. 画等高线

用于查看场地的任意土层、地表或水头标高的等高线图。选择此命令后，屏幕右上角的对话框显示的条目区有地表、土层 1 底、土层 2 底等条目项，如图 8-16 所示。选择要绘制等高线的条目，即可显示出等高线图。

8.2.3　工程实例

土质分布情况见表 8-1。

1. 选择 JCCAD 主菜单【地质模型】，单击【文件管理】按钮，点击【打开 DZ 文件】。程序会弹出如图 8-17 所示的对话框，输入一个文件名，单击【打开】按钮，即可进入地质资料交互输入界面。

2. 选择【标准孔点】命令，程序会弹出默认的"土层参数表"对话框，将土层厚度按实际数据输入即可。

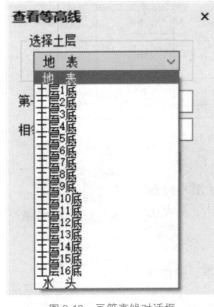

图 8-16　画等高线对话框

3. 单击对话框右侧的【添加】按钮，程序会自动添加一个新的土层，单击土层类型中的三角按钮，在下拉菜单中选择相应的土类型，修改土层厚度、极限侧摩阻力、极限桩端阻力、重度为实际地质资料给出的数值。用同样的方法添加其他土层，结果如图 8-18 所示。

某钢筋混凝土框剪结构青年教工宿舍所在场地的土质分布情况　　表 8-1

序号	岩土分类	天然重度（kN/m³）	土层距地表深度（m）	厚度（m）	地基承载力特征值 f_{ak}（kPa）	桩端阻力 q_a（kPa）	桩周摩擦力 q_s（kPa）
1	素填土	17	0.56	0.56			
2	黏质粉土	18.2	1.5	0.91	90		25
3	淤泥质粉质黏土	17.2	4.06	2.58	70		18
4	砂质粉土	18	8.1	4.04	115		35
5	砂质粉土	18.1	12.36	4.26	155		50
6	粉砂	18.2	16.3	3.91	220	3400	65
7	黏质粉土	18.2	17.25	0.95	110		30
8	淤泥质粉质黏土	17.4	21.74	4.49	65		20
9	黏质粉土	18.2	25.89	4.19	125		30
10	砂质粉土	18.4	27.91	2.02	130		50
11	黏质粉土	18.2			200		30
12	粉砂						70

图 8-17　选择地质资料文件对话框

4. 选择【输入点孔】命令，在命令行输入孔点坐标精确布置孔点，假设布置 5 个孔点，它们坐标为"0，0""0，9000""18000，0""0，−9000""−9000，4500"，生成如图 8-19 所示的网格图。

5. 选择的【动态编辑】命令，用光标依次单击 1、2、3、4 号孔点，右击确定，即可进入孔点编辑界面，孔点剖面图如图 8-20 所示。选择【剖面类型】命令，孔点柱状图如图 8-21 所示。

图 8-18　土层参数表

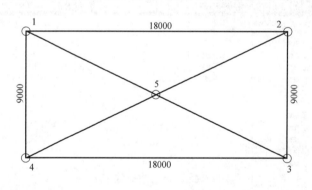

图 8-19　孔点网格图

6. 选择【标高拖动】命令，进入孔点土层标高拖动状态，单击 2 号孔点填土与粉土的分界线，屏幕上即显示粉土顶标高为 −0.56m，拖到 −0.86m，依同样的方式可以拖动淤泥质土的底标高到 −3.54m。其余的不变。修改后的孔点剖面图如图 8-22 所示，选择【剖面类型】命令，修改后的孔点柱状图如图 8-23 所示。

7. 选择【点柱状图】命令，用光标依次点取 1、2、3、4 号孔点，右键单击确定，屏幕上即显示这些点的柱状图，如图 8-24 所示。

8. 选择【土剖面图】命令，画出一条水平剖断线，右击确定，屏幕上即可显示土剖面图，如图 8-25 所示。

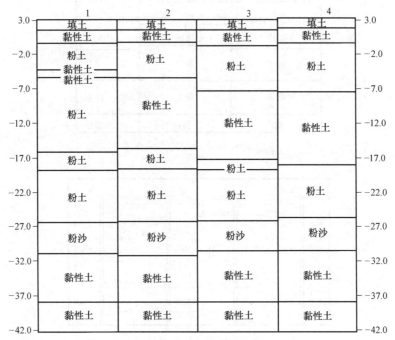

图 8-20 孔点剖面图

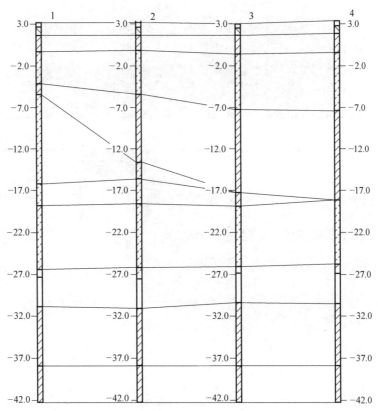

图 8-21 孔点柱状图

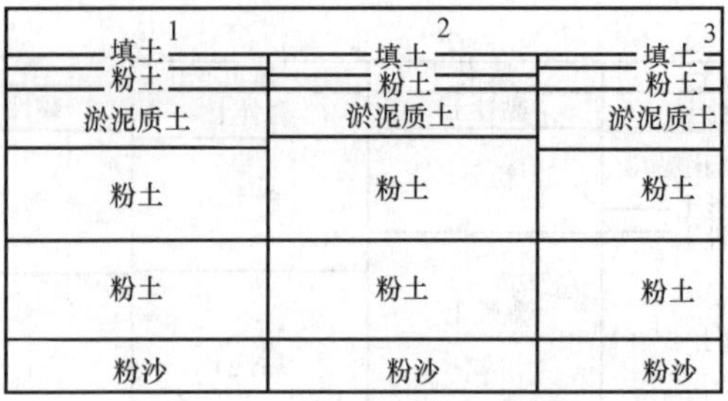

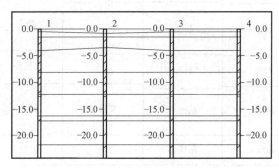

图 8-22　修改后的孔点剖面图

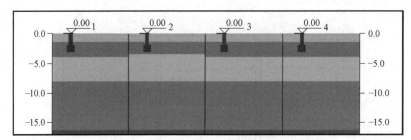

图 8-23　修改后的孔点柱状图

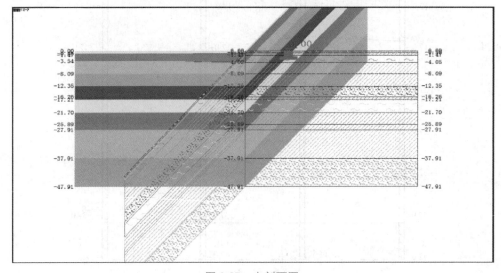

图 8-24　土层点状图

图 8-25　土剖面图

8.3 基础模型输入

JCCAD 主菜单【基础模型】是进行基础设计所必需的步骤，通过读取上部结构布置与荷载，自动生成或人机交互定义、布置基础模型数据，是后续基础设计、计算和施工图辅助设计的基础。

选择【基础模型】命令，选择相应的目录；若是首次操作，则直接进入基础模型的输入界面，其屏幕右侧菜单如图 8-26 所示；如果不是首次操作，程序会弹出如图 8-27 所示的对话框，可根据实际情况选择。

图 8-26 基础模型输入菜单

图 8-27 选择对话框

8.3.1 地质模型

选择【地质模型】命令，其菜单如图 8-28 所示。

【打开资料】：选择地质资料数据文件。

【平移对位】：可将地质资料网格单元图平移，通过此操作处理好地质资料网格单元与基础平面网格的坐标关系。

【旋转对立】：可以将地质资料网格单元图旋转，通过此操作处理好地质资料网格单元与基础平面网格的坐标关系。

8.3.2 参数输入

JCCAD 所有参数统一设置在一个菜单下，增加参数查询、参数说明功能，方便使用。增加参数导入导出功能，对于同一工程多次计算或者不同工程采用相同参数，不用重复设置。用于各类基础参数的设置，其菜单如图 8-29 所示。一般来说，新建工程都要执行该命令，并按工程实际情况调整参数的取值。如不运行此菜单，程序会自动取默认值。

图8-28　地质资料菜单

1. 总信息

本菜单用于输入基础设计时一些全局性参数，各个参数含义及其用途叙述如下：

【结构重要性系数】：对所有混凝土基础构件有效，应按《混凝土规范》第3.3.2条采用，最终影响所有混凝土构件的承载力设计结果。该值不应小于1.0，其初始值为1.0。

【多墙冲板墙肢长厚比】：该参数决定"多墙冲板"时，每个墙肢的长厚比例，默认值为8，即短肢剪力墙的尺寸要求。

【拉梁承担弯矩比例】：指由拉梁来承受独立基础或桩承台沿梁方向上的弯矩，以减小独基底面积。基础承担的弯矩按照1.0-拉梁承担比例进行折减，即填0时拉梁不承担弯矩，填0.2时拉梁承担20％，填1.0时拉梁承担100％弯矩。该参数只对与拉梁相连的独基、承台有效，拉梁布置在【基础模型】【上部构件】菜单里完成。

【《抗震规范》6.2.3柱底弯矩放大系数】：该参数的设置主要参考《抗震规范》6.2.3条相关内容，对地震组合下结构柱底的弯矩进行放大。

【活荷载按楼层折减系数】：该参数主要是针对《荷载规范》5.1.2条，对传给基础的活荷载按楼层折减。

【自动按楼层折减活荷载】：该参数与"活荷载按楼层折减系数"作用一致，不同的是，勾选该参数，程序会自动判断每个柱、墙上面上部楼层数，然后自动按《荷载规范》表格5.1.2的内容折减活荷载，所以，对于上部结构楼层数相差较大的建筑，勾选该项考虑活荷载折减应该更为精确。这时查询活荷载的标准值时会发现活荷载的数值已经发生变化。

注意：SATWE计算程序里的"传给基础活荷载"折减设置项对JCCAD不起作用，用JCCAD进行基础设计，活荷折减设置需要在JCCAD里完成。

【分配无柱节点荷载】：选择该项后，程序可将墙间节点荷载或被设置成"无基础柱"的柱子的荷载分配到节点周围的墙上，从而使墙下基础不会产生丢荷载情况。分配荷载的原则为按周围墙的长度加权分配，长墙分配的荷载多，短墙分配的荷载少。其中"无基础柱"在【基础模型】【墙下条基】【自动布置】【无基础柱】菜单里指定。该功能主要适用于砌体结构中设置构造柱的情况，保证构造柱荷载不丢失。

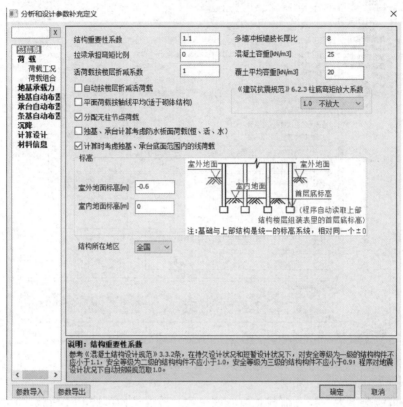

图 8-29 参数输入菜单

2. 荷载

1）荷载工况（图 8-30）

"荷载来源"：该菜单用于选择本模块采用哪一种上部结构传递给基础的荷载来源，程序可读取 PM 导荷和砖混荷载（都称平面荷载）、PK、SATWE、PMSAP、STWJ 荷载。JCCAD 读取上部结构分析程序传来的与基础相连的柱、墙、支撑内力，作为基础设计的外荷载。

平面荷载：读取上部 PM 荷载。PM 荷载与 SATWE 荷载区别：两者导荷方式不一样，PM 荷载是荷载逐层传递，墙、柱等竖向构件仅作为传力构件；SATWE 荷载是空间分析的结果，墙、柱等竖向构件因刚度不同而影响荷载分配传递。两者导荷结果，对于单个构件可能会不太一样，但荷载总值一样。砖混结构可选 PM 荷载，其他结构建议选SATWE 荷载。

PK/STS-PK3D：读取上部钢结构厂房三维设计模块计算的柱底荷载。

SATWE 荷载：读取上部 SATWE 荷载。PM 荷载与 SATWE 荷载区别：两者导荷方式不一样，PM 荷载是荷载逐层传递，墙、柱等竖向仅作为传力构件；SATWE 荷载是空间分析的结果，墙、柱等竖向构件因刚度不同而影响荷载分配传递。两者导荷结果，对

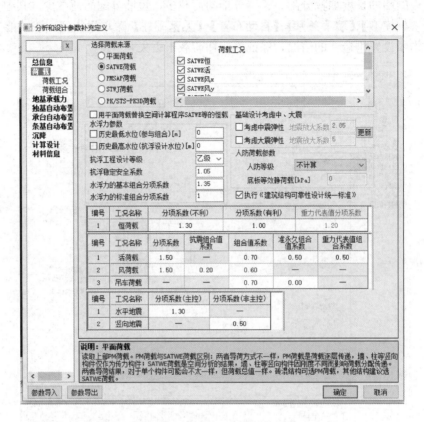

图 8-30　荷载参数定义

于单个构件可能会不太一样，荷载总值应该一致。砖混结构可选 PM 荷载，其他结构建议选 SATWE 荷载。

2）水浮力参数

"历史最低水位"：勾选该项，输入相应的低水位（常规水位）标高，除准永久组合外的其他所有荷载组合都将增加常规水荷载工况。

"历史最高水位"：勾选该项，输入相应的高水位（抗浮水位）标高，程序会增加两组抗浮组合（基本抗浮"1.0 恒＋1.4 抗浮水"与标准抗浮"1.0 恒＋1.0 抗浮水"）。

在参数里如果设置了常规水或者抗浮水，筏板上会自动计算并布置对应工况的水浮力荷载，在【筏板】【布置】【筏板荷载】菜单会自动增加常规水荷载工况或抗浮水工况，用户可查看或编辑水浮力荷载值。

"水浮力的基本组合分项系数"：勾选"历史最高水位"，可以在此处修改基本抗浮"1.0 恒＋1.4 抗浮水"组合里水的分项系数。

"水浮力的标准组合分项系数"：勾选"历史最高水位"，可以在此处修改标准抗浮"1.0 恒＋1.0 抗浮水"组合里水的分项系数。

3）人防荷载参数（图 8-31）

"人防等级"：指定整个基础的人防等级，程序会增加两组人防基本组合，"筏板荷载"菜单增加人防底板等效静荷载工况。

"底板等效静荷载"：交互修改筏板底人防等效静荷载，在参数里如果设置人防等级及人防底板等效静荷载，在【筏板】【布置】【筏板荷载】菜单会自动增加人防荷载工况，筏板上会自动布置人防底板等效静荷载，用户可编辑或查看该人防底板荷载。对于有局部人防的工程，可以通过【筏板荷载】单独编辑某一区域或者某一块筏板的人防等级及底板等效静荷载的方法来实现。

人防底板等效静荷载作用方向通常向上，JCCAD 规定向上荷载为负值，所以尺寸底板等效静荷载一般输入负值。

人防顶板等效荷载通过接力上部结构柱墙人防荷载方式读取，读取后如果填写了"底板等效静荷载"参数后，在荷载显示校核中可查看。

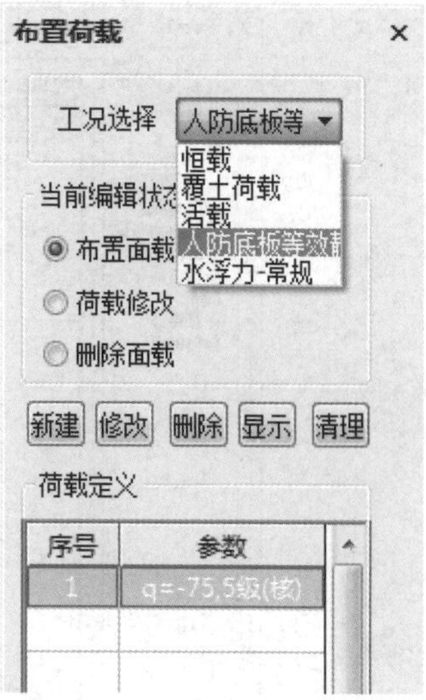

图 8-31　人防底板等效静荷载

4）荷载组合（图 8-32）

编号	工况名称	分项系数（不利主控）	分项系数（不利非主控）	分项系数（有利）
1	恒荷载	1.35	1.20	1.00

编号	工况名称	分项系数	抗震组合值系数	组合值系数	准永久组合值系数	重力代表值组合系数
1	活荷载	1.40	—	0.70	0.50	0.50
2	风荷载	1.40	0.20	0.60	—	—
3	吊车荷载	—	—	0.70	0.00	—

编号	工况名称	分项系数（主控）	分项系数（非主控）
1	水平地震	1.30	—
2	竖向地震	—	0.50

图 8-32　荷载组合系数及荷载分项系数

程序按《荷载规范》相关规定默认生成各个荷载工况的分项系数及组合值系数，用户可以通过程序里的菜单分别修改恒载、活荷载、风荷载、吊车荷载、竖向地震、水平地震的分项系数及组合值系数。

荷载组合列表（图 8-33）里的所有组合公式可以手工编辑，还可以通过"添加荷载组合"添加新的荷载，或者通过"删除荷载组合"对于程序默认的荷载组合进行删除。天然地基基础如果出现零应力区或者锚杆、桩出现受拉的时候，可通过非线性迭代方式准确计算桩土反力，对有些工程初步确定基础方案时，或考虑计算效率问题，可以通过调整非线性参数来指定某些荷载组合下不进行迭代计算。

5）地基承载力

【地基承载力计算方法】：程序提供了五种确定地基承载力的计算方法，如图 8-34 所示。一旦选定了某种方法，屏幕将会显示相应参数的对话框，使用者按着实际场地地基情况输入即可。一般选用"中华人民共和国国家标准 GB 50007—2011［综合法］"（图 8-35）。

【地基承载力特征值】：应根据地质报告提供的数值填入，并根据式（8-1）进行调整。

$$f_a = f_{ak} + \eta_b(b-3) + \eta_d \gamma_m(d-0.5) \tag{8-1}$$

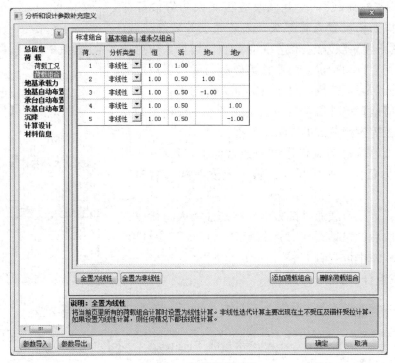

图 8-33 荷载组合列表

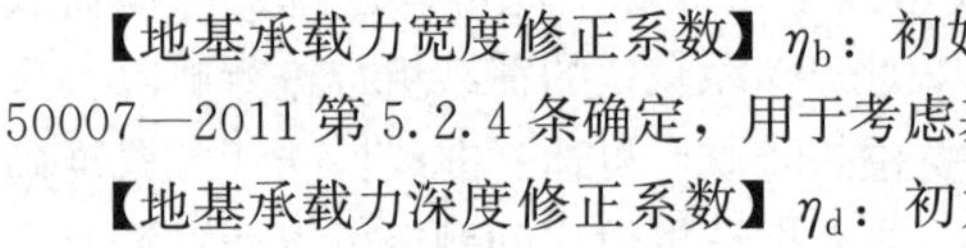

中华人民共和国国家标准GB50007-2011[综合法]
中华人民共和国国家标准GB50007-2011[抗剪强度指标法]
上海市工程建设规范DGJ08-11-2010[静桩试验法]
上海市工程建设规范DGJ08-11-2010[抗剪强度指标法]
北京地区建筑地基基础勘察设计规范DBJ11-501-2009

图 8-34 规范依据选择列表

规范依据选择	中华人民共和国国家标准GB50007-2011[综合法] ▼	
内容		数据
地基承载力特征值 fak (kPa)		100.00
地基承载力宽度修正系数 η b		0.00
地基承载力深度修正系数 η d		1.00
基底以下土的重度(或浮重度) γ (kN/m3)		20.00
基底以上土的加权平均重度 γm (kN/m3)		20.00
确定地基承载力所用的基础埋置深度 d (m)		1.20
地基抗震承载力调整系数 (≥1.0)		1.10

图 8-35 参数对话框

【地基承载力宽度修正系数】η_b：初始值"0"，应根据《建筑地基基础设计规范》GB 50007—2011 第 5.2.4 条确定，用于考虑基础宽度对地基承载力的影响。

【地基承载力深度修正系数】η_d：初始值为"1"，应根据《建筑地基基础设计规范》GB 50007—2011 第 5.2.4 条确定，用于考虑基础埋置深度对地基承载力的影响。

【基底以下土的重度（或浮重度）】γ：初始值为"20"，应根据地质报告填入，注意地下水位的高度，位于地下水位以下的土应按浮重度计入。

【基底以上土的加权平均重度】γ_m：初始值为"20"，应根据地质报告，取基础底面以上各土层的加权平均重度填入。

【基础底面宽度（m）】b：当基础底面宽度小于 3m 时按 3m 取值，大于 6m 时按 6m 取值。

【确定地基承载力所用的基础埋置深度（m）】d：此参数不能为负，初始值为

"1.2"，此数值将用于地基承载力的深度修正。基础埋置深度宜自室外地面标高算起。在填方整平地区，可自填土地面标高算起，但填土在上部结构施工后完成时，应从天然地面标高算起。对于地下室，如采用箱形基础或筏基时，基础埋置深度自室外地面标高算起；当采用独立基础或条形基础时，应从室内地面标高算起。

【浅基础地基承载力抗震调整系数】γ_{RE}：根据《抗震规范》相关规定填写该系数，程序默认值为1。

承载力修正系数见表8-2。

承载力修正系数 表8-2

土的类别		η_b	η_d
淤泥和淤泥质土		0	1.0
人工填土 e 或 I_L 不小于 0.85 的黏性土		0	1.0
红黏土	含水比 $\alpha_w>0.8$	0	1.2
	含水比 $\alpha_w\leqslant0.8$	0.15	1.4
大面积压实填土	压实系数大于 0.95，黏粒含量 $\rho_c\geqslant10\%$的粉土	0	1.5
	最大干密度大于 $2100kg/m^3$ 的级配砂石	0	2.0
粉土	黏粒含量 $\rho_c\geqslant10\%$的粉土	0.3	1.5
	黏粒含量 $\rho_c<10\%$的粉土	0.5	2.0
e 和 I_L 不小于 0.85 的黏性土		0.3	1.6
细沙、粉砂（不包括很湿与饱和时的稍密状态）		2.0	3.0
中砂、粗砂、砾砂和碎石土		3.0	4.4

3. 工程实例——参数输入

初步确定以黏质粉土为持力层，承台埋深1.6m。

1）在"某钢筋混凝土框剪结构青年教工宿舍"工程中，选择 JCCAD 主菜单【基础模型】，单击【参数】按钮，程序会弹出如图 8-29 所示的对话框，即可进入基础的参数输入界面。

2）选择【地基承载力】在弹出的对话框中选择"中华人民共和国国家标准 GB 50007—2011［综合法］"，根据土质情况，通过查规范，在弹出的对话框中输入下列参数：地基承载力特征值"90"，地基承载力宽度修正系数"0.3"，地基承载力深度修正系数"2"，基底以下土的重度"18"，承载力修正用基础埋置深度"1.6"，单击【确定】按钮。

8.3.3　网格节点

用于增加、编辑 PMCAD 传下来的平面网格、轴线节点，以满足基础布置的需要。例如，弹性地基梁挑出部位的网格、筏板加厚区域部位的网格、删除没有用的网格等，对筏板基础的有限元划分很有意义。

选择【网格节点】命令，其菜单如图 8-36 所示。

图 8-36　网格节点菜单

1. 加节点

在基础平面网格上增加节点，设计者既可用屏幕下方命令行中输入节点坐标精确增加所需节点，也可以利用屏幕上已有的点进行定位。

【点输入法说明】当需要将屏幕上的点作为精确定位的参照点时，只需要将光标停留在该已知点上，程序会自动捕捉该点作为参照，并在屏幕上显示引出线，以此点作为原点输入相对坐标，即可实现精确定位，此精确定位法适用于所有需要定位的命令。

2. 加网格

在基础平面网格上增加网格，按照屏幕下方命令提示操作即可增加所需网格。

3. 网格延伸

将原有轴线上的网格线向外延伸指定的长度。一般专用于弹性地基梁悬挑部位网格的输入，需要注意的是，通过直接增加节点或者通过延伸网格线导致节点增加，需要再次进入参数输入菜单进行检查，以保证所有节点参数的正确性。

4. 删节点

删除一些不需要的节点，在删除节点时会同时删除或合并一些网格。程序按以下原则来判断节点是否可以删除：

1）有柱的节点（包括有墙的网格）不能删除，该条件优先于其他判断条件。

2）当只有两根同轴线网格与要删除节点相连，则该节点删除，且两个网格合并为一个。

3）当只有两根不同轴线网格与要删除节点相连，则该节点删除，且同时删除相连的网格线。

5. 删网格

删除一些不需要的网格。程序按以下原则来判断网格是否可以删除。

1）有构件的网格不能删除。

2）只有轴线的端网格才可以删除。

需要注意的是利用【网格节点】绘制网格，节点应在【荷载输入】和【基础布置】之前，否则会导致荷载或基础构件错位。由于在基础中进行网格输入时必须保持从上部结构传来的网格节点编号不变，因此有许多限制条件，所以建议有些网格可以在上部结构建模时就布置完善，这样程序可以将 PMCAD 中与基础相连的各层网格全部传下来，并合并为统一的网点。

8.3.4　荷载输入

【荷载输入】菜单如图 8-37 所示，可以实现如下功能：

1）自动读取多种 PKPM 上部结构分析程序传下来的各单工况荷载标准值。

2）对于每一个上部结构分析程序传下来的荷载，程序自动读出各种荷载工况下的内力标准值。基础中用的荷载组合与上部结构计算所用的组合不完全相同，读取内力标准值后根据基础设计需要，程序将其代入不同荷载组合，形成各种不同工况下的荷载组合。

3）可输入用户自定义的附加荷载标准值。程序能自动将用户输入的附加荷载值与读取的荷载值进行同工况叠然后参与荷载组合。

4）编辑已有的基础荷载组合。

5）按工程用途定义相关荷载参数，满足基础设计的需要。

6）校验、查看各荷载组合的数值。

1. 荷载参数

用于输入荷载分项系数、组合系数等参数。点击后，弹出如图 8-38 所示的输入荷载组合参数对话框。其中白色输入框的值是用户必须根据工程的用

图 8-37　荷载输入菜单

途进行修改的参数，灰色的输入框的值是规范指定值，一般不需要修改。若用户要修改灰色数值，可双击该值，将其变成白色的输入框再进行修改。

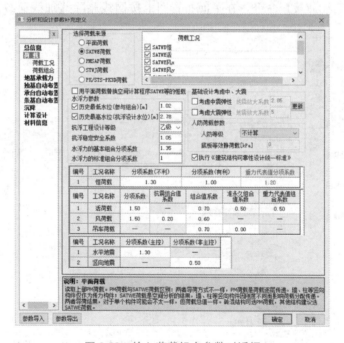

图 8-38　输入荷载组合参数对话框

2. 无基础柱

构造柱不是承重构件，通常情况下构造柱下面不需要设置独立基础，直接锚入地圈梁或基础梁，但个别情况下可能在构造柱下有较大的荷载，因此需要用户来指定哪些柱下不单独设置独立基础。本菜单用于设定无独立基础的柱，以便程序自动把柱荷载传递到周围的墙上。用户可用光标选中无独立基础柱，一旦被选中，则其颜色变亮。若再次选择已被选为无独立基础的柱，则其颜色变暗，表示恢复为有基础柱。

3. 附加荷载

用于用户输入附加荷载，允许输入点荷载和均布线荷载，如图 8-39 所示。附加荷载包括恒载效应标准值和活载效应标准值，可以单独进行荷载组合并参与基础计算或验算。若读取了上部结构荷载，如平面荷载、SATWE 荷载、TAT 荷载、PK 荷载、PMSAP 等，附加荷载会与上部结构传下来的荷载工况进行同工况的叠加，然后再进行荷载组合。

一般来说，框架结构首层的填充墙或设备重荷，在上部结构建模时候没有输入。当这些荷载是作用在基础上时应按附加荷载输入。对独立基础来说，如果在基础上设置连梁，连梁上有填充墙，则应将填充墙的荷载以节点荷载的方式输入，而不要作为均布荷载输入。

1）选择【加点荷载】命令，程序会弹出如图 8-40 所示的对话框，可以输入轴力、力矩、水平力。输入值后，在平面布置图上按节点布置即可。

2）选择【删点荷载】命令，在平面布置图上按节点删除【加点荷载】命令布置的点荷载。

3）选择【加线荷载】命令，程序会弹出如图 8-41 所示的对话框，可输入力矩、水平力。输入值后，在平面布置图上按网线布置即可。

4）选择【删线荷载】命令，在平面布置图上按网线删除【加线荷载】命令添加的线荷载。

图 8-39 附加荷载菜单

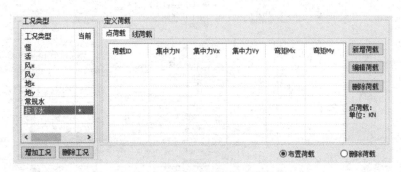

图 8-40 附加点荷载对话框

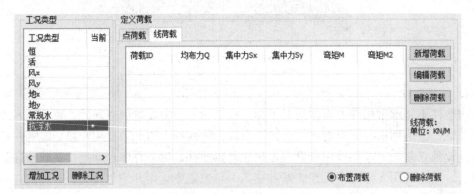

图 8-41 附加线荷载对话框

4. 选 PK 文件

若要读取 PK 荷载，需要先选择【读取单榀 PK 荷载】命令。用户需要读取 PK 荷载，需要先运行【选 PK 文件】命令。

5. 上部结构荷载编辑

用于荷载的查询与修改，其菜单如图 8-42 所示。

1）点荷编辑

点击后，再点取要修改节点，屏幕弹出图 8-43 所示的此节点各工况荷载的轴力、弯矩和剪力的对话框。修改相应的荷载值后，切换到布置荷载选项在平面布置图上按节点布置即可。

2）线荷编辑

点击后，再点取要修改网格线，屏幕弹出此网格线现行各工况荷载的线荷载和弯矩对话框。点取相应的数值即可修改荷载。

3）荷载导入、导出（图 8-44）

用户通过"荷载导出"功能将已经读取或者手工输入的荷载导出为固定格式的 Excel 文本，同时可以将已经保存过的 Excel 荷载文件导入到基础模型中。

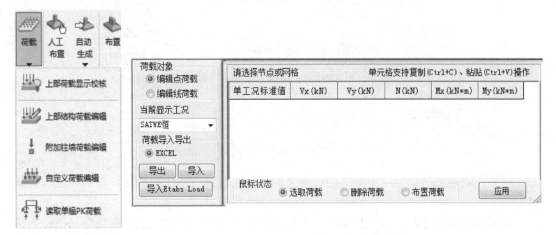

图 8-42　荷载编辑　　　　　　　　　　图 8-43　选择目标荷载对话框

导出的 Excel 文件默认分两页，一页为"点荷载"，一页为"墙梁荷载"。

荷载文件的输出内容包括：节点编号及节点荷载的作用点坐标（如果是墙梁荷载则输出网格编号及网格对应的起点和终点的节点坐标）、荷载分量值（两个方向的水平剪力、轴力、两个方向的弯矩）、SATWE（或者 PMSAP 等空间分析程序）的恒载标准值、活载标准值，X 向风荷载标准值、Y 向风荷载标准值、X 向地震荷载、Y 向地震荷载、竖向地震荷载，PM（或者砌体 QITI 程序）的平面恒载、平面活载，用户输入的附加恒载、附加活载，吊车荷载（共 8 组）。为便于用户只对一部分荷载数据进行编辑，导入导出的荷载形式可以进行预先选择，在对话框中对于需要导入导出的荷载项进行勾选即可。

6. 附加墙柱荷载编辑（图 8-45）

本菜单用于用户输入柱墙下附加荷载，允许输入点荷载和线荷载。附加荷载包括恒载效应标准值和活载效应标准值。若读取了上部结构荷载，如 PK 荷载、SATWE 荷载、平

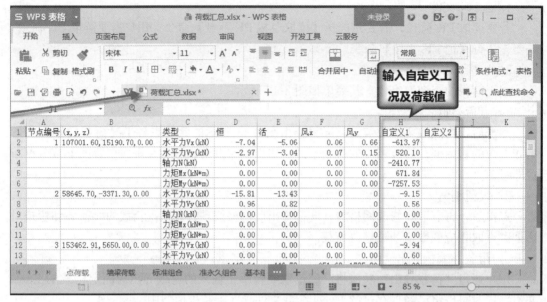

图 8-44　荷载导出为 Excel

图 8-45　墙柱荷载编辑

面荷载等，则附加荷载会与上部结构传下来的荷载工况进行同工况叠加，然后再进行荷载组合。

　　通过【附加墙柱荷载编辑】菜单，实现对于附加荷载的编辑。点荷载按全局坐标系输入，弯矩的方向遵循右手螺旋法则，即轴力方向向下为正，剪力沿坐标轴方向为正，线荷载按网格的局部坐标系输入。

　　一般来说，框架结构首层的填充墙荷载，在上部结构建模时没有输入。当这些荷载是作用在基础上时，就应按附加荷载输入。筏板上的面荷载可以在筏板荷载菜单输入。

　　7. 自定义荷载编辑（图 8-46）

　　本菜单用于在 JCCAD 输入新的荷载工况，通过本菜单，用户可以定义、布置、编辑新的荷载工况。

　　定义并且布置新的荷载工况后，程序会默认在荷载组合里增加一组标准组合 1.0＋1.0×自定义工况及基本组合 1.2 恒＋1.4×自定义工况，如果用户需要增加或者修改荷载组合，可以在【参数】【荷载组合】里做相应操作。

　　8. 读 PK 文件荷载

　　若要读取 PK 荷载，需要先点取【选 PK 文件】菜单。用户可点击对话框中左边的"选择 PK 文件"按钮，在选取 PK 程序生成的柱底内力文件 *.jcn 后，接着在屏幕上显

图 8-45　自定义荷载编辑

示的平面布置图中，点取该榀框架所对应的轴线。

在完成 PK 的柱底内力文件 ∗.jcn 与平面布置图中的轴线匹配之后，在对话框中，选定 PK 的柱底内力文件 ∗.jcn，就会在对话框的右侧列表框中，显示出其对应的轴线号。图 8-47 表示 PK 的 pk-4.JCN 榀框架荷载作用在 3、4 的轴线上。

图 8-47　读 PK 文件荷载

只有经过本菜单设定后，用户才能在【读取荷载】菜单的"选择荷载类型"对话框中点取【PK 荷载】。

点击图 8-47 对话框中的"清除文件"和"清除轴线"按钮，程序将清除所有 ∗.jcn 和所有轴线号，用于重新设定。

9. 工程实例荷载输入

1）在上一节建立的工程中，点击【参数】，在出现的对话框中点击【荷载】，在弹出的对话框中选择"SATWE 荷载"，单击【确定】按钮，表示其他参数均取默认值。

2）选择【附加墙柱荷载】，弹出如图 8-48 所示的对话框，点【附加点荷载】，在恒荷载标准值一栏中输入轴力值"65.4"（以角柱为例：一层横墙线荷载为 $15 \times 0.24 \times 3.15 + 20 \times 0.02 \times 3.15 \times 2 = 13.86$ kN/m，纵墙线荷载为 $15 \times 0.24 \times 3.2 + 20 \times 0.02 \times 3.2 \times 2 = 14.06$ kN/m，拉梁尺寸取 240×300，拉梁线荷载为 $25 \times 0.24 \times 0.3 = 1.8$ kN/m，则填充墙和拉梁的折算荷载为 $13.86 \times 4.5/2 + 14.06 \times 3.8/2 + 1.8 \times 4.5/2 + 1.8 \times 3.8/2 = 65.4$ kN），点取四个角柱即可。

8.3.5　上部构件

用于输入基础上的一些附加构件如框架底层的填充墙、柱墩等，以便于程序自动生成相关的基础或者绘制相关的施工图，其菜单如图 8-49 所示。

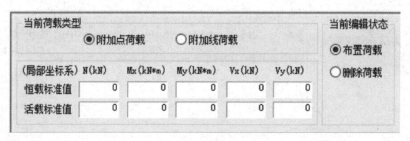

图 8-48　加点荷载对话框

1. 框架柱筋

用于输入框架柱在基础上的插筋，其菜单如图 8-50 所示。

选择【导入柱筋】命令，程序会自动导入上部结构计算的柱筋结果。

选择【定义柱筋】命令，弹出如图 8-51 所示的对话框，用户即可定义和修改柱筋。

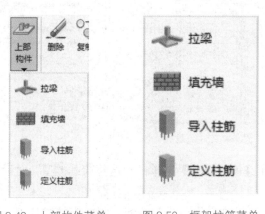

图 8-49　上部构件菜单　　　图 8-50　框架柱筋菜单　　　图 8-51　【定义柱筋】对话框

注意：在基础平面图上已布置柱筋的标注有 S-﹡的柱筋类型。若在 JCCAD 之前，用户已画过柱的配筋图，并且将结果保存到了钢筋库，则这里可以自动读取已保存的柱钢筋数据。

2. 填充墙

用于输入基础上面的底层填充墙，在此布置完填充墙后，并在附加荷载中布置相应的荷载，可在后续的菜单中自动生成墙下条基。其菜单内容如图 8-52 所示。

选择【填充墙】命令，程序弹出如图 8-53 所示的对话框，用户即可定义和修改墙类型。

3. 拉梁

用于在两个独立基础或独立的桩基承台之间设置的拉结连系梁，其菜单如图 8-54 所示。

选择【拉梁】命令，程序弹出类似【墙布置】的对话框，用户即可定义和修改拉梁类型。

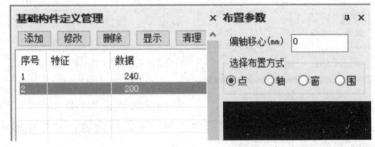

图 8-52 填充墙菜单

图 8-53 【填充墙】对话框

需要注意的是：在基础平面图上拉梁以白灰色线显示，并在拉梁上显示 LL-﹡的拉梁类型号；拉梁详图需要用户自己补充；若拉梁上有填充墙，其荷载应该按点荷载输入到拉梁两端基础所在的节点上，程序目前尚不能自动分配拉梁上的荷载。

4. 柱墩

用于输入平板基础的板上柱墩，其菜单如图 8-54 所示。

选择【柱墩布置】命令，程序弹出类似【墙布置】的对话框，用户即可定义各类柱墩尺寸、钢筋信息、柱墩布置，柱墩定义如图 8-55 所示。

选择【柱墩删除】命令，再在平面图上单击相应的柱墩，则删除柱墩。

选择【查刚性角】命令，屏幕会显示不满足刚性角要求的柱墩。

需要注意的是，柱墩布置仅用于平板基础的板上；柱墩高为板顶到柱根的距离，柱墩高用于控制柱墩放坡；输入柱墩时应满足刚性角的要求，若不满足，柱墩内的配筋应另行计算；平板基础的板冲切计算时考虑柱墩的影响。

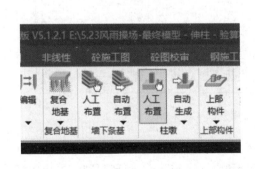

图 8-54 柱墩菜单

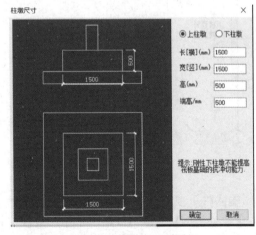

图 8-55 柱墩定义对话框

8.3.6 柱下独立基础

柱下独立基础（独基）是一种分离式浅基础，它承受一根或多根柱子传来的荷载，基

图 8-56　柱下独基菜单

础之间一般用拉梁连接在一起以增强其整体性。由于受力简单明确、施工方便、造价低廉，一直是 JCCAD 的首选形式。柱下独立基础也可以分为无筋扩展基础和扩展基础。程序可以根据用户指定的设计参数和输入的多种荷载自动计算独立基础的尺寸、自动配筋，并可人工干预，其菜单如图 8-56 所示，可实现如下功能：

1）自动将所有读入的上部荷载效应按《建筑地基基础设计规范》GB 50007—2011（后面简称《地基规范》）要求，选择基础设计时需要的各种荷载组合值，并根据输入的参数和荷载信息自动生成基础数据。

2）提供给用户调整已生成基础数据的功能，当基础底面发生碰撞时，可以通过程序的碰撞检查功能自动归并，生成联合基础。当程序生成的基础角度、偏心与设计人员的期望不一致时，程序可按着用户修改的基础角度、偏心或者基础底面尺寸，重新设计基础。

3）程序生成柱下独立基础设计的内容包括：地基承载力计算、冲切验算、基础底板配筋计算、独立基础沉降验算。还可以针对程序生成的基础模型进行沉降计算。

1. 独基参数定义

选择【参数】命令，输入柱下独立基础参数对话框，如图 8-57 所示。

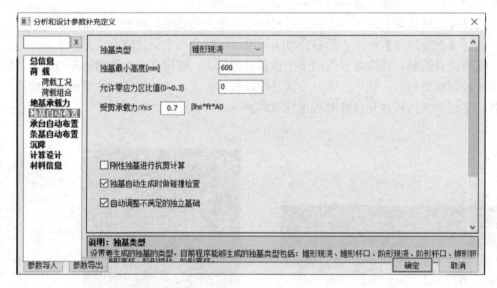

图 8-57　输入柱下独立基础参数对话框

输入柱下独立基础参数：

【独基类型】，JCCAD 给出了锥形现浇、锥形预制、阶形现浇、阶形预制、锥形短柱、锥形高杯、阶形短柱、阶形高杯共八种独立基础类型。

【独基最小高度】，即程序确定独立基础尺寸的最小高度，初始值"600"，若冲切计算不满足要求，程序会自动增加基础各阶高度。

【允许零应力区比值】，后面填写的基础底面允许零应力区的比值。

2. 人工布置

用于人工布置独基，人工布置独基之前，要布置的独基类型应该已经在类型列表中，独基类型可以是用户手工定义，也可以是用户通过【自动生成】方式生成的基础类型。点【人工布置】菜单程序会同时弹出"基础构件定义管理"菜单及基础布置参数菜单，如图 8-58 所示。

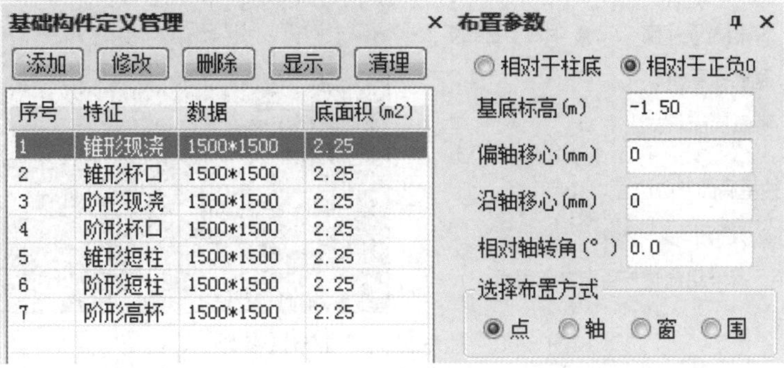

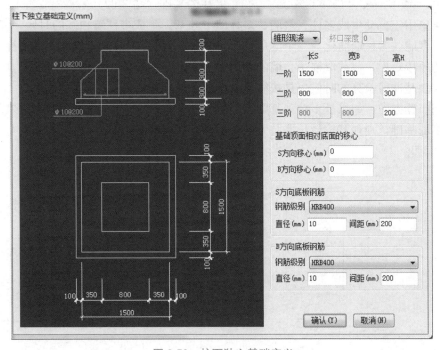

图 8-58   独基人工布置参数信息

可以通过两种方式修改基础定义，一种方式是在"基础构件定义管理"列表中选择相应的基础类型，点击"修改"按钮，这种方式是按基础类型修改基础定义。另一种方式，双击需要修改的基础，程序弹出"构件信息"对话框，点击右上角的"修改定义"按钮，弹出如图 8-59 所示定义对话框，在对话框中可输入或修改基础类型、尺寸、标高、移心等信息。

对于人工布置的独基，程序自动验算该独基是否满足设计要求，并自动调整不满足要

图 8-59   柱下独立基础定义

求的独基尺寸，在基础平面图上输出每个独基的地基承载力、冲切剪切验算结果。

3. 自动生成

1）自动优化布置

独基自动布置，支持自动确定单柱、双柱、多柱墙独基，见图 8-60。

图 8-60　独基自动优化布置参数

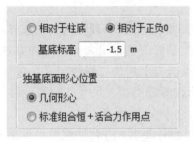

图 8-61　基础标高及形心位置设置

2）双柱基础（图 8-61）

该命令可以对指定的双柱生成双柱独基。生成双柱独基的时候，程序会先将双柱简化为一个"单柱"，简化的"单柱"截面形状取的是双柱的外接矩形，荷载取两个柱子轴力、剪力、弯矩叠加，弯矩叠加双柱轴力产生的附加弯矩。独基冲剪验算的时候也是按简化后的柱子及叠加后荷载计算。

3）多柱墙基础（图 8-62）

该菜单用于自动生成多柱、多墙、多柱墙下独基。生成多柱墙独基的时候，程序会先将多柱、多墙、多柱墙简化为一个"单柱"，简化的"单柱"截面形状取的是多柱、多墙、多柱墙的外接矩形，荷载取柱子、墙的轴力、剪力、弯矩叠加，弯矩叠加柱墙力产生的附加弯矩。独基冲剪验算的时候也是按简化后的柱子及叠加后荷载计算。

独基布置方向，如果是多柱独基则按简化后的"单柱"方向布置，如果是多柱墙基础或者是多墙基础，则独基按最长墙肢方向布置。

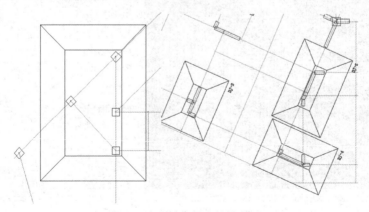

图 8-62　自动布置多柱墙基础

双柱独基、多柱墙独基生成的还可以设置独基底面形心位置是按简化后的"单柱"形心布置还是按叠加后的合力作用点布置。通常来说，按荷载合力作用点布置受力更合理，更经济。

双柱、多柱墙独基程序自动计算基础顶面钢筋：程序将上部多柱荷载及基底反力作用于独基，每个方向按等间距取 10 个不利截面计算该方向基础顶部钢筋，最后单方向取包络值。

4）独基归并（图 8-63）

输入相应的归并差值尺寸，程序根据长度单位或归并系数对独基进行归并。用户可以选择按"长度单位归并"或者按"归并系数归并"，归并系数即长宽尺寸相差在相应的范围（0.2，即独基尺寸相差 20%）内，独基按类型归并到尺寸较大的独基。

4. 工程实例——独基布置

1）根据上几章的方法建立一个"一层框架"工程。选择【独基】中的【自动生成】命令，按【Tab】键用窗口方式选择屏幕上所有的柱，程序弹出地基承载力计

图 8-63　独基归并参数信息

算参数和输入柱下独基参数对话框，这里由于前面已经在【参数】中设定过相关信息，这里只需要输入基础底标高"−0.8"，其余均取默认值即可，单击【确定】按钮，生成如图 8-64 所示的独立基础。

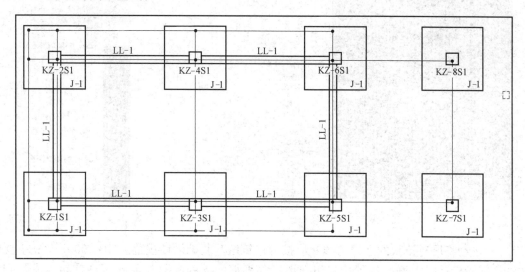

图 8-64　独立基础布置图

2）选择【人工布置】命令，程序弹出如图 8-65 所示的对话框，单击 2 号基础，单击【修改】按钮，程序弹出如图 8-66 所示的对话框，将一阶长，宽均改为"1800"，单击【确定】按钮。

8.3.7　墙下条形基础

墙下条形基础（条基）主要用于砌体结构中，具有造价低廉、取材广泛、施工方便、

受力明确的特点。目前程序能处理的墙下条形基础形式包括灰土基础、素混凝土基础、钢筋混凝土基础、带肋梁的钢筋混凝土基础、毛石基础、砖基础、钢筋混凝土毛石基础。本节讲述墙下条形基础的设计。程序可根据用户输入的设计参数和多种荷载自动计算条形基础的尺寸、自动配筋，并且可以人工干预，其菜单如图 8-67 所示，可实现如下功能：

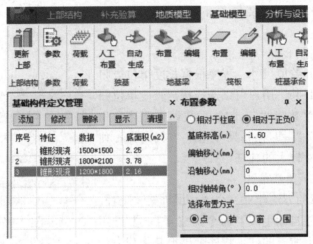

图 8-65　独立基础布置对话框

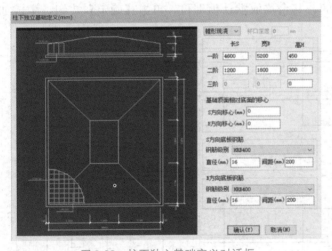

图 8-66　柱下独立基础定义对话框

图 8-67　墙下条形基础菜单

1）自动将所有读入的上部荷载效应按《建筑地基基础设计规范》GB 50007—2011 要求选择基础设计时需要的各种荷载组合值，并根据输入的参数和荷载信息自动生成基础数据。

2）提供给用户调整已生成基础数据的功能，当基础底面发生碰撞时可以通过程序的碰撞检查功能生成双墙基础。

3）程序生成的墙下条形基础设计内容包括：地基承载力计算、基础底面积重复利用计算、剪切计算、底板配筋计算以及沉降计算。

1. 自动生成

选择【自动生成】命令，在屏幕上单击要布置基础的墙，程序弹出地基承载力计算参数和输入墙下条形基础参数对话框，如图 8-68 所示的对话框。

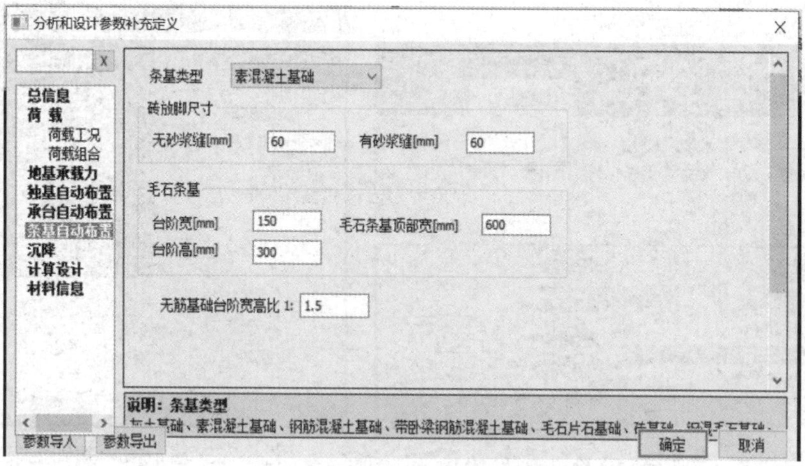

图 8-68　输入墙下条形基础参数对话框

1）地基承载力计算参数

此选项卡的参数可以在【参数输入】菜单下输入，也可以在生成墙下条形基础前输入。

2）输入墙下条形基础参数

【条基类型】包括灰土基础、素混凝土基础、钢筋混凝土基础、带肋梁的钢筋混凝土基础、毛石基础、砖基础、钢筋混凝土毛石基础。

【砖放脚尺寸-无砂浆缝】初始值"60"。

【砖放脚尺寸-有砂浆缝】初始值"60"。

【毛石条基顶部宽】初始值"600"。

【台阶宽】用来调节毛石基础的放脚尺寸，应按毛石的尺寸来填写，初始值"150"。

【台阶高】用来调节毛石基础的放脚尺寸，应按毛石的基础尺寸来填写，初始值"300"。

【无筋基础台阶高宽比】用来设置无筋基础台阶高宽比，初始值"1：1.5"。

2. 条基布置

当程序自动生成的条形基础不符合用户要求时，可以通过此命令输入布置用户自定义的条基。选择此命令，程序会弹出如图 8-69 所示的对话框，单击【新建】按钮，即可在如图 8-70 所示的对话框中设置墙下条基的各种参数。设置完毕后，单击【确认】按钮，返回条形基础布置对话框，选择相应的基础，单击【布置】按钮即可布置条形基础。

3. 条基删除

用于条形基础的删除。

4. 双墙基础

在生成墙下条形基础时，若勾选"自动生成基础时作碰撞检查"，当存在平行对齐的墙体基础发生碰撞的情况，程序会自动生成双墙条形基础。在计算双墙条基时程序会将两个墙体的荷载叠加起来计算，且墙的宽度按两个墙厚度加墙间净距计算。用户也可不勾选"自动生成基础时作碰撞检查"，自己设置双墙条基。选择此命令后，程序会弹出如

图 8-71 所示的对话框，即可设置参数。

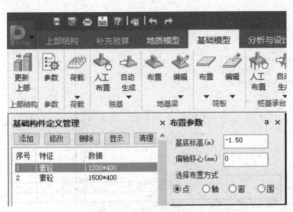

图 8-69　条形基础布置对话框

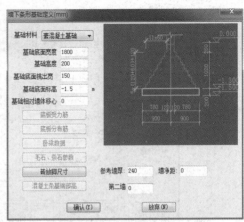

图 8-70　墙下条形基础定义对话框

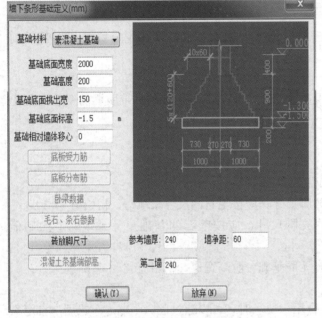

图 8-71　墙下条形基础定义对话框

图 8-72　地基梁菜单

8.3.8　地基梁

柱下条形基础也称地基梁或基础梁，包括普通交叉地基梁、梁板式筏基中的肋梁、墙下筏板上的墙折算肋梁、桩承台梁。地基梁属于整体式基础，可调整和均衡上部结构荷载向地基传递，是常见的基础形式之一。

地基梁（也称基础梁或柱下条形基础）是整体式基础。设计过程是由用户定义基础尺寸，然后到后面计算分析菜单计算，从而判断基础截面是否合理。基础尺寸选择时，不但要满足承载力的要求，而且更重要的是要保证基础的内力和配筋要合理。

本菜单用于输入各种钢筋混凝土基础梁，包括普通交叉地基梁、有桩或无桩筏板上以及墙下筏板上的墙所折算形成的肋梁、桩承台梁等。其尺寸的选择不仅要满足承载力的要求，还要保证内力和配筋的合理，地基梁菜单如图 8-72 所示。

1. 地梁布置

用于定义各类地基梁尺寸和布置地基梁。用户可用"添加""修改"按钮来定义和修改地基梁类型。点击"添加"后，屏幕上弹出图 8-73 所示"地基础梁定义"对话框。输入地基梁肋宽、梁高和梁底标高以及带翼缘尺寸及偏心后，点"确认"生成或修改一种地基梁类型。可用"删除"按钮删除已有的某类地基梁。

当要布置地基梁时，可选取一种地基梁类型，再在平面图上用围区布置、窗口布置、轴线布置、直接布置等方式沿着网格线布置地基梁。布置的时候，若以勾选"随墙"，地基梁按墙或者柱中心布置，如果勾选"偏轴"，则地基梁沿网格线布置，布置时可以通过设置"偏轴移心"来设定地基梁偏轴距离，实现偏心布置，如图 8-74 所示。

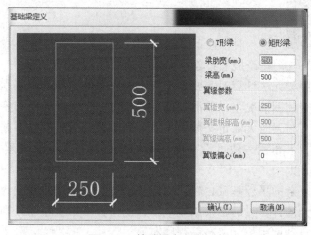

图 8-73　基础梁定义对话框

图 8-74　地基梁布置参数

2. 翼缘宽度

软件可根据荷载分布情况、基础梁肋宽、梁高信息自动生成基础梁翼缘的宽度，且自动使同一轴线上的基础梁肋宽、高相同的梁生成统一的翼缘宽度。考虑到承载力计算并不是确定翼缘宽度的唯一因素，选择【翼缘宽度】命令后通常输入一个大于"1.0"的系数，让生成的翼缘宽度有一定的安全储备，程序自动根据计算出的翼缘宽度乘上这个放大系数作为最终的翼缘宽度。

3. 翼缘删除

用于删除【翼缘宽度】命令生成的基础梁翼缘信息，只保留梁肋的信息。这一命令主要是为反复试算翼缘宽度而设定的。若生成的翼缘宽度不满足要求时，可使用此命令删除翼缘数据，再生成新的翼缘。

4. 延伸到板

对于梁板基础，板边梁端通常齐平布置，程序默认布置的梁梁端不会与板边对齐，可以通过本菜单将梁端自动延伸到板边。

图 8-75　板带菜单

操作布置：点【延伸到板】＞选择要板边＞选择要延伸到板边的地梁。

5. 删除地梁

用于删除地梁。

8.3.9　板带

对于柱下平板基础，当选择按弹性地基梁元法计算时，需要在筏板上布置板带，其菜单如图 8-75 所示。

板带是程序按照梁元法计算时需要人工指定的支撑体之间的主要承受反力的位置，就如暗梁一样。在正交柱网情况下一般沿柱网轴线布置，平板上的反力将通过四边柱网上的暗梁传给柱子。板带布置时无需定义截面尺寸，但布置完后软件会根据板带周围的房间自动生成板带宽度。板带布置一般可沿平面柱网轴线直接布置，通常建议在正交轴网上布置，且柱网间距不宜太大。

对于柱网比较复杂的平板基础，建议用板元法计算。采用板元法计算时一般不需要布置板带，但如果板元法计算过后，采用规范推荐的按板带形式布筋，则应按照梁元法方式布置板带，程序可自动调用板元法布筋程序布筋。

8.3.10　筏板

筏板基础又称为筏形基础，包括平板式和梁板式两大类，它具有整体性好、结构布置灵活、承载能力高等优点，广泛应用于多高层建筑及超高层建筑基础，其菜单如图 8-76 所示，可实现如下功能：

1) 定义并布置筏板、子筏板，修改板边挑出尺寸，定义布置相应的荷载。

2) 进行柱或者桩对筏板的冲切计算，并输出计算书。

3) 进行筏板上墙体对筏板的冲剪计算，并输出计算书。

1. 筏板防水板

此命令用于布置各类筏板及防水板。筏板底标高按相对标高输入。筏板属性可以设置为"普通筏板"或者是"防水板"。对于普通天然地基筏板，程序会在后续【分析计算】菜单给出板底基床系数建议值，对于属性设置为"防水板"的基础及桩筏基础，程序默认将板底基床系数设置为 0，即筏板底没有土反力。

筏板的布置有两种方式（图 8-77）：

"挑边布置"：依托网格生成筏板。

围区布置筏板对网格线的要求：筏板布置需要参照网格线，采用围区方式生成。要使给定的围区能形成筏板，那一定要满足所围区域内的网格线能形成闭合区域的要求。当网格线不能满足闭合要求时，用户需要补充网格线使其闭合。

图 8-76 筏板菜单

图 8-77 筏板布置对话框

补充输入网格线有两种方法：

（1）在 PMCAD 的【建筑模型和荷载输入】中，通过菜单项【轴线输入】提供的功能，将筏板布置需要的网格线补充输入。用户应优先考虑采用这种方法。

（2）在 JCCAD 的【基础模型】中，通过菜单项【网格节点】提供的功能，将筏板布置需要的网格线补充输入。

在上述对话框"挑出宽度"中，只提供一项"挑出宽度"参数，这是按一般情况下的筏板要求设置的，即假定多边线筏板的每一边挑出网线的距离是一样的。当实际工程的筏板周边挑出的宽度不同时，用户可以通过之后的【修改板边】菜单项，修改筏板边的挑出宽度。挑出宽度可以输入正值（板边向外挑），也可以输入负值（板边向内收缩）。

"自由布置"：用户可以在屏幕上按任意多边形布置筏板。输入筏板厚度和板底标高后，点"确认"按钮则生成或修改一种筏板类型。

2. 筏板局部加厚

图 8-78 所示菜单用于对已有筏板布置局部加厚区，加厚方式可以"上部加厚"及"下部加厚"，加厚值 h 表示在已有板厚的基础上增加的厚度。加厚区之间尽量不要局部搭接重叠。加厚区的荷载要重新布置，加厚区后续计算的时候基床系数默认取大板的基床系数。

3. 筏板局部减薄

图 8-79 所示菜单用于对已有筏板布置局部布置减薄区域，减薄区域可以是"上部减薄"及"下部减薄"，减薄值 h 表示在已有板厚的基础上减少的厚度。减薄区之间尽量不要局部搭接重叠。如果筏板减薄值 h 不小于筏板厚度，那么减薄区域程序自动按开洞处理。

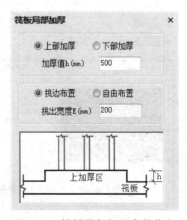

图 8-78 筏板局部加厚参数信息

减薄区的荷载要重新布置，减薄区后续计算的时候基床系数默认取大板的基床系数。

4. 电梯井

图 8-80 所示菜单用于在筏板上布置电梯井及集水坑，可以设置井底及坑底的筏板厚度及板底标高，可以像普通筏板一样设置电梯井或者集水坑的挑出宽度。

图 8-79　筏板局部减薄参数信息

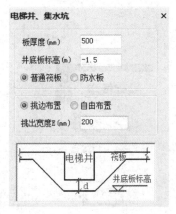

图 8-80　电梯井、集水坑参数信息

5. 筏板荷载

通过图 8-81 所示菜单定义、布置、编辑筏板上的荷载。荷载包括恒载、活荷载、覆土、水浮力、人防荷载。荷载布置方式可以是以整板为单位布置，也可以以围区网格为单位布置，还可以按用户自由围区的方式布置荷载。

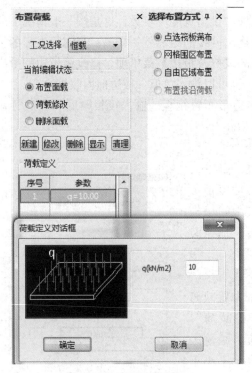

板面荷载布置的时候，如果布置方式选择"点选筏板满布"，那么荷载是替换关系，如果选择"网格围区布置"或者"自由围区布置"，则荷载是叠加关系。

覆土荷载布置的时候，可以通过勾选"挑出单独布置"勾选项，程序自动形成筏板的挑边局部区域，每个挑边区域内的覆土荷载可以通过荷载"荷载修改"菜单单独修改。操作时"点选筏板满布"，并且勾选"挑檐单独修改"，覆土荷载布置后，点取荷载修改选项，点选或框选需要修改覆土的挑边范围，右键，弹出的荷载值输入框里输入新的覆土荷载，如图 8-82 所示。计算时该区域荷载值与筏板满布值叠加处理。

对于水浮力与人防荷载，需要在【参数】【荷载工况】菜单里，勾选相应的设置项，如图 8-83 所示。

勾选"历史最低水位"，并且输入相应的水位标高，程序会在"板面荷载"菜单里自

图 8-81　筏板荷载定义

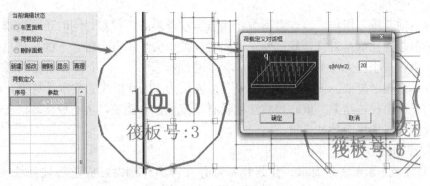

图 8-82 荷载修改流程

动生成"水浮力-常规"的荷载工况，用户可以在筏板上按工程实际布置并且编辑该荷载工况。勾选"历史最高水位"，并且输入相应的水位标高，程序会在"板面荷载"菜单里自动生成"水浮力-抗浮"的荷载工况。对于同一个工程，抗浮水位标高不一样的情形（如坡地上水位不一样的情形），则可以在"板面荷载"定义不同"水浮力-抗浮"工况荷载值，并且布置到相应区域即可。

图 8-83 布置筏板覆土荷载

图 8-84 综合编辑

对于同一工程局部人防荷载不一样的情况，需要在【参数】【荷载工况】菜单里勾选考虑人防荷载，在"板面荷载"菜单里会自动生成"人防底板等效静荷载"的荷载工况，用户可以通过删除面载、荷载修改功能调整人防底板等效静荷载值和布置的区域，从而实现筏板局部人防的功能。

6. 综合编辑（图 8-84）

通过本菜单可以对已经布置的筏板进行编辑修改，包括修改板边挑出、对筏板进行增补和切割，同时对已经布置的筏板还可以进行镜像、复制、移动。

对于筏板上已经布置的板面荷载，筏板的镜像、复制、移动功能同样有效，进在镜像、复制、移动筏板的同时，筏板上的荷载也是随着一起镜像、复制、移动的。

7. 改板信息

对于已经布置筏板的板厚、板底标高及筏板的类型进行修改。

8. 重心校核

通过该项菜单，用户可以查看荷载作用点与基础形心的偏移，同时还可以查看准永久组合下的偏心距比值是否符合规范要求。同时该菜单会显示每个组合下的荷载总值，筏板的最大反力、最小反力及平均反力（假设板是刚性板），对于初步校核基础承载力是否满足要求有一定参考价值。重心校核的结果可以输出为 Word 格式的文本计算书，同时在基础平面图上输出校核结果。重心校核功能具有子筏板控制选项，重心校核算法支持考虑墙平面外弯矩、考虑柱墩独基自重。

9. 抗浮验算

《地基规范》5.4.3 条要求，建筑物基础存在浮力作用时，应进行抗浮稳定性验算。点击该菜单项，并且选择相应的筏板，程序弹出如图 8-85 所示对话框。

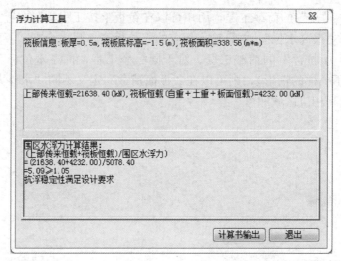

图 8-85　浮力计算工具

8.3.11　桩基承台

桩承台是承接上部结构与桩基础的混凝土构件，它将各桩连成一个整体，把上部结构传来的荷载转换、调配到单个桩。按桩与上部结构的连接方法分为承台桩和非承台桩。通过承台与上部结构相连的桩为承台桩，其输入由【承台桩】实现，其余称为非承台桩，一般通过筏板或地基梁与上部结构相连，其输入由【非承台桩】实现。

1. 人工布置

人工布置桩承台之前，要布置的桩承台类型应该已经在类型列表中，承台类型可以是用户手工定义，也可以是用户通过"自动布置"方式生成的基础类型。点"人工布置"菜单程序会同时弹出"基础构件定义管理"菜单及基础布置参数菜单，如图 8-86 和图 8-87 所示。

程序可以通过两种方式修改基础定义，一种方式是在"基础构件定义管理"列表中选择相应的基础类型，点击"修改"按钮，这种方式是按基础类型修改基础定义。另一种方式，双击需要修改的基础，程序弹出"构件信息"对话框，点击右上角的"修改定义"按钮，弹出如下独基定义对话框，在对话框中可输入或修改基础类型、尺寸、标高、移心等信息。

图 8-86 承台桩菜单

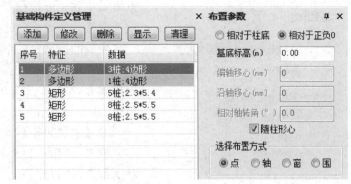

图 8-87 桩布置对话框

程序对人工布置的桩承台会自动进行桩反力、冲切、剪切验算，并将验算结果显示在平面布置图上，供用户参考。

2. 自动布置

1)【单柱承台】【多柱墙承台】

用于承台自动设计。点击相应菜单后，在平面图上用围区布置、窗口布置、轴线布置、直接布置等方式布置选取需要程序自动生成基础的柱、墙，选定后，在弹出的布置信息对话框里（图 8-88），输入相应的布置信息。标高输入的含义可以参考独基的相关内容。对于多柱基础，还应该选择基础底面形心是按柱的几何形心还是按恒＋活荷载的合力作用点生成。如果自动生成的基础位置原来已经布置了基础，则原来的基础会自动被替换。

图 8-88 单柱、多柱墙承台定义

其中"多柱墙承台"功能，可以自动生成剪力墙下桩承台。生成过程类似于联合承台的生成方式，剪力墙的荷载按矢量合成的原则叠加成为剪力墙下联合承台的荷载。

2)【围桩承台】（图 8-89）

使用【围桩承台】菜单可以把非承台下的群桩或几个独立桩围栏而生成一个承台桩。

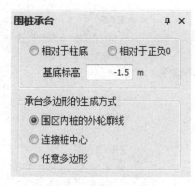

图 8-89　围桩承台菜单

点击菜单后，可把已经布置的单桩或群桩，按围区方式选取将要生成承台的桩，可形成桩承台。

生成的桩承台的形状，可以是按桩的外轮廓线自动生成，程序自动"参数"菜单里按设定的桩边距生成桩承台，也可以按用户手工围区的多边形生成桩承台。

3）【承台归并】

输入相应的归并差值尺寸，程序根据输入的尺寸对承台进行归并。

4）【单独验算、计算书】

本菜单用于输出单个承台的详细验算、计算过程，单独计算书内容包括设计资料（承台类型、材料、尺寸、荷载、覆土、桩承载力、上部构件信息、参考规范），承台桩反力计算过程及校核结果，承台冲剪计算过程，承台配筋计算过程。

承台单独计算程序默认输出每项计算内容里起控制作用的荷载组合的计算过程，如果想看所有荷载组合的计算过程，可以点右下角工具栏的【输出控制】菜单，将"计算结果简略输出"项不勾选，如图 8-90 所示。

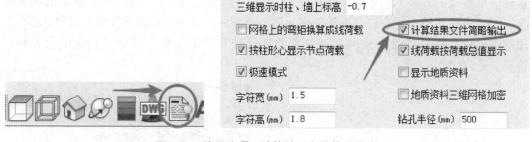

图 8-90　绘图选项—计算结果文件简略输出

8.3.12　桩

无论做承台桩基础还是非承台桩基础，均可在生成相应基础形式前对选用的桩进行定义。点击生成相应基础的菜单后，程序首先自动弹出"基础构件定义管理"对话框。用户可用"新建""修改""拾取"按钮来定义和修改桩类型。

1. 定义桩

选择此命令，单击【添加】按钮，即可在如图 8-91、图 8-92 所示的对话框中定义桩。桩的分类选择有预制方桩、水下冲（钻）孔桩、沉管灌注桩、干作业钻（挖）孔桩、预制混凝土管桩、钢管桩和双圆桩等。其参数随分类不同而不同，有单桩承载力和桩直径或边长，对于干作业钻（挖）孔桩包括扩大头数据等。

选择分类和输入参数后，点"确认"生成或修改一种桩类型，可用"删除"按钮删除已有的某类桩。

锚杆的定义需要注意定义是"锚杆杆体直径"指的是锚杆有效受拉直径，如果受拉材料是钢筋，一般为钢筋的有效截面面积，该值会影响后续锚杆抗拉强度计算。

图 8-91　定义桩对话框

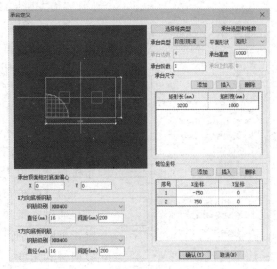

图 8-92　桩承台参数输入对话框

2. 群桩

1)【梁下布桩】（图 8-93）

用于自动布置基础梁下的桩。点击菜单后，首先选择要选用的桩，然后选择梁下桩的排数（单排、交错或双排），最后点取地基梁，程序根据地基梁的荷载及梁的布置情况自动选取桩数布置于梁下。但因尚未进行有限元的整体分析计算，所以此时布桩是否合理还必须经过桩筏有限元计算才能确定。

图 8-93　布桩参数

2)【墙下布桩】

【墙下布桩】菜单设置与【梁下布桩】菜单设置一样，为满足变刚度调平的布桩要求，可以指定相应的强化指数或者弱化指数，程序用上部荷载值除以单桩承载力，得到桩数再乘以相应的"强化（弱化）指数"，得到要布置的桩的数量，然后根据用户指定的布桩形式，将桩布置到相应的墙下。桩间距取的是"参数"里"承台参数"里的桩间距输入值。

3)【筏板布桩】

在此种布桩方法下，点击菜单后，先要点取布桩的筏板，之后屏幕上将弹出如图 8-94 所示的对话框。

"最小桩间距"：筏板布桩时候的最小桩间距值。

桩定义

序号	类型	直径,竖向承载力
1	水下冲(钻)孔桩	500, 800, 300
2	水下冲(钻)孔桩	500, 800, 300
3	锚杆	500, 0, 300

布桩参数

最小桩间距(mm) 1500
最大桩间距(mm) 3000
桩的角度(°) 0
桩排布角度(°) 0
区域强化指数 1
☑ 包含子筏板区域
☑ 仅用"恒+活"标准组合计算
☐ 验算桩承载力

最大基底反力:

图 8-94　桩定义参数

"最大桩间距":筏板布桩时候的最大桩间距值。

"桩的角度":指定单个桩的截面角度,有些情况下方桩截面需要指定截面角度使得桩边与基础边平行。

"桩排布角度":指定所有桩的排布角度,即布置的桩统一旋转指定角度。

4)【两点布桩】

本菜单用于在任意两点之间等间距布桩。布置是可以选择按"固定距离"布桩,也可以选择按"固定桩数"布桩。布桩形式可以为"单排桩""双排桩""交错"。

5)【群桩布置】(图 8-95)

通过本菜单,用户可以批量输入多排桩,进行群桩布置,可以分别设定 X、Y 方向桩间距,指定群桩布置角度及单根桩的角度。

3. 计算

1)【桩长计算】(图 8-96)

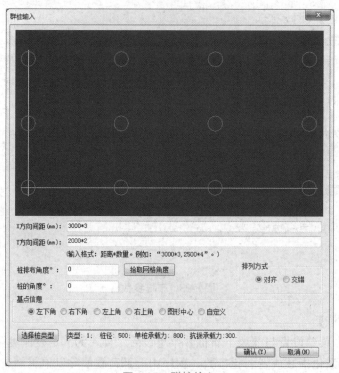

图 8-95　群桩输入

本菜单可根据地质资料和每根桩的单桩承载力计算出桩长。

提供三种桩长计算方式:

"按桩基规范 JGJ 94—2008 查表确定并计算":这种方式程序根据地质资料输入的土层名称查《建筑桩基技术规范》JGJ 94—2008 表格 5.3.5-1 及表格 5.3.5-2,得到桩所在土层的桩的极限侧阻力标准值及桩的极限端阻力标准值,根据桩基规范的计算公式及输入

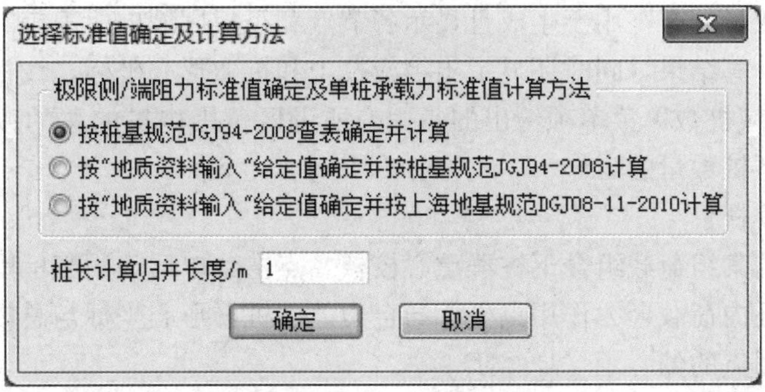

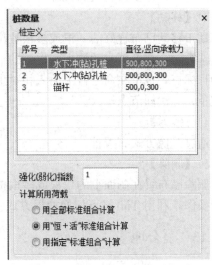

图 8-96 桩长计算

的桩的承载力标准值反算桩长。

"按'地质资料输入'给定值确定并按桩基规范 JGJ 94—2008 计算"：这种方式程序根据地质资料输入的土层的桩的极限侧阻力标准值及桩的极限端阻力标准值，根据《建筑桩基技术规范》JGJ 94—2008 的计算公式及输入的桩的承载力标准值反算桩长。

"按'地质资料输入'给定值确定并按上海规范 DGJ 08-11—2010 计算"：这种方式程序根据地质资料输入的土层的桩的极限侧阻力标准值及桩的极限端阻力标准值，根据《上海地基基础设计规范》DGJ 08-11—2010 的计算公式及输入的桩的承载力标准值反算桩长。

点击菜单后，输入"桩长归并长度"，屏幕即显示计算后桩长值。

2)【桩长修改】（图 8-97）

本菜单用于修改或输入桩长。既可修改已有桩长实现人工归并，也可对尚未计算桩长的桩直接输入桩长。可以"全部"修改也可以选择"单一"修改，其中"单一"修改是指单独修改某一类桩的桩长而不是修改某一根桩的桩长。

3)【桩数量图】（图 8-98）

图 8-97 桩长修改

图 8-98 桩数量图

可以通过该菜单查看任意标准组合下的桩数量需求分布图或者是某一区域需要的桩数

量图。其中"桩数量分布"用于生成且显示各节点和筏板区域内所需桩的数量参考值，它是对整个基础的计算结果，同时还显示出筏板抗力和抗力形心坐标，筏板荷载合力和合力作用点坐标。"区域桩数"菜单项给出的是用户所围区范围内桩的总的数量，它省去了人工统计每个节点下桩数量的工作。

4）【桩重心校核】

用于在选定的某组荷载组合下桩群重心校核。点击菜单后，用光标围取若干桩，确定后屏幕显示所围区内荷载合力作用点坐标与合力值、桩群形心坐标与总抗力、桩群形心相对于荷载合力作用点的偏心距（D_x、D_y）。

5）【查桩数据】

检查所围区域内布置的桩的总数及检查桩间距是否满足规范要求。

6）【桩承载率】

对于桩筏基础，程序将筏板视为刚性板，考虑上部荷载标准荷载作用到筏板，计算板底桩的反力值，每根桩的反力值与定义的单桩承载力比值就是桩承载率，用于初步判断桩的利用率。

4. 编辑

1）【复制】

复制已有单桩（锚杆）或者群桩（锚杆），布置到需要的位置上。操作时，首先选取要复制的桩目标，程序可自动捕捉某根桩（锚杆）的中心为定位点，然后，被复制的桩（锚杆）体随光标移动并可适时捕捉图面上的某一点为目标点，也可在命令行中输入相对坐标值进行定位，同时也可利用屏幕已有点进行精确定位，方法同节点输入。

2）【替换】

用于将已布置的桩替换为另外的桩类型。操作时，点击"替换"命令，程序自动弹出"基础构件定义管理"菜单，在菜单列表里选择需要替换成的目标类型，然后直接在基础平面图上选择需要被替换的桩即可。

3）【移动】

用于移动已布置好的一根或多根桩位置，可通过光标、窗口、围栏等捕捉方式进行操作，选桩时，程序可自动捕捉某根桩的桩心为定位点，移动时可以适时捕捉图面上的某一点为目标点，也可在命令行中输入相对坐标值进行定位，同时也可利用屏幕已有点进行精确定位，方法同节点输入。

4）【镜像】

通过镜像方式布置桩。

5）【删除】

删除已布置在图面上的一根或多根桩（锚杆），可通过光标、窗口、围栏等捕捉方式进行操作，利用 Tab 键可切换捕捉方式。

8.3.13　复合地基

1. 布置（图 8-99）

本菜单用于指定布置复合地基的范围，布置形式可以是以筏板为单位，按"指定筏板"布置，也可以按任意范围"自由围区"布置。"自由围区"可以在平面图的任意范围内围区自定复合地基处理范围，之后在该范围内布置的独基、地基梁、砌体条基、筏板等基础形式，后续程序自动按复合地基相关要求计算基础沉降、反力、内力。

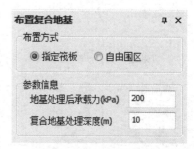

　　布置的同时，输入"地基处理后承载力"及"复合地基处理深度"。

　　程序会根据《地基规范》9.2.8条相关规定，先计算压缩模量的提高系数ζ，处理前的压缩模量程序取【参数】和【地基承载力】里的"地基承载力特征值"。

图 8-99　复合地基布置参数

计算复合地基工程，需要输入地质资料，然后输入相应土层天然地基的相关参数。程序根据计算出的压缩模量提高系数ζ，先计算处理土层的压缩模量，然后根据该压缩模量计算沉降，反算基床系数，根据反算的基床系数进行后续的相关计算。

　　2. 自动布桩（图 8-100）

　　JCCAD 对于复合地基工程，可以不输入复合地基桩，直接按地基处理计算，只需输入相关信息即可。如果需要输入复合地基桩计算，需要在【桩】【布置定义】菜单里定义复合地基桩，然后将复合地基桩布置在筏板下，复合地基桩的布置可以按常规桩基通过【桩】【群桩】下的各种布桩方式布桩（【筏板布桩】不适用于复合地基桩的布置），也可以通过【导入 DWG 图】菜单导入桩位。

　　如果需在筏板下批量布置复合地基桩，则可以通过图 8-101 菜单布置。布置之前需要先布置筏板，并且将在筏板范围布置复合地基。

　　"桩承载力系数"：复合地基自动布桩的时候，程序会根据桩土发挥系数及目标承载力，确定桩数，桩的发挥系数乘以桩的承载力特征值即为桩提供的承载力。

　　"桩间土承载力发挥系数"：确定复合地基桩数的时候，土承载力发挥系数。

图 8-100　定义 CFG 桩　　　　　　　　图 8-101　CFG 桩布置参数

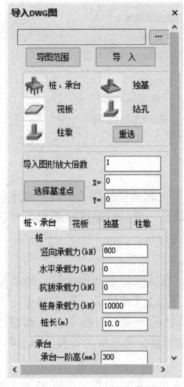

图 8-102   导入桩位菜单

8.3.14   导入桩位

本菜单可以将 AutoCAD 格式的桩位置平面图或者 TCAD 格式的桩位平面图导入基础模型文件中，其菜单如图 8-102 所示，对于平板式筏形基础的桩位布置，通常做法是先根据上部结构荷载，在 AutoCAD 中初步确定全楼桩位，通过此方式可以很便捷地令初步布置的桩位图导入 JCCAD 中直接进行反复试算，实际工程中应用较多。

1. 选择文件

选择此命令，程序弹出如图 8-103 所示的对话框，若当前目录中有 dwg 或 t 后缀的桩位图，选择即可，程序自动将此图导入。

2. 按层选桩

图形文件导入完毕后，可以通过此命令将所有位于同一图层的桩位图导入模型中。

3. 点选单桩

如果桩位图中没有严格按图层区分不同的构件，使用【按层选桩】不方便，可通过此命令逐一将桩边线选出。除了可以将位于同一图层的桩位图导入模型外，还允许用户选择部分桩导入模型中。

图 8-103   请选择桩基础施工图对话框

4. 导至模型

选择完毕还要从图素中分析出桩的布置信息及截面尺寸，并将分析出来的桩与基础模型中的构件对位，此命令可实现先输入基点，然后交互拖动转换后的桩，将其布置在合适的位置。

8.3.15 工程实例——桩基布置

1. 在"某框剪结构青年教工宿舍"工程中，选择【桩】中的【定义布置】命令，程序会弹出如图 8-104 所示的对话框。在该对话框中点击【添加】按钮弹出如图 8-105 所示的对话框。输入抗压承载力"1300"，桩直径"500"，桩类型"预制管桩"。

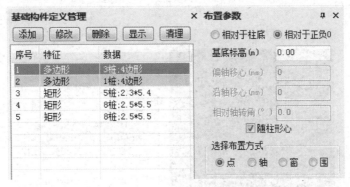

图 8-104　桩定义对话框

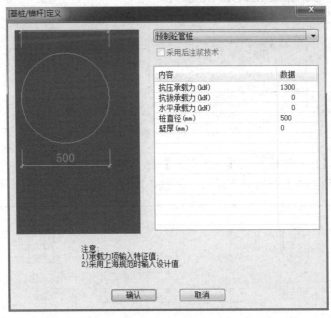

图 8-105　新建桩参数对话框

2. 选择【桩基承台】中的【人工布置】命令，程序会弹出如图 8-106 所示的对话框，点击【添加】弹出如图 8-107 所示的对话框，输入相关的修改参数。

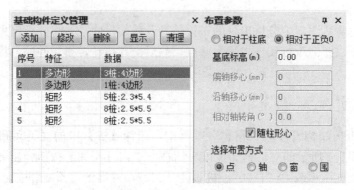

图 8-106 桩承台定义对话框

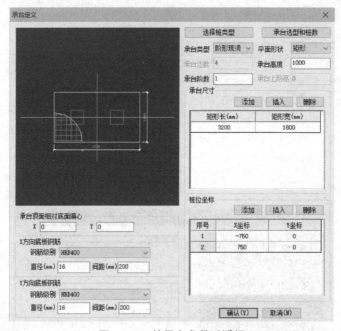

图 8-107 桩承台参数对话框

3. 可以选择【自动生成】或【人工布置】命令进行承台布置。

4. 点击【自动生成】布置柱下承台，其偏心随柱的偏心，布置图如图 8-108 所示。

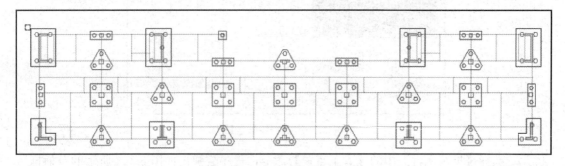

图 8-108 桩承台布置图

8.4 分析设计

JCCAD 主菜单【分析设计】可生成设计模型：读取建模数据进行处理生成设计模型，并提供设计模型的查看与修改。生成分析模型：对设计模型进行网格划分并生成进行有限元计算所需数据。分析模型查看与处理：分析模型的单元、节点、荷载等查看；桩土刚度的查看与修改。有限元计算：进行有限元分析，计算位移、内力、桩土反力、沉降等。基础设计：对独基、承台按照规范方法设计；对各类采用有限元方法计算的构件根据有限元结果进行设计。其菜单如图 8-109 所示。

图 8-109   分析与设计界面

8.4.1 参数

选择此命令，程序弹出如图 8-110 所示的对话框，用户可以根据需要输入。

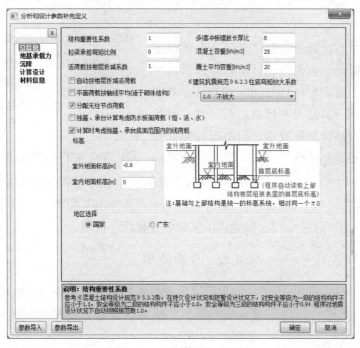

图 8-110   计算参数对话框

8.4.2 模型信息

通过本菜单可以查看基础模型一些基本基础类型信息、尺寸信息、材料信息，校核基

图 8-111　模型信息

础模型输入是否正确。点【模型信息】，左侧树形菜单控制显示的基础类型及模型信息，如图 8-111 所示。

8.4.3　计算内容

对于单柱下的独基或者桩承台，程序默认按规范算法计算和设计，即此时独基或者桩承台本身视为刚性体，各种荷载及效应作用下本身不变形，做刚体运动。对于多柱墙下独基或者桩承台，可能基础很难保证本身不变形，即刚性体假定可能不成立，此时可能按有限元计算计算更为合理，有限元算法独基或者承台按照板单元进行计算与设计，如图 8-112 所示。

通过本菜单可以指定独基或者桩承台是按规范算法计算还是按有限元算法计算。

程序默认单柱下独基及桩承台按规范算法计算，多柱墙下独基或者桩承台按有限元算法计算，防水板范围内独基或者桩承台程序同时提供两种算法的计算结果，用户可以通过【结果查看】里的"单元结果"及"有限元结果"两个菜单分别查看不同算法的计算结果。

8.4.4　生成数据

此菜单其核心功能为：网格划分，生成桩土刚度，生成有限元分析模型。目前软件提供两种网格划分方式：铺砌法与 Delaunay 拟合法，其中 Delaunay 三角剖分算法具有严格的稳定性，因此理论上所有模型都可划分成功，但由于几何计算

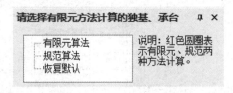

图 8-112　计算方法选择

的精度问题，还是存在例外情况，当采用 Delaunay 拟合法进行网格划分失败时，采用"使用边交换算法"选项，可有效提高网格划分成功率。

软件可自动生成弹性地基模型、倒楼盖模型、防水板模型，以供后续计算设计使用。

8.4.5　分析模型

执行【生成数据】菜单后，程序会生成分析模型，点【分析模型】菜单可以查看分析模型下的一些模型信息，如图 8-113 所示。

"有限元网格信息"：查看有限元网格划分结果，包括单元编号及节点编号。

"板单元"：查看每个单元格里的筏板厚度及筏板混凝土强度等级。

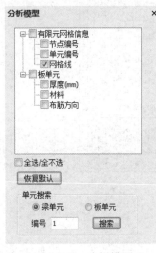

图 8-113　分析模型

8.4.6 基床系数

基床系数，又称地层弹性压缩系数，是采用文克尔假设描述地层受力变形的特性时，位移量随荷载值增长的比例系数。对同一地层常假设为常数。基床系数对基础的配筋影响十分大，这也侧面证明了结构沉降对于基础配筋的意义很大，不均匀沉降肯定导致基础应力的增加，从而导致基础配筋的加大。

基础基床系数修改操作过程：先在"基床系数"输入框里输入要修改的基床系数，然后点【添加】，这时在基床系数定义列表会显示刚刚添加的基床系数。修改时先在列表选择相应的基床系数，然后"布置方式"可以选择"按有限元单元布置"直接框选单元布置，也可以选择"按构件布置"选择相应的构件布置。

需要注意的是，用户手工修改过的基床系数，程序会默认优先级较高，重新生成数据时，程序会优先选用上次用户修改过的基床系数，如图 8-114 所示。

8.4.7 桩刚度

本菜单用于查看修改桩、锚杆刚度、群桩放大系数，如图 8-115 所示。

图 8-114 基床系数   图 8-115 桩刚度

单桩弹性约束刚度 K 包含竖向、弯曲刚度及抗拔刚度，程序能根据地质资料计算单桩刚度，如果有地质资料，程序自动计算刚度值，如果没有输入地质资料，则程序将按默认值 10 万 kN/m 确定桩的刚度。

桩刚度修改操作过程：先在"桩刚度编辑"输入框里输入要修改的桩刚度，然后点

【添加】，这时在桩刚度定义列表会显示刚刚添加的桩刚度。修改的时候先在列表中选择相应的桩刚度，直接框选桩进行修改，也可以按照桩类型的筛选器。

8.4.8　荷载查看

用于查看校核基础模型的荷载是否读取正确。"设计模型"会根据用户选择显示所有上部构件的荷载、自重等信息，"分析模型"会显示每个单元网格里的荷载信息及每个单元节点的荷载信息。

8.4.9　生成数据＋计算设计

整合生成数据与计算设计两个功能。

8.4.10　计算设计

此菜单主要实现包括柱下独立基础、墙下条形基础、弹性地基梁基础、带肋筏板基础、柱下平板基础（板厚可不同）、墙下筏板基础、柱下独立桩基承台基础、桩筏基础、桩格梁基础等的分析设计，还可进行由上述多类基础组合的大型混合基础分析设计，以及同时布置多块筏板的基础分析设计。

8.5　结果查看

计算结果查看主要分为"分析结果"及"设计结果"，用户可以查看各种有限元计算结果，包括"位移""反力""弯矩""剪力"。同时根据规范的要求提供各种设计结果，主要包括"承载力校核""设计内力"及"配筋""沉降""冲切剪切""实配钢筋"，另外软件提供了文本显示功能："构件信息""计算书""工程量统计"。

图 8-116　计算模型

8.5.1　模型简图

主要用于查看计算模型的参数信息及基础构件信息（图 8-116）。

此菜单分别给出了"基本模型"与"沉降模型"的基床系数、桩刚度的显示，这里的"基本模型"是指有限元计算的初始模型，其基床系数、桩刚度与前处理一致；"沉降模型"是指计算沉降的模型，其基床系数、桩刚度是在根据最终沉降计算的结果。

8.5.2　分析结果

1. 位移（图 8-117）

查看所有单工况下及荷载组合下基础位移图。通过查看位移图，查看基础变形是否合理，通常对于基础计算，内力大小与变形差大小有关，所以基础位移是评判基础分析结果合理性的重要指标。

2. 反力图（图8-118）

查看单工况下及荷载组合下的基础底部反力。水平力比较大的荷载组合，可以通过反力图查看，以判断基础底部是否有零应力区。对于水浮力组合，通过反力图查看判断基础底部水浮力是否大于上部荷载，从而判断是否存在抗浮问题。

对于独基或者桩承台，如果是按规范算法计算，那么应该查看"构件计算结果"，此时每个独基或者桩承台本身被视为刚性体，只做刚体运动，程序会给出每个基础的最大反力及平均反力。对于筏板基础，一般看"有限元计算结果"即可。

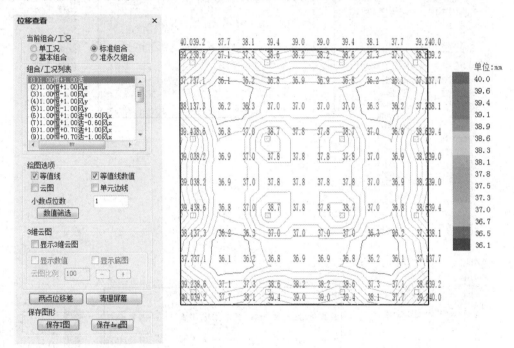

图8-117　位移查看

对于防水板内的独基或者承台，程序默认规范算法及有限元算法都计算，用户可以通过"独基、承台结果选取"分别查看两种算法下的反力结果。对于规范算法，程序计算反力的时候没有考虑水浮力、防水板自重及板上荷载的作用，也不考虑防水板的刚度贡献，独基、桩承台单独受力。有限元算法会本质上将独基、承台与防水板一起视为整体式基础，统一分析计算，协调变形，独基、桩承台本身视为等厚度筏板，同时计算会考虑防水板传递的荷载及防水板本身的刚度影响。所以，有限元计算结果与构件计算结果一般都会有差异。

3. 弯矩（图8-119）

所有单工况下及荷载组合下的基础弯矩。

弯矩查看可以只看单方向查看，也可以同时显示 X、Y 方向的弯矩值，可以查看单元平均弯矩，也可以查看单元节点弯矩。同时显示 X、Y 两个方向弯矩的时候，上部为 X 向弯矩，下部为 Y 向弯矩，对于筏板而言，弯矩方向规则等同于梁的弯矩方向规则，即板底受拉为正，板顶受拉为负。

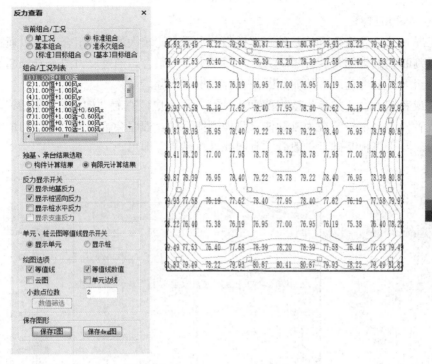

图 8-118　反力查看

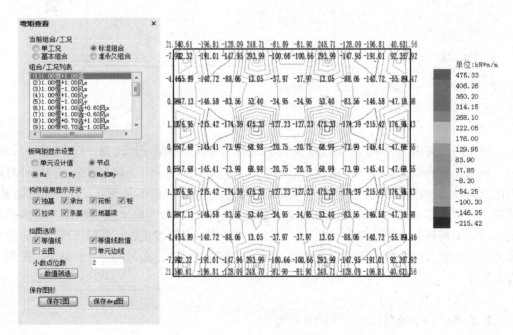

图 8-119　弯矩查看

4. 剪力

查看所有单工况下及荷载组合下的基础剪力。

8.5.3 设计结果

1. 承载力验算

软件根据规范要求给出了地基与桩的承载力验算结果，现软件支持国家规范与广东规范，可以在【基础模型】【参数】【总信息】里设置执行的规范标准。独基与承台提供有限元结果与构件计算结果。

目前程序验算桩在地震作用组合下抗拔承载力的时候，出于安全考虑承载力特征值没有乘以 1.25 的调整系数。

2. 设计内力

查看起控制作用的基础内力。

3. 配筋

查看基础配筋。查看配筋结果的时候，可以选择是否显示构造配筋。

4. 沉降

提供两种沉降结果"构件中心点沉降""单元沉降"及相应的基底压力。

计算沉降必须要输入地质资料，否则结果查看没有沉降值。程序用户可以通过本菜单查看任意两点的沉降差及倾斜值。通过计算书查看详细的沉降计算过程。

构件中心点沉降：根据用户在沉降参数中选择的计算方法，以构件为单位计算的沉降，其过程可以通过沉降计算书查看。

构件底压力：构件底压力是通过有限元位移计算的地基反力之和。

单元沉降：根据用户在沉降参数中选择的计算方法，以单元为单位计算的沉降结果。

单元底压力：每个单元的底压力为通过有限元位移计算的地基反力。

两点沉降差：用于查看基础任意两点的沉降差及倾斜值。

沉降计算书：查看构件沉降的详细计算过程。

5. 冲切剪切验算

本菜单用于验算已经布置基础的冲切剪切结果，以校核布置基础的厚度是否满足规范要求，如果布置有柱墩，同时还可验算柱墩加筏板的厚度是否满足要求及柱墩本身对筏板冲切剪切是否满足要求。同时该菜单提供局压验算功能。

6. 实配钢筋

程序采取分区均匀配筋方式对计算配筋进行处理，并给出实配钢筋。点击"钢筋实配"弹出如图 8-120 和图 8-121 所示对话框。

"钢筋级配表"：用于钢筋级配设置。

"配筋显示内容设置"：用于设置显示筏板区域配筋还是独基、承台构件配筋。

筏板区域配筋：以筏板为单位显示各个筏板区域内的实配钢筋，这是有限元计算配筋后进行加权平均后的实配结果，每个区域每个方向一般上下两排拉通钢筋。如果筏板内有子筏板，那么子筏板将作为单独配筋区域进行钢筋实配计算，再与外围大板实配结果对比，如果子筏板范围内的实配结果不大于外围大板实配结果，则子筏板区域不单独实配，直接取外围大板拉通筋，否则，子筏板范围内显示的实配钢筋为子筏板实配钢筋减去外围实配钢筋的结果，即子筏板只显示附加钢筋。

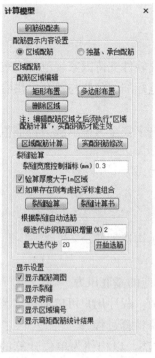

图 8-120　计算模型

图 8-121　钢筋级配表

独基承台配筋：显示独基或者桩承台的实配钢筋，一般是基础底板钢筋。

配筋区域编辑：添加、删除配筋区域。如果筏板的某一局部区域希望单独配筋，可以通过本菜单在筏板里绘制该区域，设置完成后，点"区域配筋计算"，则程序按新的配筋区域进行钢筋实配，实配原则如上述子筏板区域实配原则。

实配钢筋修改：对筏板区域配筋结果进行编辑修改。点击该菜单后，程序弹出如图 8-122 所示信息，用户可以修改表格里各个区域实配钢筋。

裂缝验算：按《混凝土规范》相关要求验算基础钢筋是否满足要求。

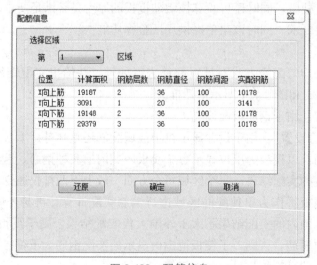

图 8-122　配筋信息

8.5.4 构件信息

此功能主要是根据用户所选择构件，输出构件的基本信息、配筋结果、冲切剪切结果、承载力验算结果等，方便用户查看与校核。

8.5.5 计算书

本菜单以文本方式输出所有计算过程，主要包括详细统一的计算书及工程量统计结果文本。

新版本软件在计算书中将计算结果分类组织，依次是：设计依据、计算软件信息、计算参数、模型概况、工况和组合、材料信息、承载力验算、配筋计算、冲剪验算、设计结果简图等十类数据。

8.5.6 工程量统计

V5 以后版本的软件在【结果查看】【文本结果】中增加了工程量快速统计，可以在计算完成后，进行简单工程量统计。

8.5.7 文本查看

V5 以后版本的软件在【结果查看】【文本结果】中增加了文本查看，方便用户在计算完成后，查看前期已生成的文本。可查看的文本结果有"基础基本参数""荷载汇总"。

8.6 基础施工图

JCCAD 主菜单【施工图】可以承接基础建模中的构件数据绘制基础平面施工图，也可以承接基础计算结果绘制梁平法施工图、筏板施工图、基础大样图等，其菜单如图 8-123 所示，其中【参数设置】【绘新图】【编辑旧图】命令与【墙梁柱施工图】模块类似，不同详述。

8.6.1 标注

基础施工图界面上方的下拉菜单整合了各种形式基础的通用命令，包括如图 8-124 所示的【标注】【尺寸】【编号】等。

图 8-123 基础施工图菜单

1. 轴线

标注各类轴线（包括弧轴线）间距、总尺寸、轴线号等。

2. 尺寸

本菜单实现对所有基础构件的尺寸与位置进行标注。

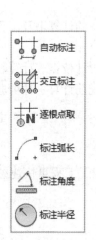

图 8-124　标注

【条基尺寸】标注条形基础和上面墙体的宽度。

【柱尺寸】标注柱子及其相对于轴线尺寸。

【拉梁尺寸】标注拉梁尺寸及其相对轴线的位置。

【独基尺寸】标注独立基础及其相对于轴线的尺寸。

【承台尺寸】标注基础承台及其相对于轴线的尺寸

【地梁长度】标注弹性地基梁（包括板上肋梁）长度。

【地梁宽度】标注弹性地基梁（包括板上肋梁）宽度及其相对于轴线的尺寸。

【标注加腋】标注弹性地基梁（包括板上肋梁）对柱子的加腋线尺寸。

【筏板剖面】绘制筏板和肋梁的剖面并标注板底标高。

【标注桩位】标注任意桩相对于轴线的位置。

【标注墙厚】标注底层墙体相对于轴线位置和厚度。

3. 编号

用于标注柱、梁、独基的编号及在墙上设置、标注预留洞口。

1）标注编号、拉梁编号、独基编号、承台编号、地梁编号，分别用于标注柱子、拉梁、独基、承台、地梁编号。

2）输入开洞：用于在底层墙体上开预留洞。

3）标注开洞：标注上面预留洞口。

4. 平法

本菜单用于根据图集要求，分别绘制独基、承台、柱墩、地基梁的平法施工图。

5. 编辑

本菜单用于对施工图的标注进行移动或者换位编辑。

6. 改筋

本菜单用于对施工图中钢筋的修改。

8.6.2　基础梁平法施工图

基础施工图菜单中【梁筋标注】【修改标注】【地梁改筋】【分类改筋】【地梁裂缝】【过梁画图】【基准标高】与基础梁平法施工图相关，本节主要介绍这些菜单的功能。

1. 梁筋标注

为用各种方法计算出的所有地基梁选择钢筋、修改钢筋并绘出基础梁的平法施工图。

2. 地梁改筋

用于表格方式修改地梁钢筋。

3. 分类改筋

将梁筋分为上部钢筋、支座钢筋、跨中钢筋等逐类修改。

4. 地梁裂缝

用于验算地梁裂缝。

5. 选梁画图

选择地梁绘制立面图、剖面图。

6. 标准标高

用于写当前图中基础梁跨的基准标高。

8.6.3　基础详图

【基础施工图】可以承接基础计算结果绘制独立基础，柱、墙下条形基础、桩承台等的详图，其菜单如图 8-125 所示。

1. 绘图参数

选择此命令，程序弹出如图 8-126 所示对话框，用户即可根据需要设置绘图参数。

图 8-125　基础详图菜单

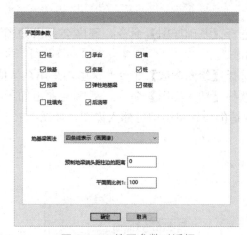

图 8-126　绘图参数对话框

2. 插入详图

将大样图插入图面。

3. 删除详图

将已插入的详图从图面中删除。

4. 移动详图

调整详图在图面中的位置。

5. 钢筋表

用于绘制独立基础和墙下条形基础的底板钢筋表。

8.6.4 工程实例——绘制基础施工图

1. 在上一节建立的"某框剪结构青年教工宿舍"工程中，选择 JCCAD 主菜单【施工图】，单击按钮，即可进入基础施工图绘制界面。

2. 选择【参数设置】命令，这里均采用默认值，单击【确定】按钮。

3. 选择【标注】中【编号】，选择【承台编号】命令，程序会弹出如图 8-127 所示的对话框，选择"自动标注"

4. 选择【标注】中【尺寸】，选择【承台尺寸】命令，单击需要标注的基础，结果如图 8-128 所示。

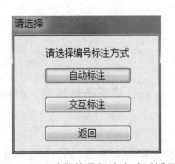

图 8-127 选择编号标注方式对话框

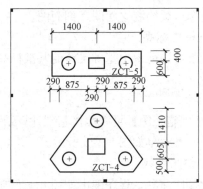

图 8-128 承台尺寸标注图

5. 选择【基础详图】命令，程序会弹出如图 8-129 所示的对话框，选择"在当前图中绘制详图"。

6. 选择【绘图参数】命令，这里均采用默认值，单击【确定】按钮。

7. 选择【插入详图】命令，程序会弹出如图 8-130 所示的对话框，选择 ZCT-9，在屏幕上合适的位置单击即可插入详图，如图 8-131 所示。

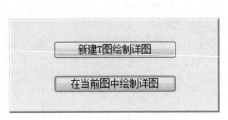

图 8-129 绘图提示对话框

图 8-130 选择基础详图对话框

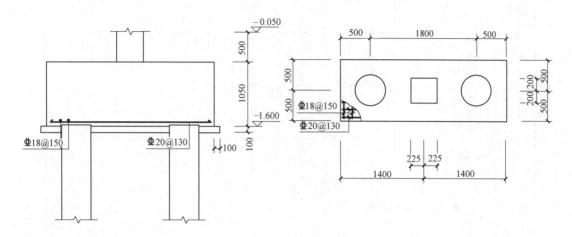

图 8-131　基础详图

8.7　工程实例——某框剪结构青年教工宿舍基础设计

8.7.1　地质资料输入

1. 选择 JCCAD 主菜单中的【地质模型】中的【文件管理】下拉菜单，选择【打开 DZ 文件】，程序弹出如图 8-132 所示对话框。然在文件名对话框中输入"LGD. DZ"点击打开即可进入地质资料交互输入界面。

2. 单击【标准孔点】命令，点击【添加】命令添加土层，然后根据地质资料（表 8-3）修改各土层信息，如图 8-133 所示。

3. 根据地勘报告，在 CAD 定出孔点位置备用。选择【导入孔位】再选择【插入底图】命令，选择准备好的 CAD 格式的孔点位置文件，点击【打开】按钮，如图 8-134 所示。选择【点选单孔】命令，拾取孔点位置，然后选择【导至模型】即完成孔点的导入。

4. 单击【单点编辑】命令，鼠标左键拾取需要修改的孔点，进入孔点参数修改界面，如图 8-135 所示。然后根据地勘资料对各个孔点进行修改。

8.7.2　基础模型

1. 单击【基础模型】，选择【读取已有基础布置并更新上部结构数据】然后点击【确定】按钮进入基础模型输入界面。选择【地质资料】→【打开资料】打开地质资料输入对话框。选择＊DZ 地质资料文件单击【打开】按钮完成地质资料的加载。选择【平移对位】然后拖动地质资料完成地质资料与基础模型的对位，如图 8-136 所示。

2. 单击【参数】，设置相应的参数如图 8-137 所示。

3. 单击【荷载】，弹出如图 8-138 所示对话框，勾选 SATWE 荷载，选择【确定】按钮完成荷载的加载。

地基土设计参数推荐值表

表 8-3

层号	土层名称	静力触探 q_c(标准值)(MPa)	重度 γ(kN/m³)	土工试验指标(标准值)						标贯指标	地基土承载力特征值 f_{ak}(kPa)				混凝土预制桩设计参数		压缩模量建议值 E_{S1-2}(MPa)
				快剪试验 q		固结快剪 C_q		剪切试验 uu		标贯修正击数平均值 N(击)	按静力触探指标计算	按土工试验指标计算	按标贯试验指标计算	综合建议值	桩侧阻力特征值 q_{sia}(kPa)	桩端阻力特征值 q_{pa}(kPa)	
				C_k(kPa)	ϕ_k(度)	C_k(kPa)	ϕ_k(度)	C_k kPa	ϕ_k(度)								
①	杂填土	—	-18.5	—	—	—	—	—	—		—	—	—	—	—	—	—
②₁	粉质黏土	0.913	18.87	27.5	13.1	—	—	—	—	—	110	110	—	80	21	—	5
②₂	粉土夹粉质黏土	1.78	18.39	14.4	16.3	—	—			8.5	100	120	110	90	20	—	6.5
②₃	粉质黏土	1.07	18.89	14.6	10.6	—	—			—	120	70	—	70	12	—	4.5
③	粉质黏土	—	19.46	—	—	—	—	—	—	—	—	150	—	150	35	700	7
⑤	粉土夹粉质黏土	2.595	18.65	12.9	19.5	—	—	—	—	13.3	150	150	200	150	30	—	8
⑥₁	粉土	4.732	18.63	11.9	22.8	—	—	—	—	15.9	200	—	280	200	40	—	9
⑥②	粉土夹粉质黏土	2.743	18.62	12.9	19.1			—	—	13.5	150	—	—	150	30	900	8
⑦	粉土夹粉砂	3.316	18.43	11.1	25.9	—	—	—	—	16.3	200	—	260	200	40	1300	9
⑧	粉砂	6.607	18.08	12.1	28.7	—	—	—	—	16.6	230	—	250	230	45	1500	8
⑨	粉质黏土	1.575	18.05	—	—	—	—	22.1	2	—	—	100	—	100	—	100	3.5
⑩	粉质黏土		19.33	—	—	—	—	37.9	2.9	—	—	170	—	170	—	—	5

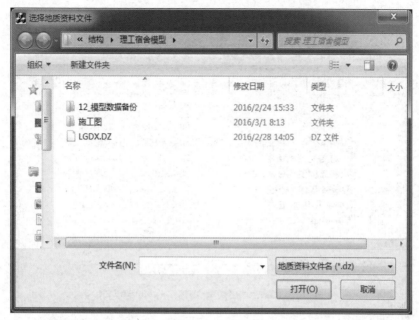

图 8-132 地质资料对话框

层号	土层类型	土层厚度/(m)	极限侧摩擦力/(kPa)	极限桩端阻力/(kPa)	压缩模量/(MPa)	重度/(kN/m3)	内摩擦角/(°)	黏聚力/(kPa)	状态参数	状态参数含义	主层	亚层	土层名称
1	填土	0.80	1.00	1.00	10.00	20.00	15.00	0.00	1.00	定性/-IL	1	0	灰色黏质粉土
2	黏性土	1.20	39.00	28.00	10.00	18.00	5.00	10.00	0.50	液性指数	1	0	灰色黏质粉土
3	淤泥质土	1.70	13.00	16.00	3.00	16.00	2.00	5.00	1.00	定性/-IL	1	0	灰色淤泥质粉质黏土
4	粉砂	4.30	50.00	35.00	12.00	20.00	15.00	0.00	25.00	标贯击数	1	0	灰色砂质粉土
5	粉砂	2.30	117.00	45.00	12.00	20.00	15.00	0.00	25.00	标贯击数	1	0	灰色砂质粉土
6	淤泥质土	4.80	16.00	18.00	3.00	16.00	2.00	5.00	1.00	定性/-IL	1	0	灰色淤泥质粉质黏土
7	粉砂	1.70	74.00	40.00	12.00	20.00	15.00	0.00	25.00	标贯击数	1	0	灰色砂质粉土
8	黏性土	1.70	70.00	58.00	10.00	18.00	5.00	10.00	0.50	液性指数	1	0	灰色粉质黏土夹粉砂
9	黏性土	3.40	32.00	28.00	10.00	18.00	5.00	10.00	0.50	液性指数	1	0	灰色黏质粉土
10	粉砂	3.60	225.00	3900.00	12.00	20.00	15.00	0.00	25.00	标贯击数	1	0	灰色粉砂
11	粉砂	3.50	162.00	65.00	12.00	20.00	15.00	0.00	25.00	标贯击数	1	0	灰色砂质粉土、粉砂
12	粉土	1.60	52.00	30.00	10.00	18.00	15.00	2.00	0.20	孔隙比e	1	0	灰色黏质粉土
13	黏性土	1.90	156.00	18.00	10.00	18.00	5.00	10.00	0.50	液性指数	1	0	灰色淤泥质粉质黏土
14	粉土	1.50	200.00	40.00	10.00	20.00	15.00	0.00	0.20	孔隙比e	1	0	灰色砂质粉土
15	风化岩	10.00	50.00	4000.00	10000.00	24.00	35.00	30.00	100.00	单轴抗压/MPa	1	0	灰色黏质粉土
16	中风化岩	10.00	25.00	5000.00	20000.00	24.00	35.00	30.00	160.00	单轴抗压/MPa	1	0	灰色黏质粉土

图 8-133 标准孔点土层参数

4. 单击【桩】→【定义布置】→【添加】命令,在弹出的对话框中设置"桩类型""桩承载力""桩径"等参数,如图 8-139 所示。单击【桩基承台】→【人工布置】→【添加】命令,在弹出的对话框中输入如图 8-140 所示的参数(在基础设置中,"桩间距"的最小值是 $3d$ "d 为桩的直径",在此处应为 $3 \times 500 = 1500$)。单击【自动生成】命令,然后用鼠标拾取要生成模型中的"柱子",即完成柱下"桩承台的布置",如图 8-141 所示。

图 8-134　导入孔点位置对话框

层号	土层类型	土层底标高 (m)	压缩模量 /(MPa)	重度 /(kN·m3)	内摩擦角 /(°)	黏聚力 /(kPa)	状态参数	状态参数含义	土层序号	
		□用于所有点	□用于所有点	□用于所有点	□用于所有点	□用于所有点	□用于所有点		主层	亚层
1	填土	2.76	10.00	20.00	15.00	0.00	1.00	定性/-IL	1	0
2	黏性土	1.56	10.00	18.00	5.00	10.00	0.50	液性指数	1	0
3	淤泥质土	-0.14	3.00	16.00	2.00	5.00	1.00	定性/-IL	1	0
4	粉砂	-4.44	12.00	20.00	15.00	0.00	25.00	标贯击数	1	0
5	粉砂	-6.74	12.00	20.00	15.00	0.00	25.00	标贯击数	1	0
6	淤泥质土	-11.54	3.00	16.00	2.00	5.00	1.00	定性/-IL	1	0
7	粉砂	-13.24	12.00	20.00	15.00	0.00	25.00	标贯击数	1	0
8	黏性土	-14.94	10.00	18.00	5.00	10.00	0.50	液性指数	1	0
9	黏性土	-18.34	10.00	18.00	5.00	10.00	0.50	液性指数	1	0
10	粉砂	-21.94	12.00	20.00	15.00	0.00	25.00	标贯击数	1	0
11	粉砂	-25.44	12.00	20.00	15.00	0.00	25.00	标贯击数	1	0
12	粉土	-27.04	10.00	20.00	15.00	2.00	0.20	孔障比e	1	0
13	黏性土	-28.94	10.00	18.00	5.00	10.00	0.50	液性指数	1	0
14	粉土	-30.44	10.00	20.00	15.00	2.00	0.20	孔障比e	1	0
15	风化岩	-40.44	10000.00	24.00	35.00	30.00	100.00	单轴抗压 MPa	1	0
16	中风化岩	-50.44	20000.00	24.00	35.00	30.00	160.00	单轴抗压 MPa	1	0

图 8-135　孔点编辑

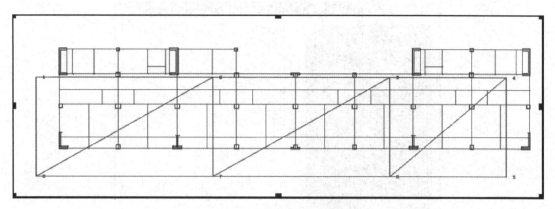

图 8-136 地质资料平移对位

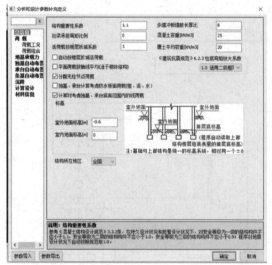

图 8-137 基本参数输入对话框

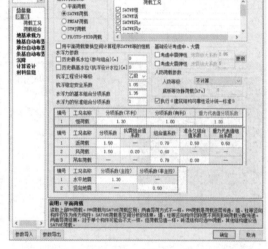

图 8-138 读取荷载对话框

5. 单击【计算】→【桩重心校核】命令，用画框的方式将需要的承台选中，此时系统会自动将荷载合力中心与桩群形心标在屏幕上，如图 8-142 所示。通过这个操作判断双心之间的坐标差，如果坐标差较大，则需移动桩位，减少误差。

6. 选择【分析与设计】→【生成数据＋计算设计】命令，完成基础计算。

7. 单击【结果查看】→【冲切剪切验算】命令，对冲切剪切和局部承压进行校核。

8. 单击【基础模型】→【群桩】→【墙下布桩】命令，完成布置参数输入，如图 8-143 所示。然后单击【布置】命令，在弹出的对话框中选择要布置的桩单击【退出】按钮进入基桩布置平面，如图 8-144 所示。

9. 单击【重心校核】→【桩重心】命令，围区选中要校核的桩群如图 8-145 所示。

10. 单击【筏板】→【桩冲切板】命令，拉框选择需要进行冲切验算的筏板，可以看到在桩旁边会有标红的数字，如图 8-146 所示，标红的数字表明此处筏板由于厚度不够，可能出现冲切破坏，需加厚筏板。

图 8-139 基桩定义对话框

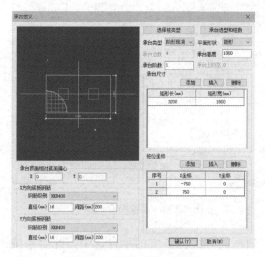

图 8-140 承台参数对话框

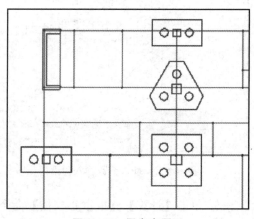

图 8-141 承台布置图

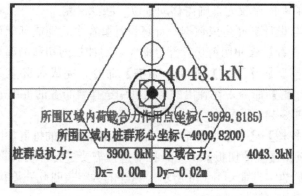

图 8-142 荷载合力中心与桩群形心

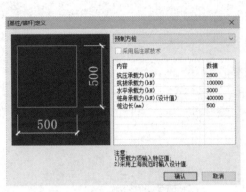

图 8-143　桩布置参数对话框

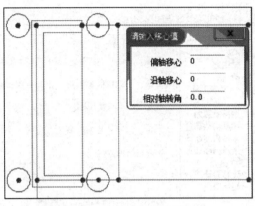

图 8-144　基桩布置

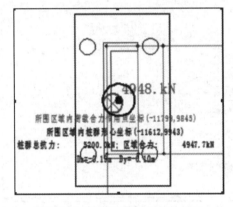

图 8-145　筏板下桩重心校核结果

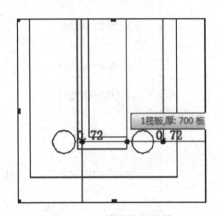

图 8-146　桩冲筏板验算

8.7.3　基础沉降计算

选择【参数】命令，点击【沉降】进入基础沉降计算界面。单击【计算参数】命令，在弹出的对话框中设置相关参数如图 8-147 所示。在完成分析计算后，选择【结果查看】单击【沉降】命令，可查看计算结果。

8.7.4　桩筏、筏板有限元计算

1. 单击【分析与设计】【参数】命令，点击【计算与设计】在弹出的对话框中设置如图 8-148 所示的参数。

2. 单击【桩刚度】→【桩 K 定义】命令，在弹出的"用光标点明要修改的项目【确定】/【返回】"对话框中，输入桩竖向刚度 K_n 为"50000"（K_n 一般为单桩承载力的 $100 \sim 200$ 倍），如图 8-149 所示。

3. 单击【刚度修改】→【K 值布置】命令，选择需要布置刚度的桩，如图 8-150 所示。

4. 单击【筏板布置】→【筏板定义】命令，系统会对已经生成的计算单元自动命名，如图 8-151 所示。

5. 单击【荷载】命令，选择 SATWE 荷载，如图 8-152 所示。

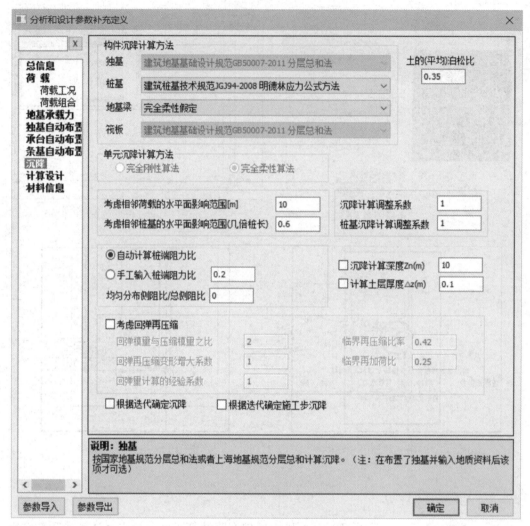

图 8-147　计算参数对话框

6. 单击【沉降】命令，在弹出的"用光标点明要修改的项目"对话框中，修改相应的参数，具体参数如图 8-153 所示。

7. 单击【生成数据＋计算设计】命令，对筏板有限元进行计算。

二维码 8-1　基础设计

8.7.5　基础施工图

1. 单击【施工图】命令，进入基础施工图绘制操作界面。

2. 单击【桩位平面图】命令，然后单击【参考线】命令，可以将上部已经定义好的轴线显示出来，如图 8-154 所示，然后可以通过【工具】完成"T 图→DWG 图"的转换，然后在探索者中完成桩位的标注，如图 8-155 所示。

3. 单击【承台】命令，系统自动对承台进行命名，如图 8-156 所示。

4. 单击【返回主菜单】→【基础详图】命令，选择【新建 T 图绘制详图】选项，如图 8-157 所示，此后绘制的图形将生成在一个新建的 T 图文件中。

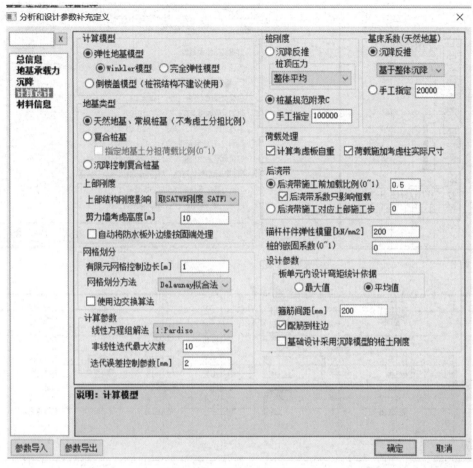

图 8-148 筏板有限元计算参数

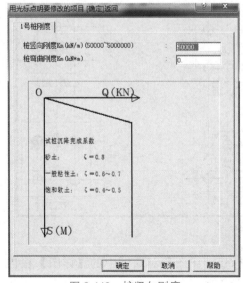

图 8-149 桩竖向刚度

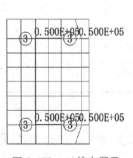

图 8-150 *K* 值布置及
单元生成图

图 8-151 筏板定义

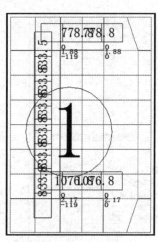

图 8-152　SATWE 荷载

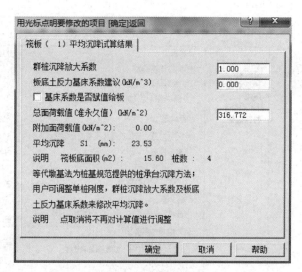

图 8-153　沉降试算

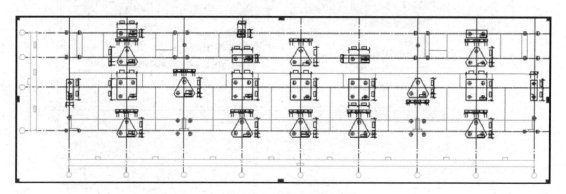

图 8-154　显示参考线

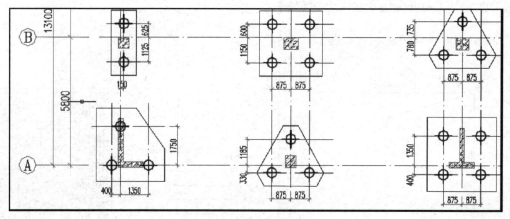

图 8-155　桩位图

5. 单击【插入详图】命令，在弹出的【选择基础详图】对话框中的【详图】栏内，会出现与设计相对应的承台、桩的名称，如图 8-158 所示。

6. 在【选择基础详图】对话框中的【详图】栏内，单击 "ZCT-1" 选项，会自动生成编号为"ZCT-1"的承台大样图，如图 8-159 所示。

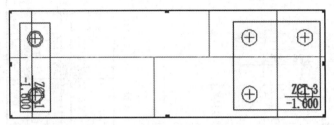

图 8-156 承台命名

图 8-157 新建 T 图绘制详图

7. 单击【筏板钢筋图】选择"建立新数据文件"，如图 8-160 所示。然后单击【取计算配筋】命令，然后单击"确定"按钮，如图 8-161 所示。

8. 单击【画计算配筋】命令，然后勾选"各区域的通长筋展开表示"单击【确定】按钮，如图 8-162 所示，筏板配筋图如图 8-163 所示。

9. 用 TCAD 打开相关 T 图，通过工具栏中的"T→DWG"命令完成图纸转换。然后在探索者或者 CAD 中完成图纸的修改，如图 8-164 所示。

图 8-158 选择基础详图

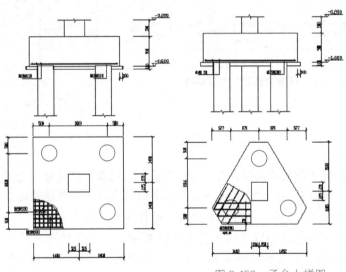

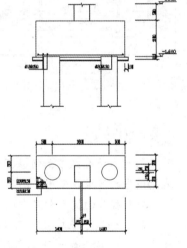

图 8-159 承台大样图

图 8-160 建立新数据文件

图 8-161 筏板计算配筋

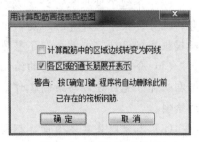

图 8-162 画筏板配筋图

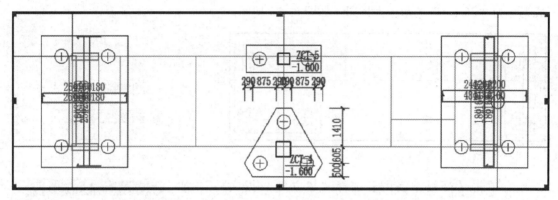

图 8-163　筏板配筋图

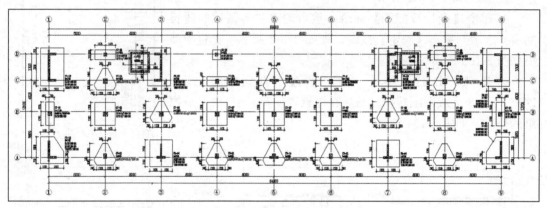

图 8-164　探索者修改过的基础图

本章小结

（1）本章介绍了如何根据现有的工程地质勘探报告生成地质资料，地质资料的输入遵循地勘报告的习惯，采用平面布点、剖面分层的方法，使用者只需要依据地勘报告所提供的数据，按照程序的提示即可完成，输入地质资料可用于桩基承载力的计算以及沉降计算。

（2）介绍了基础模型的输入，这是 JCCAD 模块中最重要的部分，主要包括地质资料的导入，地基承载力计算参数的设置，基础设计参数的设置，荷载输入；在此部分可完成各种类型基础的初步设计和布置，包括条形基础、独立基础、筏板基础以及各种桩基础。

（3）介绍了桩基承台计算及独立基础沉降计算，可对各种荷载工况下的承台进行抗弯、抗剪、抗冲切计算与配筋，给出基础配筋、沉降计算结果；对于相对较为复杂的桩筏及筏板基础设计，本章介绍了整体有限元计算分析的方法。

（4）介绍了基础施工图的绘制方法，在基础人机交互输入部分中生成的初步设计图，可在此部分完成设计与绘制工作，包括各种标注和配筋的修改，同时还可以完成基础详图的绘制。

（5）本章以某具体项目，钢筋混凝土框架-剪力墙结构基础设计为操作实例，包含了完整的基础施工图设计过程，以供读者参考学习。

附录 I 常用材料强度表

混凝土强度标准值（N/mm²）　　　　　　　　　　　　附表 1-1

强度种类	混凝土强度等级													
	C15	C20	C25	C30	C35	C40	C45	C50	C55	C60	C65	C70	C75	C80
f_{ck}	10.0	13.4	16.7	20.1	23.4	26.8	29.6	32.4	35.5	38.5	41.5	44.5	47.5	50.2
f_{tk}	1.27	1.54	1.78	2..01	2.20	2.39	2.51	2.64	2.74	2.85	2.93	2.99	3.05	3.11

混凝土强度设计值（N/mm²）　　　　　　　　　　　　附表 1-2

强度种类	混凝土强度等级													
	C15	C20	C25	C30	C35	C40	C45	C50	C55	C60	C65	C70	C75	C80
f_c	7.2	9.6	11.9	14.3	16.7	19.1	21.1	23.1	25.3	27.5	29.7	31.8	33.8	35.9
f_t	0.91	1.10	1.27	1.43	1.57	1.71	1.80	1.89	1.96	2.04	2.09	2.14	2.18	2.22

混凝土弹性模量（×10⁴N/mm²）　　　　　　　　　　　附表 1-3

弹性模量	混凝土强度等级													
	C15	C20	C25	C30	C35	C40	C45	C50	C55	C60	C65	C70	C75	C80
E_c	2.20	2.55	2.80	3.00	3.15	3.25	3.35	3.45	3.55	3.60	3.65	3.70	3.75	3.80

普通钢筋强度标准值（N/mm²）　　　　　　　　　　　附表 1-4

牌号	符号	公称直径 d(mm)	屈服强度标准值 f_{yk}	极限强度标准值 f_{stk}
HPB300	Φ	6～22	300	420
HRB335	Φ	6～50	335	455
HRBF335	Φ^F			
HRB400	Φ	6～50	400	540
HRBF400	Φ^F			
RRB400	Φ^R			
HRB500	Φ	6～50	500	630
HRBF500	Φ^F			

预应力钢筋强度标准值（N/mm²）　　　　　　　　　　附表 1-5

种　类		符号	公称直径 d(mm)	屈服强度标准值 f_{pyk}	极限强度标准值 f_{ptk}
中强度预应力钢丝	光面螺旋肋	Φ^{PM} Φ^{HM}	5、7、9	620	800
				780	970
				980	1270

续表

种　类		符号	公称直径 d(mm)	屈服强度标准值 f_{pyk}	极限强度标准值 f_{ptk}
预应力螺纹钢筋	螺纹	Φ^T	18、25、32、40、50	785	980
				930	1080
				1080	1230
消除应力钢丝	光面 螺旋肋	Φ^P Φ^H	5	—	1570
				—	1860
			7	—	1570
			9	—	1470
				—	1570
热处理钢筋	1×3 (三股)	Φ^S	8.6、10.8、12.9	—	1570
				—	1860
				—	1960
	1×7 (七股)		9.5、12.7、15.2、17.8	—	1720
				—	1860
				—	1960
			21.6	—	1860

注：极限强度标准值为 1960N/mm² 的钢绞线作后张预应力配筋时，应有可靠的工程经验。

普通钢筋强度设计值（N/mm²）　　　　　　　　　　　　　　附表 1-6

种　类	抗拉强度设计值 f_y	抗压强度设计值 f'_y
HPB300	270	270
HRB335、HRBF335	300	300
HRB400、HRBF400、RRB400	360	360
HRB500、HRBF500	435	410

预应力钢筋强度设计值（N/mm²）　　　　　　　　　　　　　附表 1-7

种　类		抗拉强度设计值 f_{py}	抗压强度设计值 f'_{py}
中强度预应力钢丝	800	510	410
	970	650	
	1270	810	
消除应力钢丝	1470	1040	410
	1570	1110	
	1860	1320	
钢绞线	1570	1110	390
	1720	1220	
	1860	1320	
	1960	1390	
预应力螺纹钢筋	980	650	410
	1080	770	
	1230	900	

普通钢筋及预应力钢筋在最大力下的总伸长量　　　　　附表 1-8

钢筋品种	普通钢筋			预应力筋
	HPB300	HRB335、HRBF335、HRB400、HRBF400、HRB500、HRBF500	RRB400	
δ_{gt}（%）	10.0	7.5	5.0	3.5

钢筋的弹性模量（$\times 10^4 \text{N/mm}^2$）　　　　　附表 1-9

牌号或种类	E_s
HPB300 钢筋	2.10
HRB335、HRB400、HRB500 钢筋　HRBF335、HRBF400、HRBF500 钢筋　RRB400 钢筋　预应力螺纹钢筋	2.00
消除应力钢丝、中强度预应力钢丝	2.05
钢绞线	1.95

钢材的设计用强度指标（N/mm^2）　　　　　附表 1-10

钢材牌号		钢材厚度或直径（mm）	强度设计值			钢材强度	
			抗拉、抗压、抗弯 f	抗剪 f_v	端面承压（刨平顶紧）f_{ce}	屈服强度 f_y	抗拉强度最小值 f_u
碳素结构钢	Q235	≤16	215	125	320	235	370
		>16，≤40	205	120		225	
		>40，≤100	200	115		215	
低合金高强度结构钢	Q355	≤16	315	180	400	355	470
		>16，≤40	305	175		345	
		>40，≤63	300	170		335	
		>63，≤80	290	165		325	
		>80，≤100	280	160		315	
	Q390	≤16	345	200	415	390	490
		>16，≤40	330	190		370	
		>40，≤63	310	180		350	
		>63，≤100	295	170		330	
	Q420	≤16	375	215	440	420	520
		>16，≤40	355	205		400	
		>40，≤63	320	185		380	
		>63，≤100	305	175		360	
	Q460	≤16	410	235	470	460	550
		>16，≤40	390	225		440	
		>40，≤63	355	205		420	
		>63，≤100	340	195		400	

注：1. 表中直径指实芯棒材，厚度指计算点的钢材或钢管壁厚度，对轴心受拉和轴心受压构件指截面中较厚板件的厚度；

　　2. 冷弯型材和冷弯钢管，其强度设计值应按国家现行规范《冷弯薄壁型钢结构技术规范》GB 50018—2012 的规定采用。

附录Ⅱ 常用材料和构件的自重

常用材料和构件的自重表 附表 2-1

项次	名 称		自重	备 注
1	砖及砖块 （kN/m³）	普通砖	18	240mm×115mm×53mm（684 块/m³）
		普通砖	19	机器制
		缸砖	21～21.5	230mm×110mm×65mm（609 块/m³）
		红缸砖	20.4	
		耐火砖	19～22	230mm×110mm×65mm（609 块/m³）
		耐酸瓷砖	23～25	230mm×113mm×65mm（590 块/m³）
		灰砂砖	18	砂：白灰＝92：8
		煤渣砖	17～18.5	
		矿渣砖	18.5	硬矿渣：烟灰：石灰＝75：15：10
		焦渣砖	12～14	
		烟灰砖	14～15	炉渣：电石渣：烟灰＝30：40：30
		黏土坯	12～15	
		锯末砖	9	
		焦渣空心砖	10	290mm×290mm×140mm（85 块/m³）
		水泥空心砖	9.8	290mm×290mm×140mm（85 块/m³）
		水泥空心砖	10.3	300mm×250mm×110mm（121 块/m³）
		水泥空心砖	9.6	300mm×250mm×160mm（83 块/m³）
		蒸压粉煤灰砖	14.0～16.0	干重度
		陶粒空心砌块	5.0	长 600、400mm，宽 150、250mm，高 250、200mm
			6.0	390mm×290mm×190mm
		粉煤灰轻渣空心砌块	7.0～8.0	390mm×190mm×190mm、390mm×240mm×190mm
		蒸压粉煤灰加气混凝土砌块	5.5	
		混凝土空心小砌块	11.8	390mm×190mm×190mm
		碎砖	12	堆置
		水泥花砖	19.8	200mm×200mm×24mm（1042 块/m³）
		瓷面砖	19.8	150mm×150mm×8mm（5556 块/m³）
		陶瓷马赛克	0.12kN/m²	厚 5mm

续表

项次	名　称		自重	备　注
2	石灰、水泥、灰浆及混凝土（kN/m³）	生石灰块	11	堆置，$\varphi = 30°$
		生石灰粉	12	堆置，$\varphi = 35°$
		熟石灰膏	13.5	
		石灰砂浆、混合砂浆	17	
		水泥石灰焦渣砂浆	14	
		石灰炉渣	10～12	
		水泥炉渣	12～14	
		石灰焦渣砂浆	13	
		灰土	17.5	石灰∶土＝3∶7，夯实
		稻草石灰泥	16	
		纸筋石灰泥	16	
		石灰锯末	3.4	石灰∶锯末＝1∶3
		石灰三合土	17.5	石灰、砂子、卵石
		水泥	12.5	轻质松散，$\varphi = 20°$
		水泥	14.5	散装，$\varphi = 30°$
		水泥	16	袋装压实，$\varphi = 40°$
		矿渣水泥	14.5	
		水泥砂浆	20	
		水泥石至石砂浆	5～8	
		石棉水泥浆	19	
		膨胀珍珠岩砂浆	7～15	
		石膏砂浆	12	
		碎砖混凝土	18.5	
		素混凝土	22～24	振捣或不振捣
		矿渣混凝土	20	
		焦渣混凝土	16～17	承重用
		焦渣混凝土	10～14	填充用
		铁屑混凝土	28～65	
		浮石混凝土	9～14	
		沥青混凝土	20	
		无砂大孔性混凝土	16～19	
		泡沫混凝土	4～6	
		加气混凝土	5.5～7.5	单块
		石灰粉煤灰加气混凝土	6.0～6.5	
		钢筋混凝土	24～25	

项次	名　称		自重	备　注
2	石灰、水泥、灰浆及混凝土（kN/m³）	碎砖钢筋混凝土	20	
		钢丝网水泥	25	用于承重结构
		水玻璃耐酸混凝土	20～23.5	
		粉煤灰陶砾混凝土	19.5	
3	砌体（kN/m³）	浆砌细方石	26.4	花岗岩，方整石块
		浆砌细方石	25.6	石灰石
		浆砌细方石	22.4	砂岩
		浆砌毛方石	24.8	花岗岩，上下面大致平整
		浆砌毛方石	24	石灰石
		浆砌毛方石	20.8	砂岩
		干砌毛石	20.8	花岗岩，上下面大致平整
		干砌毛石	20	石灰石
		干砌毛石	17.6	砂岩
		装砌普通砖	18	
		浆砌机砖	19	
		装砌缸砖	21	
		浆砌耐火砖	22	
		浆砌矿渣砖	21	
		浆砌焦渣砖	12.5～14	
		土坯砖砌体	16	
		黏土砖空斗砌体	17	中填碎瓦砾，一眠一斗
		黏土砖空斗砌体	13	全斗
		黏土砖空斗砌体	12.5	不能承重
		黏土砖空斗砌体	15	能承重
		粉煤灰泡沫砌块砌体	8～8.5	粉煤灰：电石渣：废石膏＝74：22：4
		三合土	17	灰：砂：土＝1：1：9～1：1：4
4	隔墙与墙面（kN/m²）	双面抹灰板条隔墙	0.9	每面抹灰厚16～24mm，龙骨在内
		单面抹灰板条隔墙	0.5	灰厚16～24mm，龙骨在内
		C型轻钢龙骨隔墙	0.27	两层12mm纸面层膏板，无保温层
			0.32	两层12mm纸面石膏板，中填岩石保温板50mm
			0.38	三层12mm纸面石膏板，无保温层
			0.43	三层12mm纸面石膏板，中填岩棉保温板50mm
			0.49	四层12mm纸面石膏板，无保温层
			0.54	四层12mm纸面石膏板，中填岩石保温板50mm
		贴瓷砖墙面	0.5	包括水泥砂浆打底，厚25mm
		水泥粉刷墙面	0.36	20mm厚，水泥粗砂

续表

项次	名 称		自重	备 注
4	隔墙与墙面 (kN/m²)	水磨石墙面	0.55	25mm厚,包括打底
		水刷石墙面	0.5	25mm厚,包括打底
		石灰粗砂粉刷	0.34	20mm厚
		剁假石墙面	0.5	25mm厚,包括打底
		外墙拉毛墙面	0.7	包括25mm水泥砂浆打底
5	建筑墙板 (kN/m²)	彩色钢板金属幕墙板	0.11	两层,彩色钢板厚0.6mm,聚苯乙烯芯材厚25mm
		金属绝热材料(聚氨酯)复合板	0.14	板厚40mm,钢板厚0.6mm
			0.15	板厚60mm,钢板厚0.6mm
			0.16	板厚80mm,钢板厚0.6mm
		彩色钢板夹聚苯乙烯保温板	0.12~0.15	两层,彩色钢板厚0.6mm,聚苯乙烯芯材板厚50~250mm
		彩色钢板岩棉夹心板	0.24	板厚100mm,两层彩色钢板,Z形龙骨岩棉芯材
			0.25	板厚120mm,两层彩色钢板,Z形龙骨岩棉芯材
		GRC增强水泥聚苯复合保温板	1.13	
		GRC空心隔墙板	0.3	长2400~2800mm,宽600mm,厚60mm
		GRC内隔墙板	0.35	长2400~2800mm,宽600mm,厚60mm
		轻质GRC空心隔墙板	0.17	3000mm×600mm×60mm
		轻质GRC保温板	0.14	3000mm×600mm×60mm
		轻质大型墙板(太空板系列)	0.7~0.9	6000mm×1500mm×120mm,高强水泥发泡芯材
		轻质条型墙板(太空板系列) 厚度80mm	0.40	标准规格3000mm×1000(1200、1500)mm 高强水泥发泡
		厚度100mm	0.45	芯材,按不同檩距及荷载配有不同钢骨架及冷拔钢丝网
		厚度120mm	0.5	
		GRC墙板	0.11	厚10mm
		钢丝网岩棉夹芯复合板(GY板)	1.1	岩棉芯材厚50mm,双面钢丝网水泥砂浆各厚25mm
		硅酸钙板	0.08	板厚6mm
			0.10	板厚8mm
			0.12	板厚10mm
		泰柏板	0.95	板厚100mm,钢丝网夹聚苯烯保温层,每面抹水泥砂浆厚20mm
		蜂窝复合板	0.14	厚75mm
		石膏珍珠岩空心条板	0.45	长2500~3000mm、宽600mm、厚60mm
		加强型水泥石膏聚苯保温板	0.17	3000mm×600mm×60mm
		玻璃幕墙	1.0~1.5	一般可按单位面积玻璃自重增大20%~30%采用

附录Ⅲ 常用楼面和屋面活荷载取值

一、民用建筑楼面均布活荷载标准值及其组合值、频遇值和准永久值系数的取值，不应小于附表 3-1 的规定。

民用建筑楼面均布活荷载标准值及其组合值、频遇值和准永久值系数　　附表 3-1

项次	类　别			标准值 (kN/m^2)	组合值系数 ψ_c	频遇值系数 ψ_f	准永久值系数 ψ_q
1	(1)住宅、宿舍、旅馆、办公楼、医院病房、托儿所、幼儿园			2.0	0.7	0.5	0.4
	(2)试验室、阅览室、会议室、医院门诊室			2.0	0.7	0.6	0.5
2	教室、食堂、餐厅、一般资料档案室			2.5	0.7	0.6	0.5
3	(1)礼堂、剧场、电影院、有固定座位的看台			3.0	0.7	0.5	0.3
	(2)公共洗衣房			3.0	0.7	0.5	0.5
4	(1)商店、展览厅、车站、港口、机场大厅及其旅客等候室			3.5	0.7	0.6	0.5
	(2)无固定座位的看台			3.5	0.7	0.5	0.3
5	(1)健身房、演出舞台			4.0	0.7	0.6	0.5
	(2)运动场、舞厅			4.0	0.7	0.6	0.3
6	(1)书库、档案库、贮藏室			5.0	0.9	0.9	0.8
	(2)密集柜书库			12.0	0.9	0.9	0.8
7	通风机房、电梯机房			7.0	0.9	0.9	0.8
8	汽车通道及客车停车库	(1)单向板楼盖(板跨不小于 2m)和双向板楼盖(板跨不小于 6m×6m)	客车	4.0	0.7	0.7	0.6
			消防车	35.0	0.7	0.5	0.0
		(2)双向板楼盖(板跨不小于 6m×6m)和无梁楼盖(柱网尺寸不小于 6m×6m)	客车	2.5	0.7	0.7	0.6
			消防车	20.0	0.7	0.5	0.0
9	厨房	(1)餐厅		4.0	0.7	0.7	0.7
		(2)其他		2.0	0.7	0.6	0.5
10	浴室、厕所、盥洗室			2.5	0.7	0.6	0.5
11	走廊、门厅	(1)宿舍、旅馆、医院病房、托儿所、幼儿园、住宅		2.0	0.7	0.5	0.4
		(2)办公楼、教室、餐厅、医院门诊部		2.5	0.7	0.6	0.5
		(3)教学楼及其他可能出现人员密集的情况		3.5	0.7	0.5	0.3
12	楼梯	(1)多层住宅		2.0	0.7	0.5	0.4
		(2)其他		3.5	0.7	0.5	0.3
13	阳台	(1)可能出现人员密集的情况		3.5	0.7	0.6	0.5
		(2)其他		2.5	0.7	0.6	0.5

注：1. 本表所给各项荷载适用于一般使用条件，当使用荷载较大、情况特殊或有专门要求时，应按实际情况采用；

2. 第 6 项书库活荷载当书架高度大于 2m 时，书库活荷载尚应按每米书架高度不小于 2.5kN/m² 确定；

3. 第 8 项中的客车活荷载只适用于停放载人少于 9 人的客车；消防车活荷载是适用于满载总重为 300kN 的大型车辆；当不符合本表的要求时，应将车轮的局部荷载按结构效应的等效原则，换算为等效均布荷载；

4. 第 8 项消防车活荷载，当双向板楼盖板跨介于 3m×3m～6m×6m 之间时，应按跨度线性插值确定；

5. 第 12 项楼梯活荷载，对预制楼梯踏步平板；尚应按 1.5kN 集中荷载验算；

6. 本表各项荷载不包括隔墙自重和二次装修荷载；对固定隔墙的自重应按永久荷载考虑，当隔墙位置可灵活自由布置时，非固定隔墙的自重应取不小于 1/3 每延米墙重 (kN/m) 作为楼面活荷载的附加值 (kN/m²) 计入，附加值不应小于 1.0kN/m²。

二、设计楼面梁、墙、柱及基础时，附表3-1中楼面活荷载标准值的折减系数不应小于下列规定：

1. 设计楼面梁

1）第1（1）项当楼面梁从属面积超过25m²时，应取0.9；

2）第1（2）～7项当楼面梁从属面积超过50m²时，应取0.9；

3）第8项对单向板楼盖的次梁和槽形板的纵肋应取0.8，对单向板楼盖的主梁应取0.6，对双向板楼盖的梁应取0.8；

4）第9～13项采用与所属房屋类别相同的折减系数。

2. 设计墙、柱和基础

1）第1（1）项按附表3-2规定采用；

2）第1（2）～7项采用与其楼面梁相同的折减系数；

3）第8项的客车，对单向板楼盖应取0.5，对双向板楼盖和无梁楼盖应取0.8；

4）第9～13项采用与所属房屋类别相同的折减系数。

注：楼面梁的从属面积是指向梁两侧各延伸二分之一梁间距的范围内的实际面积。

活荷载按楼层的折减系数　　　　　　　　　　　　　　附表3-2

墙、柱、基础计算截面以上的层数	1	2～3	4～5	6～8	9～20	＞20
计算截面以上各楼层活荷载总和的折减系数	1.00 (0.90)	0.85	0.70	0.65	0.60	0.55

注：1. 当楼面梁的从属面积超过25m²时，应采用括号内的系数；

　　2. 设计墙、柱和基础时，附表3-1中第8项的消防车活荷载可按实际情况考虑，设计基础时可不考虑消防车荷载；常用板跨的消防车活荷载按覆土厚度的折减系数可按相关参考资料规定采用。

三、工业建筑楼面活荷载。

工业建筑楼面在生产使用或安装检修时，由设备、管道、运输工具及可能拆移的隔墙产生的局部荷载，均应按实际情况考虑，可采用等效均布活荷载代替。对设备固定的情况，可直接按固定位置对结构进行计算，但应考虑因设备安装和维修过程中的位置变化可能出现的最不利效应。工业建筑楼面堆放原料或成品较多、较重的区域，应按实际情况考虑；一般的堆放情况可按均布活荷载或等效均布活荷载考虑。

（1）楼面等效均布活荷载，包括计算次梁、主梁和基础时的楼面活荷载，可按《建筑结构荷载规范》GB 50009—2012附录C的规定确定。

（2）对于一般金工车间、仪器仪表生产车间、半导体器件车间、棉纺织车间、轮胎厂准备车间和粮食加工车间，当缺乏资料时，可按附表3-3～附表3-8采用。

（3）工业建筑楼面（包括工作平台）上无设备区域的操作荷载，包括操作人员、一般工具、零星原料和成品的自重，可按均布活荷载2.0kN/m²考虑。在设备所占区域内可不考虑操作荷载和堆料荷载。生产车间的楼梯活荷载，可按实际情况采用，但不宜小于3.5kN/m²。生产车间的参观走廊活荷载，可采用3.5kN/m²。

（4）各类工业建筑楼面活荷载的组合值系数、频遇值系数和准永久值系数除可按附表3-3～附表3-8中给出的以外，应按实际情况采用；但在任何情况下，组合值和频遇值系数不应小于0.7，准永久值系数不应小于0.6。

金工车间楼面均布活荷载　　　　　　　　　　　　　　　　　　附表 3-3

序号	项目	标准值(kN/m²)					组合值系数 ψ_c	频遇值系数 ψ_f	准永久值系数 ψ_q	代表性机床型号
		板		次梁(肋)		主梁				
		板跨 ≥1.2m	板跨 ≥2.0m	梁间距 ≥1.2m	梁间距 ≥2.0m					
1	一类金工	22.0	14.0	14.0	10.0	9.0	1.0	0.95	0.85	CW6180、X53K、X63W、B690、M1080、Z35A
2	二类金工	18.0	12.0	12.0	9.0	8.0	1.0	0.95	0.85	C6163、X52K、X62W、B6090、M1050A、Z3040
3	三类金工	16.0	10.0	10.0	7.0	7.0	1.0	0.95	0.85	C6140、X51K、X61W、B6050、M1040、Z3025
4	四类金工	12.0	8.0	8.0	6.0	5.0	1.0	0.95	0.85	C6132、X50A、X60W、B031-1、M1010、Z32K

注：1. 表列荷载适用于单向支承的现浇梁板及预制槽形板等楼面结构；对于槽形板，表列板跨系指槽形板纵肋间距；
　　2. 表列荷载不包括隔墙和吊顶自重；
　　3. 表列荷载考虑了安装、检修和正常使用情况下的设备（包括动力影响）和操作荷载；
　　4. 设计墙、柱、基础时，表列楼面活荷载可采用与设计主梁相同的荷载。

仪器仪表生产车间楼面均布活荷载　　　　　　　　　　　　　　附表 3-4

序号	车间名称		标准值(kN/m²)				组合值系数 ψ_c	频遇值系数 ψ_f	准永久值系数 ψ_q	附　注
			板		次梁(肋)	主梁				
			板跨 ≥1.2m	板跨 ≥2.0m						
1	光学车间	光学加工	7.0	5.0	5.0	4.0	0.8	0.8	0.7	代表性设备 H015 研磨机、ZD-450 型及 GZD300 型镀膜机、Q8312 型透镜抛光机
2		较大型光学仪器装配	7.0	5.0	5.0	4.0	0.8	0.8	0.7	代表性设备 C0520A 精整车床,万能工具显微镜
3		一般光学仪器装配	4.0	4.0	4.0	3.0	0.7	0.7	0.6	产品在装配桌上装配
4	较大型仪器仪表装配		7.0	5.0	5.0	4.0	0.8	0.8	0.7	产品在楼面上装配
5	一般仪器仪表装配		4.0	4.0	4.0	3.0	0.7	0.7	0.6	产品在装配桌上装配
6	小模数齿轮加工、晶体元件(宝石)加工		7.0	5.0	5.0	4.0	0.8	0.8	0.7	代表性设备 YM3608 滚齿机,宝石平面磨床
7	车间仓库	一般仪器仓库	4.0	4.0	4.0	3.0	1.0	0.95	0.85	
8		较大型仪器仓库	7.0	7.0	7.0	6.0	1.0	0.95	0.85	

序号	车间名称	标准值(kN/m²)					组合值系数 ψ_c	频遇值系数 ψ_f	准永久值系数 ψ_q	代表性设备单件自重 (kN)
		板		次梁(肋)		主梁				
		板跨≥1.2m	板跨≥2.0m	梁间距≥1.2m	梁间距≥2.0m					
1	半导体器件车间	10.0	8.0	8.0	6.0	5.0	1.0	0.95	0.85	14.0～18.0
2		8.0	6.0	6.0	5.0	4.0	1.0	0.95	0.85	9.0～12.0
3		6.0	5.0	5.0	4.0	3.0	1.0	0.95	0.85	4.0～8.0
4		4.0	4.0	3.0	3.0	3.0	1.0	0.95	0.85	≤3.0

序号	车间名称		标准值(kN/m²)					组合值系数 ψ_c	频遇值系数 ψ_f	准永久值系数 ψ_q	代表性设备
			板		次梁(肋)		主梁				
			板跨≥1.2m	板跨≥2.0m	板跨≥1.2m	板跨≥2.0m					
1	梳棉间		12.0	8.0	10.0	7.0	5.0				FA201,203
			15.0	10.0	12.0	8.0					FA221A
2	粗纱间		8.0 (15.0)	6.0 (10.0)	6.0 (8.0)	5.0	4.0				FA401,415A,421 TJFA458A
3	细纱间 络筒间		6.0 (10.0)	5.0	5.0	5.0	4.0	0.8	0.8	0.7	FA705,506,507A GA013,015 ESPERO
4	捻线间 整经间		8.0	6.0	6.0	5.0	4.0				FA705,721,762 ZC-L-180 D3-1000-180
5	织布间	有梭织机	12.5	6.5	6.5	5.5	4.4				GA615-150 GA615-180
		剑杆织机	18.0	9.0	10.0	6.0	4.5				GA731-190,733-190 TP600-200 SOMET-190

注：括号内的数值仅用于粗纱机机头部位局部楼面。

序号	车间名称	标准值(kN/m²)				组合值系数 ψ_c	频遇值系数 ψ_f	准永久值系数 ψ_q	代表性设备
		板		次梁(肋)	主梁				
		板跨≥1.2m	板跨≥2.0m						
1	准备车间	14.0	14.0	12.0	10.0	1.0	0.95	0.85	炭黑加工投料
2		10.0	8.0	8.0	6.0	1.0	0.95	0.85	化工原料加工配合、密炼机炼胶

注：1. 密炼机检修用的电葫芦荷载未计入，设计时应另行考虑；

　　2. 炭黑加工投料活荷载系考虑兼作炭黑仓库使用的情况；若不兼作仓库时，上述荷载应予降低。

粮食加工车间楼面均布活荷载 附表 3-8

序号	车间名称		标准值(kN/m²)						主梁	组合值系数 ψ_c	频遇值系数 ψ_f	准永久值系数 ψ_q	代表性设备
			板			次梁							
			板跨 ≥2.0m	板跨 ≥2.5m	板跨 ≥3.0m	梁间距 ≥2.0m	梁间距 ≥2.5m	梁间距 ≥3.0m					
1	面粉厂	拉丝车间	14.0	12.0	12.0	12.0	12.0	12.0	12.0	1.0	0.95	0.85	JMN10 拉丝机
2		磨子间	12.0	10.0	9.0	10.0	9.0	8.0	9.0				MF011 磨粉机
3		麦间及制粉车间	5.0	5.0	4.0	5.0	4.0	4.0	4.0				SX011 振动筛 GF031 擦麦机 GF011 打麦机
4		吊平筛的顶层	2.0	2.0	2.0	6.0	6.0	6.0	6.0				SL011 平筛
5	米厂	洗麦车间	14.0	12.0	10.0	9.0	9.0	9.0	9.0				洗麦机
6		砻谷机及碾米车间	7.0	6.0	4.0	4.0	4.0	4.0	4.0				LG09 胶辊砻谷机
7		清理车间	4.0	3.0	3.0	4.0	3.0	3.0	3.0				组合清理筛

注：1. 当拉丝车间不可能满布磨辊时，主梁活荷载可按 10kN/m² 采用；

2. 吊平筛的顶层荷载系按设备吊在梁下考虑的；

3. 米厂的清理车间采用 SX011 振动筛时，等效均布活荷载可按面粉厂麦间的规定采用。

四、屋面活荷载。

房屋建筑的屋面，其水平投影面上的屋面均布活荷载标准值及其组合值系数、频遇值和准永久值系数的取值，不应小于附表 3-9 的规定。

不上人的屋面均布活荷载，可不与雪荷载和风荷载同时组合。

屋面均布活荷载标准值及其组合值系数、频遇值系数和准永久值系数 附表 3-9

项次	类别	标准值 (kN/m²)	组合值系数 ψ_c	频遇值系数 ψ_f	准永久值系数 ψ_q
1	不上人的屋面	0.5	0.7	0.5	0.0
2	上人的屋面	2.0	0.7	0.5	0.4
3	屋顶花园	3.0	0.7	0.6	0.5
4	屋顶运动场	3.0	0.7	0.6	0.4

注：1. 不上人的屋面，当施工或维修荷载较大时，应按实际情况采用；对不同类型的结构应按有关设计规范的规定，但不得低于 0.3kN/m²；

2. 当上人的屋面兼作其他用途时，应按相应楼面活荷载采用；

3. 对于因屋面排水不畅、堵塞等引起的积水荷载，应采用构造措施加以防止；必要时，应按积水的可能深度确定屋面活荷载；

4. 屋顶花园活荷载不包括花圃土石等材料自重。

附录Ⅳ 雪荷载标准值及基本雪压

一、屋面水平投影面上的雪荷载标准值应按下式计算：

$$S_k = \mu_r S_0 \qquad\qquad (附 4\text{-}1)$$

式中 S_k——雪荷载标准值（kN/m²）；

　　 μ_r——屋面积雪分布系数；

　　 S_0——基本雪压（kN/m²）。

二、基本雪压应按《建筑结构荷载规范》GB 50009—2012 规定的方法确定 50 年重现期的雪压；对雪荷载敏感的结构，应采用 100 年重现期的雪压。

全国各城市的基本雪压应按《建筑结构荷载规范》GB 50009—2012 附录 E 中表 E.5 重现期 R 为 50 年的值采用。当城市或建设地点的基本雪压值在规范附录 E.5 中没有给出时，基本雪压值应按附录 E 规定的方法，根据当地年最大雪压或雪深资料，按基本雪压定义，通过统计分析确定，分析时应考虑样本数量的影响。当地没有雪压和雪深资料时，可根据附近地区规定的基本雪压或长期资料，通过气象和地形条件的对比分析确定；也可比照规范附录 E 中附图 E.6.1 全国基本雪压分布图近似确定。

山区的雪荷载应通过实际调查后确定。当无实测资料时，可按当地邻近空旷平坦地面的雪荷载值乘以系数 1.2 采用。

雪荷载的组合值系数可取 0.7；频遇值系数可取 0.6；准永久值系数应按雪荷载分区Ⅰ、Ⅱ和Ⅲ的不同，分别取 0.5、0.2 和 0；雪荷载分区应按规范附录 E.4 或附图 E.6.2 的规定采用。

三、屋面积雪分布系数。

屋面积雪分布系数应根据不同类别的屋面形式，按附表 4-1 采用。

四、设计建筑结构及屋面的承重构件时，可按下列规定采用积雪的分布情况：

（1）屋面板和檩条按积雪不均匀分布的最不利情况采用；

（2）屋架和拱壳可分别按积雪全跨均匀分布情况、不均匀分布的情况和半跨的均匀分布按最不利情况采用；

（3）框架和柱可按积雪全跨的均匀分布情况采用。

屋面积雪分布系数 　　　　　　　　　　　附表 4-1

项次	类　别	屋面形式及积雪分布系数 μ_r								备　注
1	单跨单坡屋面									—
		α	≤25°	30°	35°	40°	45°	50°	55°	≥60°
		μ_r	1.0	0.85	0.7	0.55	0.4	0.25	0.1	0

项次	类　别	屋面形式及积雪分布系数 μ_r	备　注
2	单跨双坡屋面	均匀分布的情况　　　　　　μ_r 不均匀分布的情况　$0.75\mu_r$　　$1.25\mu_r$ α	μ_r 按第 1 项规定采用
3	拱形屋面	均匀分布的情况　　　　　　μ_r 不均匀分布的情况　$0.5\mu_{r,m}$　$\mu_{r,m}$ $l_e/4$　$l_e/4$　$l_e/4$　$l_e/4$ l_e $\mu_r=l/(8f)$　$60°$　f $(0.4\leqslant\mu_r\leqslant1.0)$ l $\mu_{r,m}=0.2+10f/l$（$\mu_{r,m}\leqslant2.0$）	—
4	带天窗的坡屋面	均匀分布的情况　　　1.0 不均匀分布的情况　1.1　0.8　1.1 α	—
5	带天窗有挡风板的坡屋面	均匀分布的情况　　　1.0 不均匀分布的情况　1.0　1.4　0.8　1.4　1.0 α	—
6	多跨单坡屋面（锯齿形屋面）	均匀分布的情况　　　1.0 不均匀分布的情况1　0.6　1.4　0.6　1.4　0.6　1.4 $l/2$　$l/2$ 不均匀分布的情况2　2.0　μ_r　2.0　μ_r　2.0 $l/2$　$l/2$ α l　l	μ_r 按第 1 项规定采用
7	双跨双坡或拱形屋面	均匀分布的情况　　　1.0 不均匀分布的情况1　1.4　μ_r　μ_r 不均匀分布的情况2　2.0　μ_r　μ_r α　f l　l	μ_r 按第 1 或 3 项规定采用

续表

项次	类　别	屋面形式及积雪分布系数 μ_r	备　注
8	高低屋面	$a=2h$（$4\text{m}<a<8\text{m}$） $\mu_{r,m}=(b_1+b_2)/2h$（$2.0\leqslant\mu_{r,m}\leqslant4.0$）	—
9	有女儿墙及其他 突起物的屋面	$a=2h$ $\mu_{r,m}=1.5h/s_0$（$1.0\leqslant\mu_{r,m}\leqslant2.0$）	—
10	大跨屋面 （$l>100\text{m}$）		1. 还应同时考虑第 2 项、第 3 项的积雪分布； 2. μ_r 按第 1 或 3 项 规定采用

注：1. 第 2 项单跨双坡屋面仅当坡度 α 在 $20°\sim30°$ 范围时，可采用不均匀分布情况；

　　2. 第 4、5 项只适用于坡度 α 不大于 $25°$ 的一般工业厂房屋面；

　　3. 第 7 项双跨双坡或拱形屋面，当 α 不大于 $25°$ 或 f/l 不大于 0.1 时，只采用均匀分布情况；

　　4. 多跨屋面的积雪分布系数，可参照第 7 项的规定。

附录V 吊车荷载

一、吊车竖向和水平荷载

1. 吊车竖向荷载标准值，应按有关规定采用吊车的最大轮压或最小轮压。

2. 吊车纵向和横向水平荷载，应按下列规定采用：

(1) 吊车纵向水平荷载标准值，应按作用在一边轨道上所有刹车轮的最大轮压之和的10%采用；该项荷载的作用点位于刹车轮与轨道的接触点，其方向与轨道方向一致。

(2) 吊车横向水平荷载标准值，应取横行小车重量与额定起重量之和的百分数，并乘以重力加速度，吊车横向水平荷载标准值的百分数应按附表5-1采用。

(3) 吊车横向水平荷载应等分于桥架的两端，分别由轨道上的车轮平均传至轨顶，其方向与轨道垂直，并考虑正反两个方向的刹车情况。

吊车横向水平荷载标准值的百分数   附表 5-1

吊车类型	额定起重量(t)	百分数(%)
软钩吊车	≤10	12
	16～50	10
	≥75	8
硬钩吊车	—	20

注：1. 悬挂吊车的水平荷载可不计算，而由有关支撑系统承受；设计该支撑系统时，尚应考虑风荷载与悬挂吊车水平荷载的组合；

    2. 手动吊车及电动葫芦可不考虑水平荷载。

二、多台吊车的组合

1. 计算排架考虑多台吊车竖向荷载时，对单层吊车的单跨厂房的每个排架，参与组合的吊车台数不宜多于2台；对单层吊车的多跨厂房的每个排架，不宜多于4台；对双层吊车的单跨厂房宜按上层和下层吊车分别不多于2台进行组合；对双层吊车的多跨厂房宜按上层和下层吊车分别不多于4台进行组合，且当下层吊车满载时，上层吊车应按空载计算，上层吊车满载时，下层吊车不应计入。考虑多台吊车水平荷载时，对单跨或多跨厂房的每个排架，参与组合的吊车台数不应多于2台。当情况特殊时，应按实际情况考虑。

2. 计算排架时，多台吊车的竖向荷载和水平荷载的标准值，应乘以附表5-2中规定的折减系数。

多台吊车的荷载折减系数   附表 5-2

参与组合的吊车台数	吊车工作级别	
	A1～A5	A6～A8
2	0.90	0.95
3	0.85	0.90
4	0.80	0.85

三、吊车荷载的动力系数

当计算吊车梁及其连接的承载力时，吊车竖向荷载应乘以动力系数。对悬挂吊车（包括电动葫芦）及工作级别 A1～A5 的软钩吊车，动力系数可取 1.05；对工作级别 A6～A8 的软钩吊车、硬钩吊车和其他特种吊车，动力系数可取为 1.1。

四、吊车荷载的组合值、频遇值及准永久值

1. 吊车荷载的组合值系数、频遇值系数及准永久值系数可按附表 5-3 中的规定采用。

2. 厂房排架设计时，在荷载准永久组合中可不考虑吊车荷载；但在吊车梁按正常使用极限状态设计时，宜采用吊车荷载的准永久值。

吊车荷载的组合值系数、频遇值系数及准永久值系数　　　　　附表 5-3

吊车工作级别		组合值系数 ψ_c	频遇值系数 ψ_f	准永久值系数 ψ_q
软钩吊车	工作级别 A1～A3	0.70	0.60	0.50
	工作级别 A4、A5	0.70	0.70	0.60
	工作级别 A6～A7	0.70	0.70	0.70
硬钩吊车及工作级别 A8 的软钩吊车		0.95	0.95	0.95

附录Ⅵ　现浇钢筋混凝土房屋和钢结构房屋的抗震等级

现浇钢筋混凝土房屋的抗震等级　　　　　　　　　　　　　　附表 6-1

结构类型		6	7	8	9
框架结构	高度(m)	≤24 ／ >24	≤24 ／ >24	≤24 ／ >24	≤24
	框架	四 ／ 三	三 ／ 二	二 ／ 一	一
	大跨度框架	三	二	一	一
框架-抗震墙结构	高度(m)	≤60 ／ >60	≤24 ／ 25～60 ／ >60	≤24 ／ 25～60 ／ >60	≤24 ／ 25～50
	框架	四 ／ 三	四 ／ 三 ／ 二	三 ／ 二 ／ 一	二 ／ 一
	抗震墙	三	三	二	二
抗震墙结构	高度(m)	≤80 ／ >80	≤24 ／ 25～80 ／ >80	≤24 ／ 25～80 ／ >80	≤60 ／ 25～60
	抗震墙	四 ／ 三	四 ／ 三 ／ 二	三 ／ 二 ／ 一	二 ／ 一
部分框支抗震墙结构	高度(m)	≤80 ／ >80	≤24 ／ 25～80 ／ >80	≤24 ／ 25～80	／
	抗震墙 一般部位	四 ／ 三	四 ／ 三 ／ 二	三 ／ 二	／
	抗震墙 加强部位	三 ／ 二	三 ／ 二 ／ 一	二 ／ 一	／
	框支层框架	二	二	一	／
框架-核心筒结构	框架	三	二	一	一
	核心筒	二	二	一	一
筒中筒结构	外筒	三	二	一	一
	内筒	三	二	一	一
板柱-抗震墙结构	高度(m)	≤35 ／ >35	≤35 ／ >35	≤35 ／ >35	／
	框架、板柱的柱	三 ／ 二	二 ／ 二	一 ／ 一	／
	抗震墙	二 ／ 二	二 ／ 二	二 ／ 一	／

钢结构房屋的抗震等级　　　　　　　　　　　　　　附表 6-2

房屋高度	6	7	8	9
≤50m	／	四	三	二
>50m	四	三	二	一

附录Ⅶ 各类房屋弹性和弹塑性层间位移角限值

弹性层间位移角限值	附表 7-1
结构类型	$[\theta_e]$
钢筋混凝土框架	1/550
钢筋混凝土框架-抗震墙、板柱-抗震墙、框架-核心筒	1/800
钢筋混凝土抗震墙、筒中筒	1/1000
钢筋混凝土框支层	1/1000
多、高层钢结构	1/250

弹塑性层间位移角限值	附表 7-2
结构类型	$[\theta_p]$
单层钢筋混凝土柱排架	1/30
钢筋混凝土框架	1/50
底部框架砌体房屋中的框架-抗震墙	1/100
钢筋混凝土框架-抗震墙、板柱-抗震墙、框架-核心筒	1/100
钢筋混凝土抗震墙、筒中筒	1/120
多、高层钢结构	1/50

附录Ⅷ　工程实例1——某钢筋混凝土框剪结构青年教工宿舍施工图

建筑施工图设计总说明(一)

■总述

一、工程概况

1.工程名称：青年教工宿舍
2.建设单位：江苏理工学院
3.建设地点：常州市武进区童家浜路以西大运河以北
4.民用建筑分类：居住建筑
5.设计使用年限：50 年
6.建筑工程等级：三 级
7.建筑结构类型：框剪结构
8.建筑物抗震设防烈度：7 度
9.建筑功能：地上为 宿舍；套数：72 套
10.总建筑面积：6200.14 m².
11.建筑基底面积：775.32 m².
12.建筑层数：地上 9 层.
13.建筑高度：27.300 m.
14.设计标高：相对标高±0.000等于绝对标高值(黄海系) 3.800 m。住宅室外地坪相对标高-0.300等于绝对标高值(黄海系) 3.500 m。

二、设计范围

1.本工程的施工图设计包括 建筑、结构 专业的内容.
2.本建筑施工图仅承担一般室内装修设计，精装修及特殊装修另行委托设计.

三、设计依据

1.相关文件
(1) 方案设计文件及其批文.
(2) 规划、人防、消防、市政主管部门的批复文件.
(3) 建设单位提供的设计要求.
(4) 建设单位设计委托合同书.
(5) 现势地形图及工程勘察资料.
2.相关主要规范、规定
(1)《建筑工程设计文件编制深度规定》(2008年)
(2)《民用建筑设计通则》(GB50352-2005)
(3)《房屋面积测算技术规程》(DGJ32/TJ 131-2011)
(4) 与本工程类型相应的现行建筑设计规范：
《宿舍建筑设计规范》(JGJ36-2005)
《建筑设计防火规范》(GB50016-2006)
《居住建筑标准化外窗系统应用技术规程》(DJG32/J 157-2013)
(5) 其他条文中直接引用者不再重复
(6) 国家、省、市线行的相关法律、法规

四、标注说明

1.建筑总平面所注尺寸及图纸标高以米为单位，其余均以毫米为单位.
2.建筑平面、立面、剖面所标各层楼地面标高(包括楼梯和地下室)均为建筑完成面标高(特殊注明除外)，混凝土屋面标高为结构面标高.
3.建筑平面图所注尺寸均为结构尺寸，门窗所注尺寸为洞口尺寸，所有尺寸以图纸上标注尺寸为准，不得从图上度量.

五、本说明未提及的各项材料规格、材质、施工及验收等要求，均应遵照国家标准GB各项工程施工及验收规范进行.

六、当门窗(含采光屋顶、防火门窗、人防门)、幕墙(玻璃、金属及石材)、电梯、特殊钢结构等建筑部件另行委托设计、制作和安装时，生产厂家必须具有国家认定的相应资质，其产品的各项性能指标应符合相关技术规范的要求。还应及时提供与结构主体有关的预埋件和预留洞口的尺寸、位置、误差范围，并配合施工，厂家在制作前应复核土建施工后的相关尺寸，以确保安装无误.

七、施工前请认真阅读本工程各专业的施工图文件，并组织施工图技术交底。施工中如遇图纸问题，应及时与设计单位协商处理。未经设计单位认可，不得任意变更设计图纸.

八、根据《建筑工程质量管理条例》第二章第十一条的规定，建设单位应将本工程的施工图设计文件报有关主管部门审查，未经审查批准，不得使用.

九、未尽事宜应严格按国家及当地有关现行验收规范、规定要求进行施工.

■建筑消防

一、依据规范

1.《建筑设计防火规范》GB 50016-2006
2.《建筑内部装修设计防火规范》GB 50222-95
3.相应建筑设计规范中的有关规定.

二、总平面防火设计

1.该建筑层数为 9 层，建筑物相邻之间满足防火间距要求，多层建筑与多层建筑≥6米.
2.建筑消防车道 沿公寓四周设置，消防车道宽度不小于4米，距建筑外墙宜大于5米，上空4m以下范围不应有障碍物.
3.尽端式消防车道设有回车场，回车场不小于15m×15m.

三、建筑防火设计

1.概况
项目为居住建筑，功能9层，条式建筑.
2.疏散楼梯
1).设计两部封闭楼梯间.
2).楼梯均通至屋顶并在屋顶连通，楼梯门为向外开启的普通玻璃门，门上设0.8m²的自然通风百叶窗.
3.疏散距离
1)宿舍每套户门至安全出口的距离不大于15m.
2)楼梯间在首层直通室外或经过长度不超过15m的通道通向室外.
4.保温
外墙采用HX隔离式防火保温板2型(XPS芯板)，燃烧性能为A级；屋顶采用泡沫混凝土，燃烧性能为A级.

四、施工注意事项

1.防火墙及防火隔墙应砌至梁或者板底，不得留有缝隙.
2.电梯井应独立设置，井内严禁设置燃气管道，并不应敷设与电梯无关的电缆、电线等。电梯井壁除开设电梯门洞和通气孔洞外，不应开设其他洞口。电梯门不应采用栅栏门.
3.电缆井、管道井、排烟井、排气道、垃圾道等竖向管道井，应分别独立设置；其井壁应为耐火极限不低于1.00h的不燃烧体.
4.除工艺及通风竖井外，管道井安装完管线后，应在每层楼板处补浇相同强度等级及相同楼板厚度的钢筋混凝土楼板封实且不小于100mm。电缆井、管道井与房间、走道等相连通的孔洞，其空隙应采用防火封堵材料封堵.
5.管道穿过隔墙及楼板处应采用防火封堵材料将墙或板与管道之间的空隙紧密填实，管道的保温材料应为不燃烧材料.
6.烟道井壁应为耐火极限不低于1h的不燃性构件.
7.住宅建筑楼梯间、前室顶棚、墙面和地面均应采用不燃烧材料.
8.防火卷帘上部穿有管道时，应用防火板(或墙)封堵，并达到耐火极限要求.
9.金属结构构件应喷涂满足相应规范要求的防火涂料.
10.本项目工程防火门除甲级防火户门外都具有自闭功能。在火灾时能自行关闭，并有信号反馈的功能。在防火门内外两侧均能手动开启.
11.防火门、窗和防火卷帘等消防产品应选用国家颁发生产许可证的企业生产的合格产品，以及经国家有关部门检验合格并符合建筑工程消防安全要求的建筑构件、配件及装饰材料.

五、装修

1.室内二次装修设计与变更均应遵守《建筑内部装修设计防火规范》GB50222-95的规定.
2.消防水箱房、排风机房、送风机房等，其内部所有装修均应采用A级装修材料.
3.防烟楼梯间及其前室的顶棚、墙面和地面均应采用A级材料.
4.建筑内部装修不应遮挡消防设施、疏散指示标志及安全出口，并不应妨碍消防设施和疏散走道的正常使用。因特殊要求做改动时，应符合国家有关消防规范和法规的规定.
5.建筑内部装修不应减少安全出口、疏散出口和疏散走道的设计所需的净宽度和数量.

六、其他

1.建筑中严禁设置经营、存放和使用火灾危险性为甲、乙类物品的商店、储藏间及作坊.
2.建筑内严禁布置存放和使用火灾危险性为甲、乙类物品的商店、车间和仓库，并不应布置产生噪声、振动和污染环境卫生的商店、车间和娱乐设施.
3.建筑中燃气、电气、空调等建筑设备的设置和管线敷设应符合防火安全要求.

■建筑防水、防潮

一、依据规范

《屋面工程技术规范》GB 50345-2012

二、屋面防水

主体屋面防水等级为 一 级，2 道设防.

三、其他防水

1.卫生间、厨房、阳台、外廊和其他用水房间的楼面标高，应比同层其他房间、走廊的楼地面标高低0.05m。无障碍住宅卫生间、厨房的楼面标高，应比同层其他房间、走廊的楼地面标高低0.015m.
2.卫生间墙根部应用C20混凝土现浇200高条带.
3.水井、强弱电井道楼地面标高与同层其他房间、走廊楼地面之间设≥100高门槛.
4.位于屋顶上的水箱间楼面应采取防水及排水措施.

■无障碍设计

一、依据规范《无障碍设计规范》GB 50763-2012.

二、居住建筑的无障碍设计应符合下列规定：

1.设置电梯的居住建筑至少设置1处无障碍入口，通过无障碍通道直达电梯厅，每居住单元至少设置1部能直达户门层的无障碍电梯.
2.上述居住建筑设置无障碍设施的部位：建筑入口及入口平台、公共走道、相关内外门、无障碍住房无障碍电梯、公共厕所等，做法详见国标.
3.居住区道路应满足无障碍要求，详细设计见景观设计图.

三、无障碍住房

学校内部残疾人宿舍是统一安置，本次设计未涉及无障碍宿舍.

四、建筑入口及入口平台

1.在主入口设置1:12坡道，坡道宽度大于1.2m，出入口门净宽>0.8m，满足残疾人轮椅通行的宽度，做法参见详图.
2.供轮椅通行的门扇安装视线观察玻璃，横执把手和关门拉手，低弹力弹簧，在门扇下方安装高0.35m的护门板.
3.门槛高度及门内外地面高差为15mm，以斜坡过渡.

五、无障碍电梯候梯厅设计：

1.候梯厅深度大于1.80m；
2.电梯按钮高度设计为0.90~1.10m；电梯门洞净宽大于0.90m；
3.电梯出入口处宜设提示盲道.
4.候梯厅应设电梯运行显示装置和抵达音响；

六、无障碍电梯轿厢设施设计：

1.轿厢门开启的净宽度不应小于800mm
2.在轿厢的侧壁上应设高900-1100mm带盲文的选层按钮，盲文宜设置于按钮旁
3.轿厢的三面壁上应设高850-900mm扶手，扶手应符合规范要求
4.轿厢内应设电梯运行显示装置和报层音响；
5.轿厢正面高900处至顶部应安装镜子或采用有镜面效果的材料；
6.轿厢的尺寸为1.6m×1.5m；
7.电梯位置应设无障碍标志.

七、其他：

1、安全抓杆必须安装牢固、应能够承受1000N以上的重力.
2、其他相关无障碍设施的设置及做法参照《建筑无障碍设计》(12J926)

■安全防范及防护设计

防护栏杆设计

1.所有楼板临空处均应按规范要求设栏杆，窗台低于900均应做护窗栏杆，高度自可踏面起900高。栏杆竖杆固定处应与预埋钢板或通过预埋钢板焊接.
2.栏杆抗水平荷载不应小于1000N/m.
3.栏杆材料应选择具有良好耐候性和耐久性的材料，栏杆用材除由专业厂家按栏杆分格进行受力计算确定外，且应符合以下要求.
(1) 不锈钢：主要受力杆件壁厚不应小于1.5mm，一般杆件不宜小于1.2mm.
(2) 型钢：主要受力杆件壁厚不应小于3.5mm，一般杆件不宜小于2.0mm.
(3) 铝合金：主要受力杆件壁厚不应小于3.0mm，一般杆件不宜小于2.0mm.
(4) 所有的栏杆做法均需防攀爬。如为竖向栏杆，竖杆间距应小于等于110毫米.
4.栏杆主要受力杆件固定处必须与预埋钢板或通长预埋钢板焊接，埋件见栏杆选用的图集.
5.砌体栏杆压顶应设现浇钢筋混凝土压梁，并与主体结构和小立柱可靠连接。压梁高度不应小于120mm，宽度不宜小于砌体厚度，纵向钢筋不宜少于4φ10.
6.玻璃栏杆设计：
(1) 住宅工程和人流集中的场所严禁设计承受水平荷载的玻璃栏杆.
(2) 不承受水平荷载的栏板玻璃的临空栏杆玻璃，应具有一定的抗冲击性能，必须选用钢化玻璃或者钢化夹胶玻璃。其厚度不应小于12，当临空高度为5米及以上时，应使用钢化夹胶玻璃。室内栏板玻璃，应使用符合《建筑玻璃应用技术规程》JGJ113-2009中7.1.1-1的规定且公称厚度不小于5mm的钢化玻璃，或公称厚度不小于6.38mm的夹层玻璃.
(3) 承受水平荷载的栏板玻璃应使用符合《建筑玻璃应用技术规程》JGJ113-2009中7.1.1-1的规定，且公称厚度不小于12mm的钢化玻璃或公称厚度不小于16.76mm钢化夹层玻璃。当栏板玻璃最低点离一侧楼地面高度在3m或3m以上、5m或5m以下时，应使用公称厚度不小于16.76mm钢化夹层玻璃。当栏板玻璃最低点离一侧楼地面高度大于5m时，不得使用承受水平荷载的栏板玻璃.
(4) 室外栏板玻璃除应符合上诉规定尚应进行玻璃抗风压设计。对有抗震设计要求的地区，尚应考虑地震作用的组合效应.
7.楼梯间的楼梯梯段栏杆垂直高度为900mm，凡平台水平每大于500mm时栏杆高度为1150mm(包括100毫米砼翻边).
8.栏杆形式防攀爬，采用竖杆形式时间距不大于110mm.

■环保设计

一、依据规范《民用建筑工程室内环境污染控制规范》GB 50325-2010、《民用建筑隔声设计规范》GB 50118-2010，以及相关建筑设计规范的有关规定.

二、本工程采取的环保措施

1.建筑材料及装修材料均应选用"环保型"产品.
2.废弃物的运输与处理均符合有关规程.
3.卧室、起居室(厅)内噪声级，应符合下列规定：
(1) 昼间卧室内的等效连续A声级不应大于45dB；(2) 夜间卧室内的等效连续A声级不应大于37dB；(3) 起居室(厅)的等效连续A声级不应大于45dB.
4.分户墙和分户楼板的空气声隔声性能应符合下列规定：
(1) 分隔卧室、起居室(厅)的分户墙和分户楼板，空气声隔声评价量(R_w+C)应大于45dB；
(2) 分隔住宅和非居住用途空间的楼板，空气声隔声评价量(R_w+C_{tr})应大于55dB.
5.楼板的计权标准化撞击声压级不应大于75dB。以下措施由住户装修施工：1) 在楼板表面铺设弹性面层(如地毯、橡胶、软塑料)；2) 在楼板与面层之间设置隔离层(如架空木地板、干铺油毡等)；3) 在楼板下做隔声封闭吊顶，四周和墙体隔离防止物体传播撞击声.
6.起居室(厅)及兼起居的卧室紧邻电梯布置时，在电梯井道外侧砌100厚加气混凝土隔声墙，且在电梯轨道和井壁之间设置减震垫.
7.住宅室内空气污染物的活度和浓度应符合下列规定：氡≤200(Bq/m³)，游离甲醛≤0.08(mg/m³)，苯≤0.09(mg/m³)，氨≤0.2(mg/m³)，TVOC≤0.5(mg/m³).
8.水、暖、电、气管线穿过楼板和墙体时，孔洞周边密封隔声。管道井层层封堵，封堵厚度>100mm.

三、材料

1.无机非金属建筑主体材料和装修材料
(1) 民用建筑工程所使用的砂、石、砖、水泥、商品混凝土、混凝土预制构件和新型墙体材料等无机非金属建筑主体材料，其放射性指标限量应符合表3.1.1的规定.
表3.1.1 无机非金属建筑材料放射性指标限量测定项目限量内照射指数(I_{Ra})≤1.0　外照射指数($I_γ$)≤1.0
(2) 民用建筑工程所使用的无机非金属装修材料，包括石材、建筑卫生陶瓷、石膏板、吊顶材料、无机瓷质砖粘接剂等，进行分类时，其放射性指标限量应符合表3.1.2的规定.
表3.1.2 无机非金属装修材料放射性指标限量
测定项目限量
A内照射指数(I_{Ra})≤1.0≤1.3　B外照射指数($I_γ$)≤1.3≤1.9
2.人造木板及饰面人造木板
民用建筑工程室内用人造木板及饰面人造木板，必须测定游离甲醛含量或游离甲醛释放量.
工程勘察设计
(1) 类民用建筑工程室内装修采用的无机非金属装修材料必须采用
(2) 民用建筑工程室内装修中所使用的木地板及其他木质材料，严禁采用沥青、煤焦油类防腐、防潮处理剂.
(3) 民用建筑工程中所使用的能释放氨的阻燃剂、混凝土外加剂氨的释放量不应大于0.10%，测定方法应符合现行国家标准《混凝土外加剂中释放氨的限量》GB18588的规定。能释放甲醛的混凝土外加剂，其游离甲醛含量不应大于0.5g/kg，测定方法应符合国家标准《室内装饰装修材料内墙涂料中有害物质限量》GB18582-2001附录B的规定.

附图 8-1	图　名	建筑施工图设计总说明(一)				比　例	1∶300
	审　核		校　核		设　计	图　号	建施-1/13

建筑施工图设计总说明(二)

■墙体

一、框架填充墙设置、厚度、构造详见结构图。

■防潮层

一、各种墙体在室内地坪标高处设水平防潮层,在标高±0.060处设置。

■装修做法

（详见工程做法表及门窗表）

■楼地面工程

■屋面工程（采用结构自防水防水屋面）

■外墙工程

■内墙面

■门窗工程

■油漆工程

■室内外附属工程

■电梯

■室内二次装修

■消防安装

■其他

本工程所有大样不详处均按下列图集施工:

(1)《楼梯》	(02J401)
(2)《平屋面建筑构造》	(02J201)
(3)《坡屋面》	(03J203)
(4)《卫生间》	(04J505)
(5)《变形缝建筑构造》	(04J201-2)
(6)《外墙外保温建筑构造》	(03J122)
(7)《内装修》	(03J502-1)
(8)《室内轻钢隔墙》	(03J111-1)
(9)《建筑无障碍设计》	(03J926)
(10)《楼梯栏杆栏板》	(03J401)
(11)《木门窗》	(04J601-2)
(12)《铝合金门窗》	(02J603-1)
(13)《塑料门窗》	(96J604)
(14)《防火门窗》	(03J609)

类别	代号	名称	构造做法	适用范围
屋面	W1	保温屋面	8.50厚C30细石混凝土，内配ϕ6@200双向钢筋，平面四周（沿墙和水泥砂浆）设伸缝，缝宽20mm，缝内嵌改性沥青密封膏；平面内网格≤3000mm宜设，盖建墙盖建油材加盖，加贴宽度不小于300mm，加设PVC排气管（伸缩缝交接处每一个设一个ϕ50PVC排气孔） 7.6厚1:3混合砂浆隔离层 6.3厚聚酯胎SBS防水卷材一层，四周卷起 5. 冷毡子一遍 4.20厚1:3水泥砂浆找平层，平面内间距宜≤3000mm设分格缝 3.泡沫混凝土（容重≤500kg/m³）找坡2%，最薄处150厚，随打随抹平 2.1.5厚JS防水涂料，并向低地面、管道周围，四角上翻500 1.钢筋混凝土机板找平，改筋砼压光机械抹光	所有屋面
楼面	L1	地砖混凝土楼面	4.地面砖8～10厚干水泥擦缝 3.1:3干硬性水泥砂浆结合层20厚，表面撒水泥粉 2.刷素水泥浆一道（内掺建筑胶） 1.钢筋混凝土现浇结构机板抹光	用于除宿舍卧室、宿舍、门厅、卫生间、厨房以外的房间
	L2	复合板混凝土楼面	4.8厚全口强化复合地板，板缝用胶粘剂粘铺 3.3～5厚泡沫塑料衬垫 2.刷素水泥浆一道（内掺建筑胶） 1.钢筋混凝土现浇结构机板抹光	用于卧室、宿舍、门厅
	L3	阳台、连廊防水楼面	6.防滑釉面砖8～10厚干水泥擦缝 5.1:3干硬性水泥砂浆结合层20厚，表面撒水泥粉 4.30厚C20细石混凝土找坡层，坡向地漏1% 3.30厚水泥基无机矿物轻集料保温砂浆（燃烧性能为A级） 2.1.5mm厚单组分聚氨酯防水涂料，四周卷起至330 1.钢筋混凝土楼板（厚度见结构）	连廊、阳台、开敞前室
	L4	厨卫间防水楼面	4.防滑釉面砖8～10厚干水泥擦缝 3.1:3干硬性水泥砂浆结合层20厚，表面撒水泥粉 2.刷素水泥浆一道（内掺建筑胶） 2.1.5mm厚单组分聚氨酯防水涂料（卫生间）：上返四周地面比完成面1800，管道周边300宽范围侧加2厚聚氨酯防水层 1.钢筋混凝土楼板（厚度见结构）	标准层厨房、卫生间
	L5	细石混凝土楼面（机房层）	3.30厚C20细石混凝土原浆面压光 2.刷素水泥浆一道 1.钢筋混凝土现浇结构机板抹光	电梯机房
	L6	空调板	3.20厚1:3防水水泥砂浆找坡层，坡度1%与墙面100侧坡缝，排水口（5口的滴水），有组织排水至少的外侧坡坡；有组织排水落至电板（无组织排水至坡外侧坡状）。 2.30厚水泥基无机矿物轻集料保温砂浆（燃烧性能为A级） 1.钢筋混凝土现浇板	空调板、外挑板（冷桥处）
	L7	水泥砂浆楼面	2.20厚1:3水泥砂浆抹光 1.钢筋混凝土现浇结构机板抹光	水电设备井
地面	D1	地砖混凝土地面	4.地面砖8～10厚干水泥擦缝 3.1:3干硬性水泥砂浆结合层20厚，表面撒水泥粉 2.刷素水泥浆一道（内掺建筑胶） 2.C15混凝土垫层60厚 1.素土夯实	用于一层除宿舍卫生间、厨房以外的房间
	D2	阳台、露台防水地面	6.防滑釉面砖8～10厚干水泥擦缝 5.1:3干硬性水泥砂浆结合层20厚，表面撒水泥粉 4.30厚C20细石混凝土找坡层，坡向地漏2%（厨台为2%） 3.1.5mm厚单组分聚氨酯防水涂层，四周卷起至330 2.C15混凝土垫层60厚 1.素土夯实	一层连廊、阳台、开敞前室
	D3	厨卫间防水地面	6.防滑釉面砖8～10厚干水泥擦缝 5.1:3干硬性水泥砂浆结合层20厚，表面撒水泥粉 4.20厚1:3水泥砂浆找平层（卫生间）：坡向地漏1% 3.1.5mm厚单组分聚氨酯防水涂膜（卫生间）：上返四周墙面比完成面1800，管道周边300宽范围侧加2厚聚氨酯防水层 2.C15混凝土垫层60厚 1.素土夯实	一层厨房、卫生间
	D4	复合地板混凝土地面	5.8厚全口强化复合地板，板缝用胶粘剂粘铺 4.3～5厚泡沫塑料衬垫 3.刷素水泥浆一道（内掺建筑胶） 2.C15混凝土垫层60厚 1.素土夯实	用于一层卧室、宿舍、门厅

类别	代号	名称	构造做法	适用范围
外墙	WQ1	外保温涂料墙面	7.涂料 6.7厚抗裂砂浆内掺耐碱玻璃纤维网格布铺以锚检固定 5.20+5 HX隔离式防火保温板2型(XPS芯板)（燃烧性能 A级） 4.10厚满墙粘结砂浆粘结（锚栓横国定） 3.10厚1:3水泥砂浆找平层5%防水剂 2.墙面表面处理 1.现浇钢筋混凝土墙（或砖砌外墙）	
	WQ2	无保温涂料墙面	5.涂料 4.4.5厚聚合物抗压耐碱玻纤网格布一层（用于底层时网格布为二层） 3.10厚1:3水泥砂浆找平层 2.墙面表面界处理 1.现浇钢筋混凝土墙（或砖砌外墙）	机房层的柱子

注：墙面保温做法应严格按《HX隔离式防火保温板外墙外保温系统应用技术规程》JG/T 050-2012进行施工，所有应与与墙保温连接的图应严格遵守。本设计所采用所采用的材料未中和外墙构造做法应当与外墙外保温技术人员确认无后无后施工。(如改用其他保温材料，需提供相关材料的节能指标及施工技术及规程，构造做法由相关的施工技术人员确认施工。)外墙外保温粘贴的系统材料和材料和国家和有关标准的规定。

类别	代号	名称	构造做法	适用范围
内墙	NQ1	涂料墙面	6.涂料面层由用户定 5.白水泥、滑石粉、801胶腻子两遍批平一遍压光（喷胶线分色、洗浆刷涂料） 4.8厚1:1.4混合砂浆找平层 3.10厚1:1.6混合砂浆刷底层 2.2厚1:1水泥砂浆掺水泥重量10%的801胶水化处理 1.抹灰墙面涂刷	用于室内内隔墙加气砼、轻质砌块等宿舍、餐厅、卧室
	NQ2	瓷砖墙面	5.面砖 4.10厚1:3防水砂浆拉毛（不掺砂粉） 3.10厚1:3防水砂浆找平层 2.2厚1:1水泥砂浆掺水泥重量10%的801胶水化处理 1.抹灰墙面涂刷	卫生间、厨房
	NQ3	涂料墙面	6.高灰后做内墙涂料二遍（喷胶线分色、灰色涂料） 5.白水泥、滑石粉、801胶腻子两遍批平（喷胶线成灰色刮平） 4.8厚1:1.4混合砂浆找平层 3.10厚1:1.6混合砂浆刷底层 2.2厚1:1水泥砂浆掺水泥重量10%的801胶水化处理 1.抹灰墙面涂刷	用于楼梯间、电梯间、底层门厅、底层电梯公共外墙（砼空心砌块）等公共部位的内表面

注：在砖墙剪力墙和加气砼填充无缝接处接墙界面剥剃300宽处界网格布，项层涵缝2.7x12.7镀锌钢丝网施工后点由专项施工界面。最敢后于用。

类别	代号	名称	构造做法	适用范围
平顶	PD1	涂料平顶	3.刷无机涂料两遍 2.白水泥、滑石粉、801胶腻子两遍批平（一遍压光） 1.钢筋混凝土现浇板	宿舍、楼梯、电梯厅、走廊等公共部位电梯机房平顶
	PD2	涂料平顶	4.刷乳胶漆两遍 3.白水泥、滑石粉、801胶腻子两遍批平（一遍压光） 2.30厚水泥基无机矿物轻集料保温砂浆（燃烧性能为A级） 1.钢筋混凝土现浇板	空调板、开敞阳台、连廊外挑板
踢脚	T1	水泥踢脚	3.8厚1:2水泥砂浆面层，压实料面层 2.12厚1:3水泥砂浆打底，划出纹理（与墙面交界处嵌10宽塑料条） 1.基层界面处理剂	电梯机房
	T2	地砖踢脚	4.8厚地砖水泥素水泥擦缝 3.5厚1:1水泥细砂结合层 2.12厚1:3水泥砂浆打底 1.基层界面处理剂	用于除宿舍卧室、宿舍、门厅、卫生间、厨房以外的房间
	T3	复合地板踢脚	2.成品硬木踢脚线 1.墙内预留水砖400中距，板背面与木砖满涂防腐剂	用于卧室、宿舍、门厅
其他		水泥护角线	1:2.5水泥砂浆每边宽50高2000护角线	墙柱阳角处
		烟道	烟道口出屋面四周上翻100宽，600钢筋砼反坎与结牮一同现浇	住宅顶构烟道

注：轻质混凝土填充充控制标为：屋面，容重600kg/m²(±50kg/m²)，拟强度≥1.0Mpa。楼地面，容重600kg/m²(±50kg/m²)，抗压强度≥1.5MPa。

江苏省居住建筑节能设计专篇

一、工程概况

所在城市	气候分区	结构形式	层数	建筑物朝向	体形系数		节能计算面积(m^2)	节能标准	节能设计方法
					工程设计值	规范限值			
江苏省-常州	夏热冬冷	框剪结构	地上：9 层	南向	0.36	0.40	地上：5299.2 m^2	50%	□规定性指标☑ 性能性指标

二、设计依据

1. 《民用建筑热工设计规范》GB50176-1993
2. 《夏热冬冷地区居住建筑节能设计标准》JGJ134-2010
3. 《江苏省居住建筑热环境和节能设计标准》(DGJ32/J 71-2008)
4. 《江苏省民用建筑工程施工图设计文件(节能专篇)编制深度规定》(2009年版)
5. 《江苏省太阳能热水系统施工图设计文件编制深度规定》(2008年版)
6. 国家、省、市现行的相关法律、法规
7. 《隔离式防火保温板外墙外保温系统应用技术规程》苏J G/T050-2012
8. 《蒸压砂加砌混凝土砌块应用技术规程》DB33T 1022-2005
9. 《复合发泡水泥板外墙外保温系统应用技术规程》苏JG/T041-2011

三、建筑物围护结构热工性能(本工程墙体表面太阳吸收系数ρ 0.50)

围护结构部位		主要保温材料名称	导热系数($W/m^2\cdot K$)	厚度(mm)	传热阻 R($m^2\cdot K/W$) 工程设计值	传热阻 规范限值	热惰性指标 D 工程设计值	热惰性指标 D 规范限值	备注
屋面1		泡沫混凝土	0.100X1.50	150	1.31	1.26	7.37	2.50	燃烧性能为A级
墙体	北	HX隔离式防火保温板2型(XPS芯板)	0.030X1.15	20	1.53	0.74	4.52	--	燃烧性能为A级
	东	HX隔离式防火保温板2型(XPS芯板)	0.030X1.15	20	1.53	0.69	4.52	--	
	西	HX隔离式防火保温板2型(XPS芯板)	0.030X1.15	20	1.53	0.69	4.52	--	
	南	HX隔离式防火保温板2型(XPS芯板)	0.030X1.15	20	1.53	0.69	4.52	--	
冷桥		HX隔离式防火保温板2型(XPS芯板)	0.030X1.15	20	0.90	0.52	2.83	--	燃烧性能为A级
凸窗壁板(上、侧、下)	上	--	--	--	--	--	--	--	
	侧	--	--	--	--	--	--	--	
	下	--	--	--	--	--	--	--	
底面接触室外空气的架空层或外挑楼板		水泥基无机矿物轻集料内保温砂浆	0.085X1.00	30	0.63	1.00	2.38	--	
与(非)封闭式楼梯间相邻的隔墙		--	--	--	--	--	--	--	
分隔采暖空调居住空间与非采暖空调空间的隔墙		水泥砂浆	0.930X1.00	20	1.01	0.50	4.09	--	
分隔采暖空调居住空间与非采暖空调空间的楼板		--	--	--	--	--	--	--	
分户墙		水泥砂浆	0.930X1.00	20	1.01	0.50	4.09	--	
分户楼板		水泥砂浆	0.930X1.00	20	0.52	0.50	2.55	--	

本工程外墙墙体材料为 200厚 蒸压轻质砂加气混凝土砌块 内墙为 200厚，蒸压轻质砂加气混凝土砌块

四、窗(包括阳台门的透明部分)的热工性能

朝向	窗框	玻璃	窗墙面积比 工程设计值	窗墙面积比 规范限值	传热系数K($W/m^2\cdot K$) 工程设计值	规范限值	凸窗工程设计值	凸窗规范限值	遮阳系数SC 工程设计值	遮阳系数SC 规范限值	遮阳形式
北	6透明+16空气+6透明-塑钢窗框		0.16	--	2.30	3.00	--	--	0.50	0.50	活动外遮阳
东	--		--	--	--	--	--	--	--	--	--
西	--		--	--	--	--	--	--	--	--	--
南	6透明+16空气+6透明-塑钢窗框		0.40	--	2.30	3.60	--	--	0.50	0.50	活动外遮阳
阳台下部门芯板					4.52	1.70	--	--			
户门	封闭(非封闭)式楼梯间				4.52	3.00	--	--			

注：塑料型材单框中空玻璃窗(6+16A+6)，传热系数2.30($W/m^2\cdot K$)，玻璃遮阳系数0.50，气密性为6级，可见光透射比0.40。

遮阳及做法：
遮阳：集成卷帘窗(吊装式)
做法：国标11J903-2/L27

本工程外窗及阳台门的气密性不低于《建筑外门窗气密，水密，抗风压性能分级及检测方法》(GB/T 7106-2008)规定的6 级。

五、太阳能热水系统

本工程无此项目。

六、本工程因 底面接触室外空气的架空层或外挑楼板传热热阻与热惰性指标，阳台下部门芯板传热系数，封闭式楼梯间户门传热系数 不符合规定性指标而进行性能性指标设计，建筑物节能综合指标满足节能设计标准。

本工程建筑物采暖耗热量、空调耗冷量、耗电量见下表：

采暖期	耗热量指标q_h(W/m^2) 工程设计值	耗热量指标 规范限值	耗电量指标$q_{e,r}$($kW\cdot h/m^2$) 工程设计值	耗电量指标 规范限值	空调降温期	耗冷量指标q_c(W/m^2) 工程设计值	耗冷量指标 规范限值	耗电量指标$q_{e,c}$($kW\cdot h/m^2$) 工程设计值	耗电量指标 规范限值
	12.39	22.00	12.99	14.20		10.23	23.50	6.19	12.50

七、各节点保温做法参见《HX隔离式防火保温板外墙外保温系统应用技术规程》(JG/T 050-2012)

八、本工程节能计算软件名称：建筑节能计算分析软件PBECA

九、节能构造大样

注：所有大样不详处均按《外墙外保温建筑构造》(10J121)

外墙与地面底部 1:10
外墙与阴阳角 1:10
外墙挑板 1:10
分格缝 1:10
女儿墙 1:10
预留洞 1:10
门窗洞口 1:10

十、空调房间

一层平面空调示意图

二层到六层平面空调示意图

七层到九层平面空调示意图

附图 8-4	图 名	江苏省居住建筑节能设计专篇		比 例	1:300
	审 核	校 核	设 计	图 号	建施-4/13

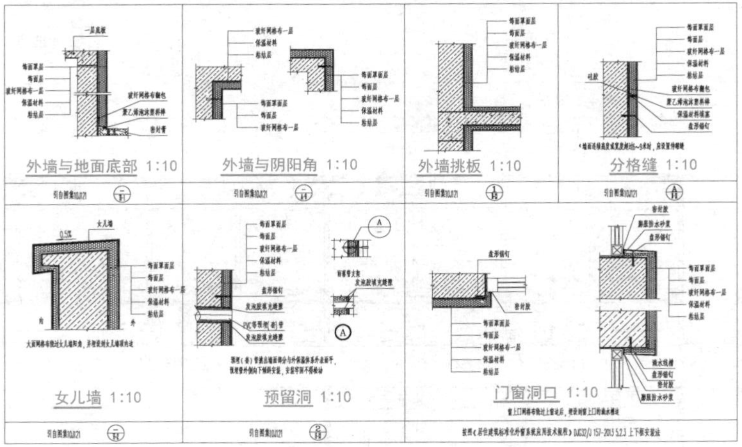

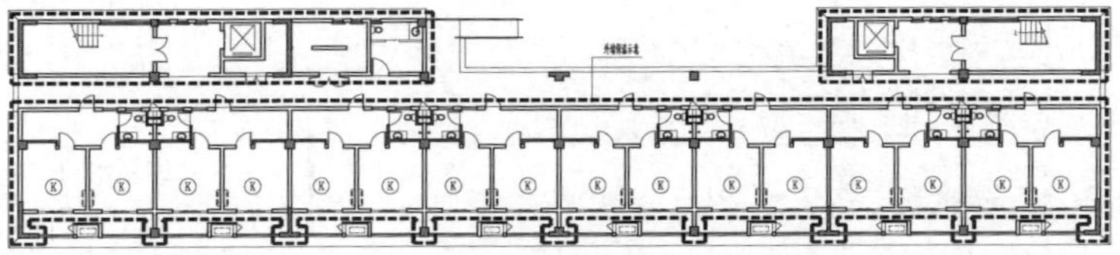

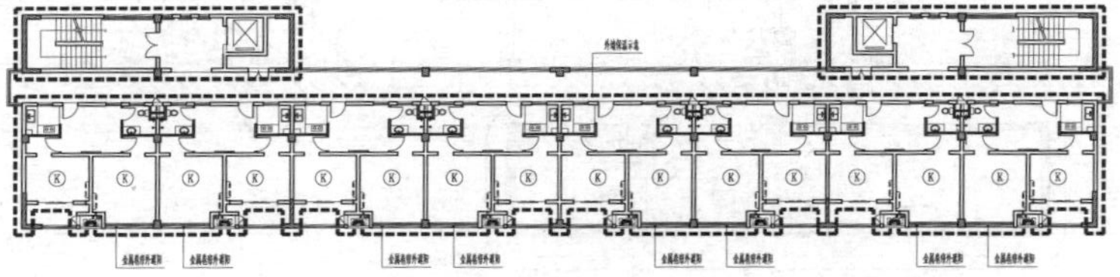

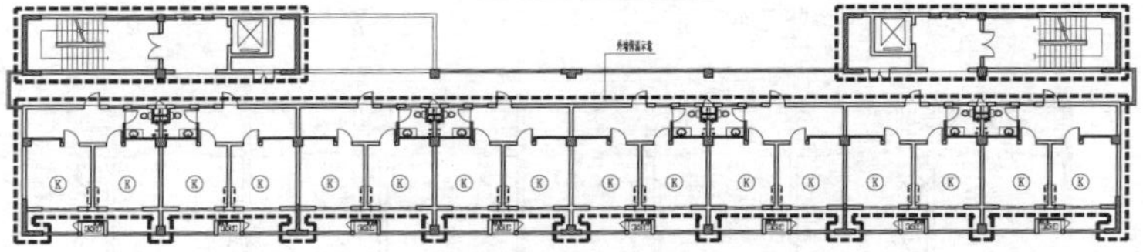

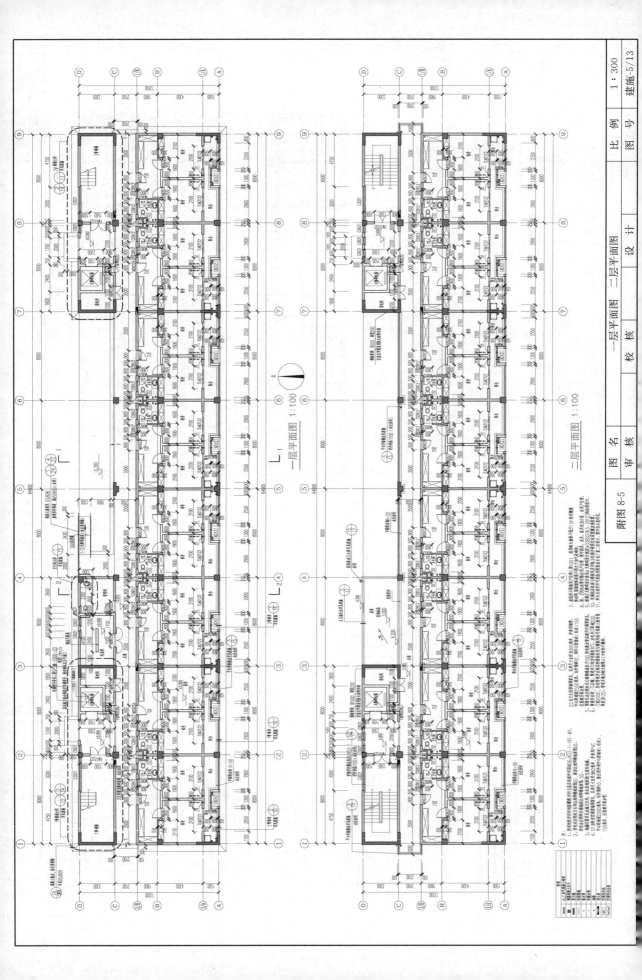

一层平面图 1:100

二层平面图 1:100

附图 8-5

建施-5/13

1:300

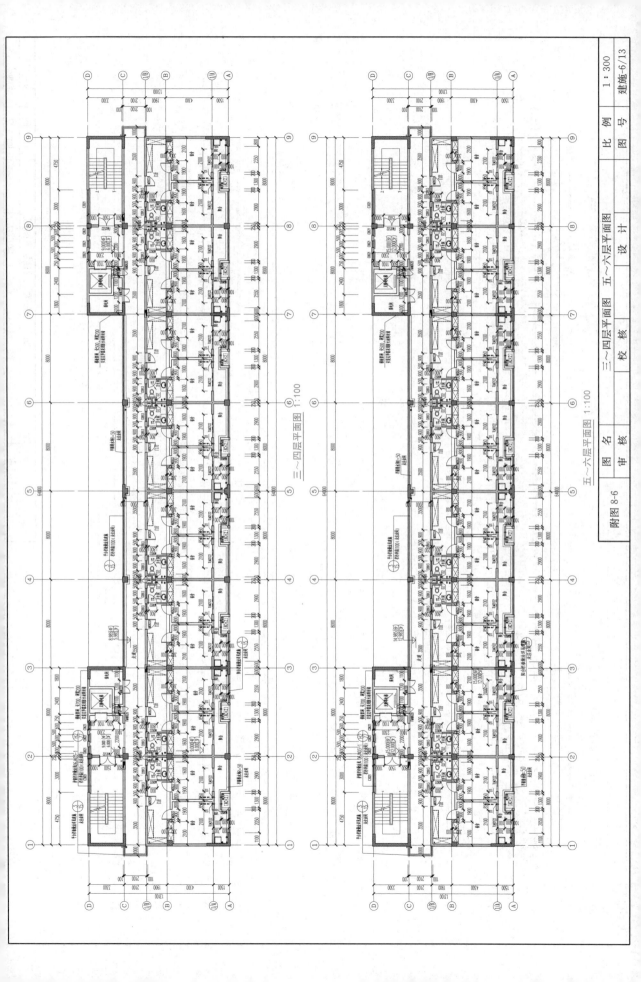

三~四层平面图 1:100

五~六层平面图 1:100

图 名	三~四层平面图 五~六层平面图	比 例	1:300
设 计		图 号	建施-6/13
校 核			
审 核			

附图 8-6

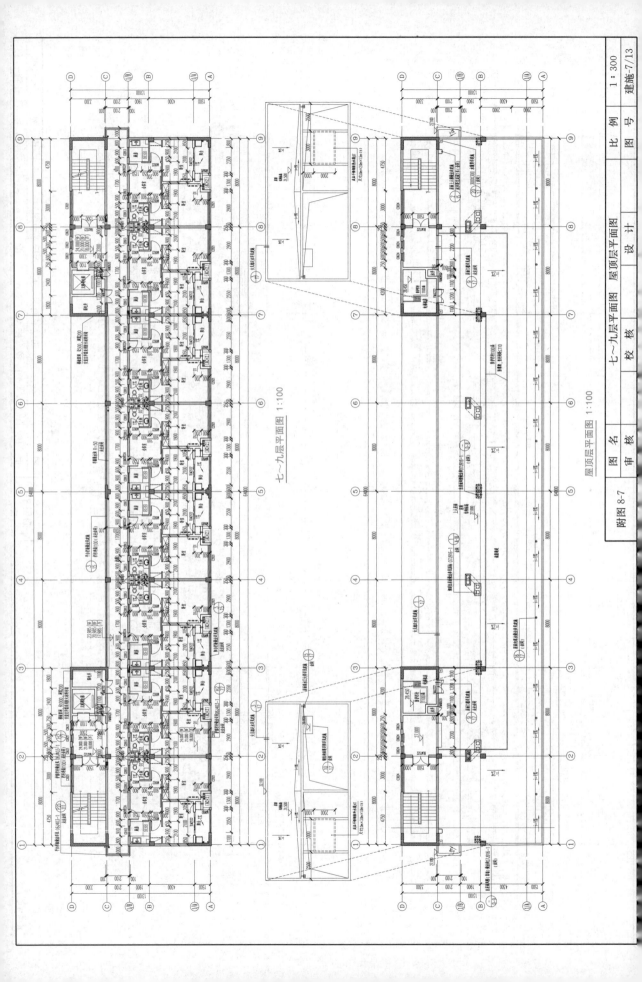

七~九层平面图 1:100

屋顶层平面图 1:100

附图 8-7

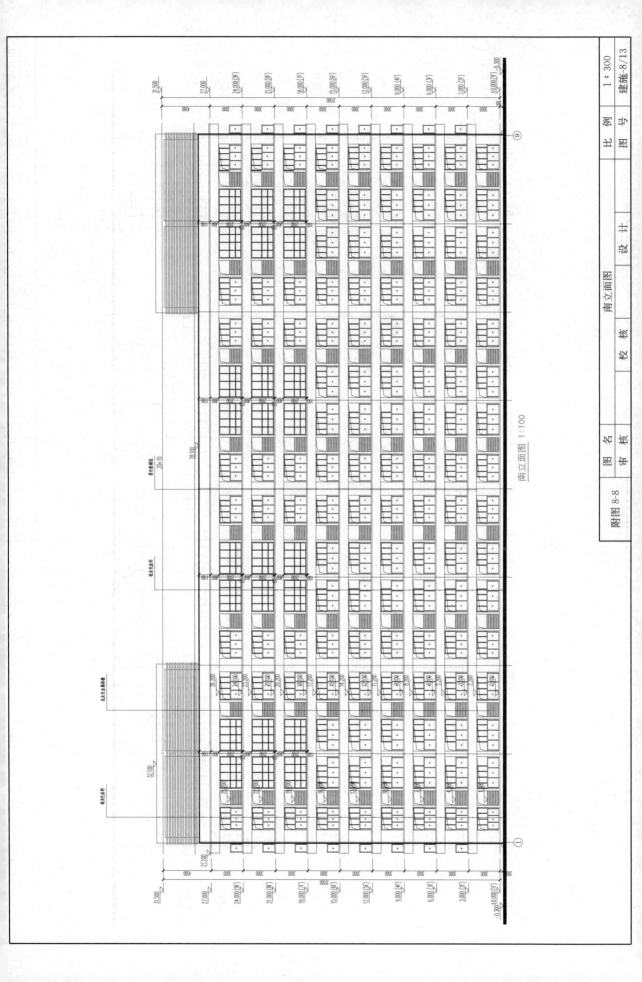

南立面图 1:100

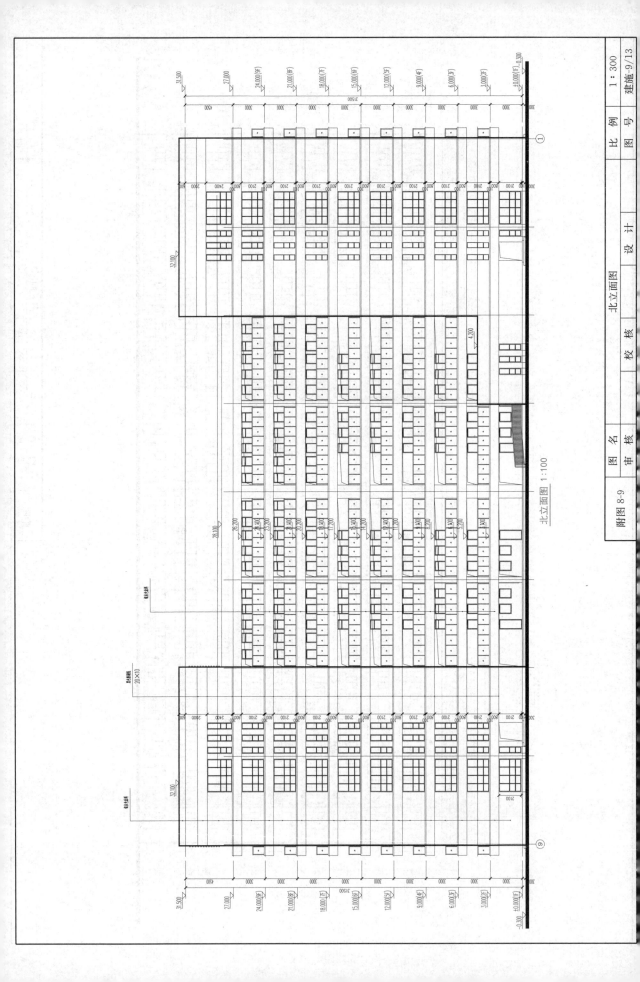

北立面图 1:100

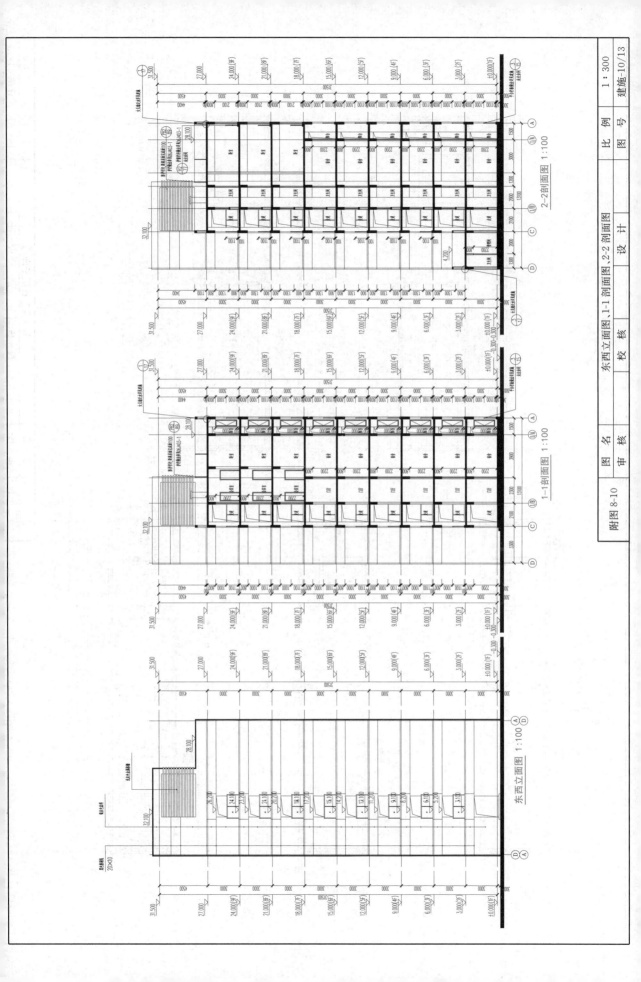

东西立面图、1-1剖面图、2-2剖面图

附图 8-10

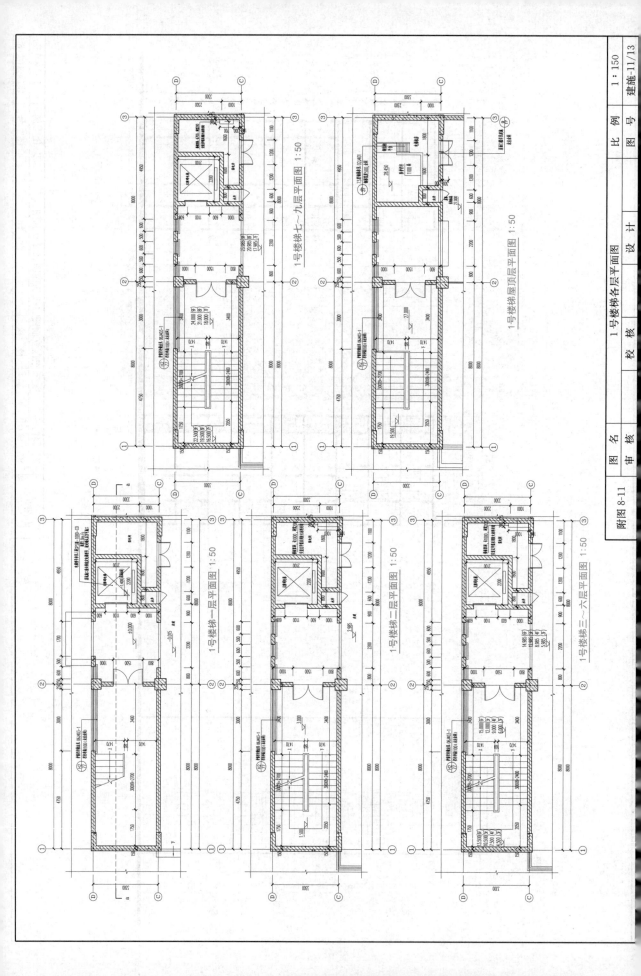

1号楼楼梯七～九层平面图 1:50

1号楼楼梯屋顶层平面图 1:50

1号楼楼梯一层平面图 1:50

1号楼楼梯二层平面图 1:50

1号楼楼梯三～六层平面图 1:50

附图 8-11

图 名	1号楼楼梯各层平面图	比 例	1:150
审 核		图 号	建施-11/13
校 核		设 计	

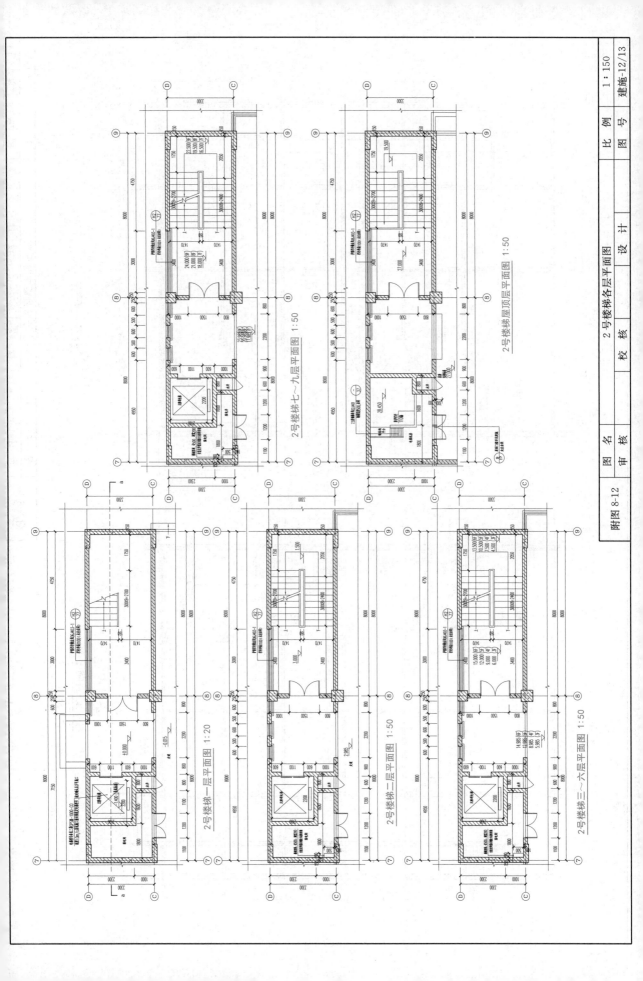

2号楼楼梯七~九层平面图 1:50

2号楼楼梯屋顶层平面图 1:50

2号楼楼梯一层平面图 1:20

2号楼楼梯二层平面图 1:50

2号楼楼梯三~六层平面图 1:50

附图 8-12

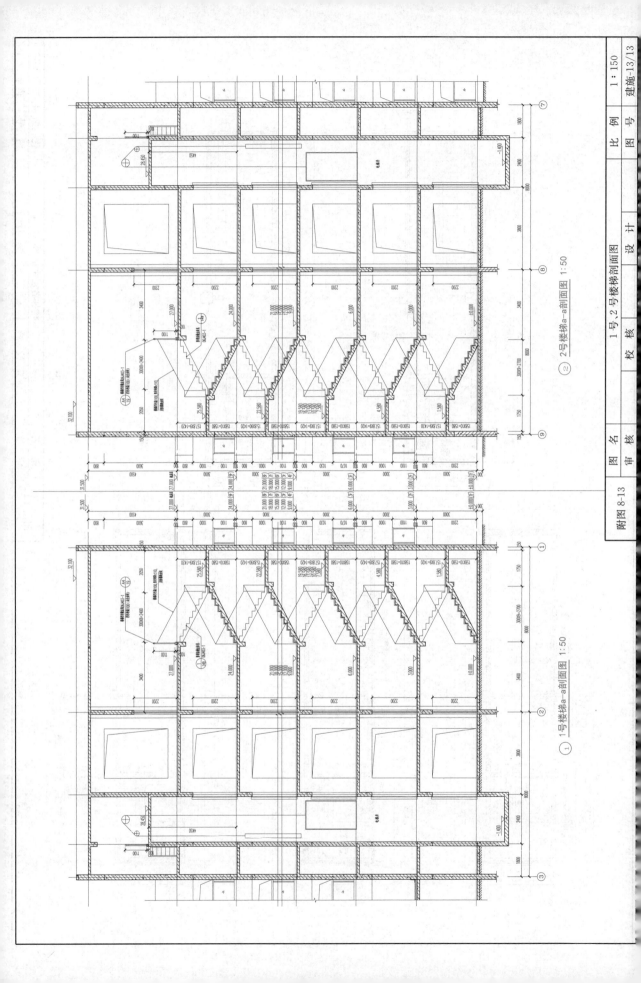

② 2号楼梯a—a剖面图 1:50

① 1号楼梯a—a剖面图 1:50

图 名	1号、2号楼梯剖面图	比 例	1:150
审 核		图 号	建施-13/13
校 核	设 计		

结 构 设 计 总 说 明

结构设计总说明（一）

设计　校核　审核　图名　审核

附图 8-14

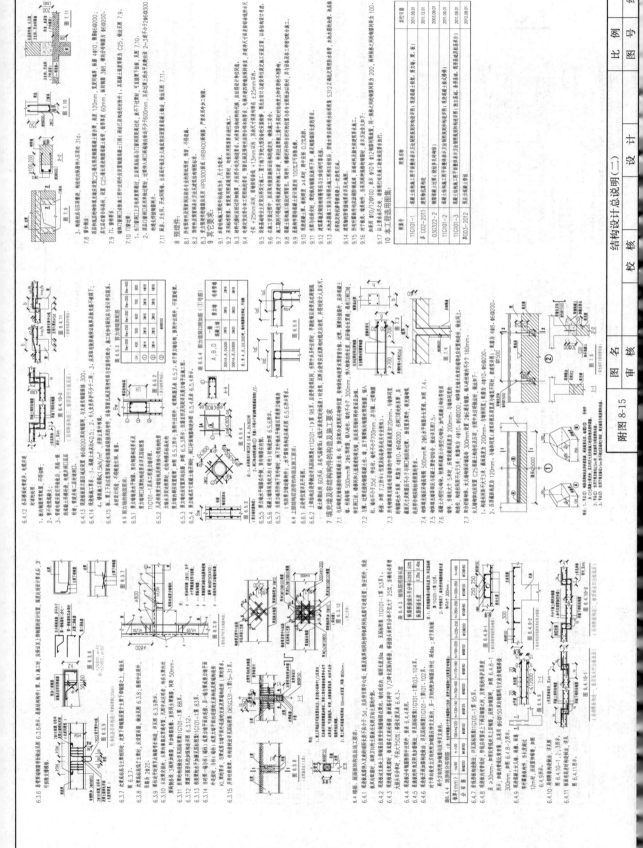

结构设计总说明(二)

附图 8-15

结施-2/9

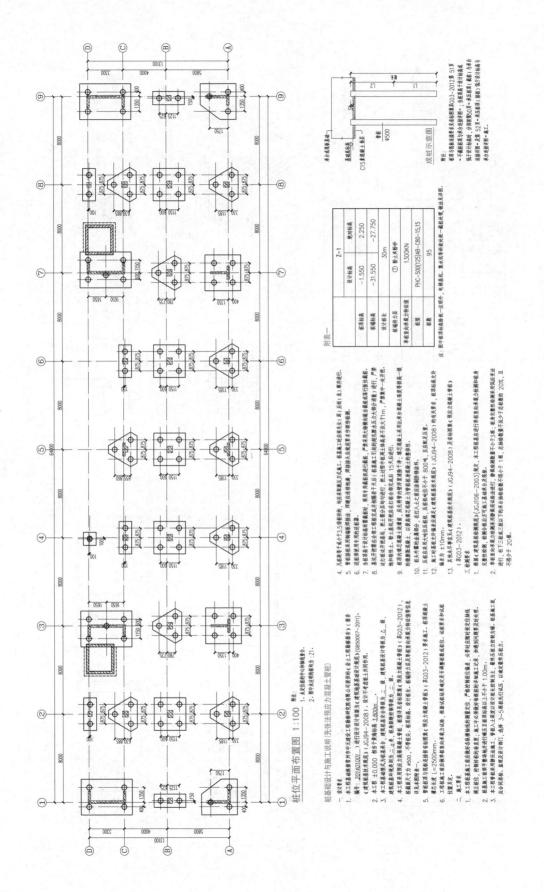

桩位平面布置图 1:100

附注：
1. 本文图中表示桩中心的相对位置。
2. 图中未注明桩位为±21。

桩基础设计与施工说明（先张法预应力混凝土管桩）

一、设计依据
1. 本工程基础桩由中元城建工程咨询有限公司提供的《岩土工程勘察报告》（勘查编号：2014010001。）进行设计计算参考《建筑地基基础设计规范》(GB50007-2011)。
2. 本工程 ±0.000 相当于黄海高程 3.800m。。
3. 本工程基础设计为乙级，桩基安全等级为二级。建筑桩基环境类别为二类，建筑地基基础设计等级为乙级。

二、施工要求

附表一

		Z-1	绝对标高
	桩顶标高	-1.550	2.250
	桩端标高	-31.550	-27.750
	设计桩长	30m	
	桩端持力层	数1本基岩	
	单桩竖向承载力特征值	1300KN	
	桩型	PHC-500(125)AB-C80-15,15	
	桩数	95	

成桩示意图

桩位平面布置图

图名		比例	1：300
设计		图号	结施-3/9
校核			
审核			

附图 8-16

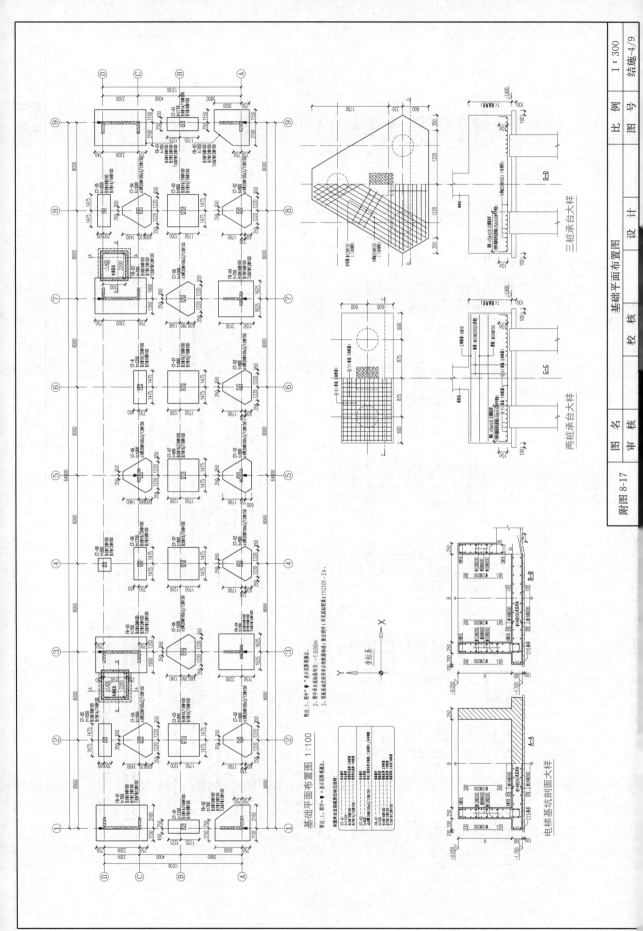

基础平面布置图 1:100

附注: 1. 图中"■"表示架墩承重柱。

基础平面布置图

三桩承台大样

两桩承台大样

电梯基坑剖面大样

附图 8-17

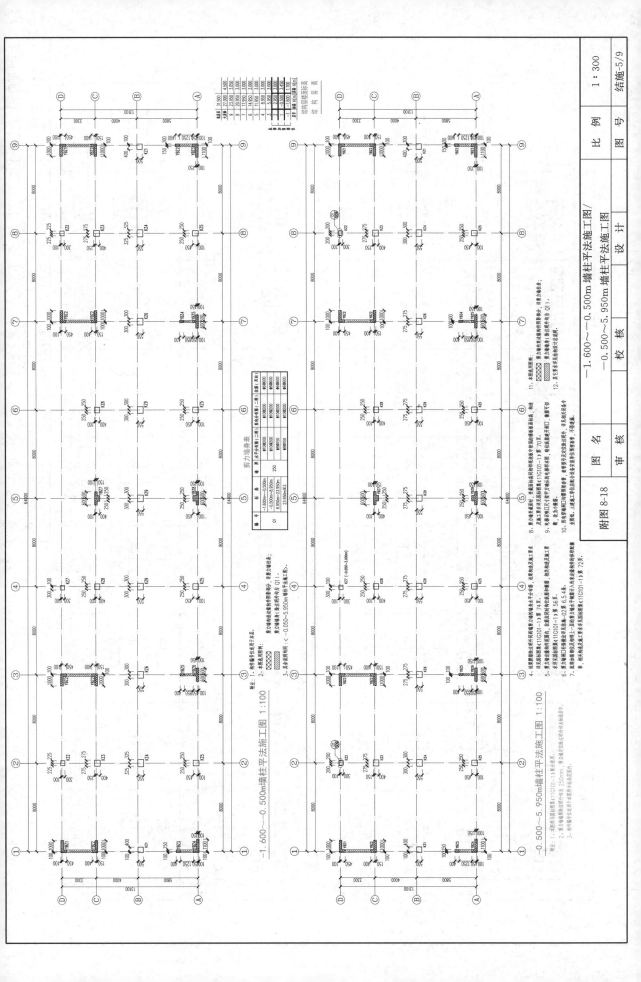

附图 8-18

-1.600～-0.500m 墙柱平法施工图/
-0.500～5.950m 墙柱平法施工图

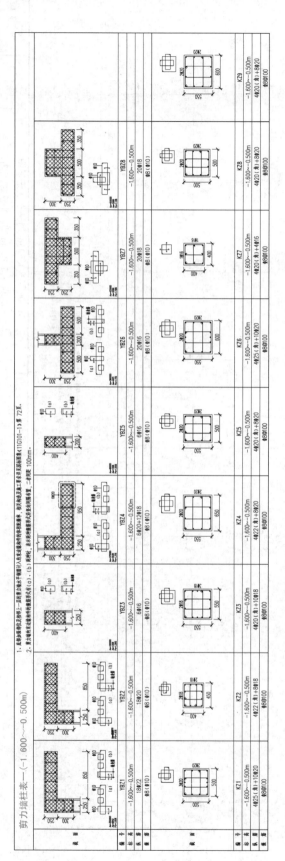

剪力墙柱表一 (-1.600~-0.500m)

剪力墙柱表二 (-0.500~5.950m)

1. 底部加强部位及楼梯上一层的剪力墙约束边缘构件阴影部分按平面图输入系关选墙构件归类表数据库中，阴影部分及其余手工输入平法标准图集《11G101-1》第 72页。

2. 黄白等关注连墙构件按圆图形式大样《a》，《b》系列中，未示构件按相等方式处关注阴影布置，二套箍筋 100mm。

附图 8-19

图 名	剪力墙柱表一 (-1.600~-0.500m) / 剪力墙柱表二 (-0.500~5.950m)
审 核	校 核 设 计
比 例	1:300
图 号	结施-6/9

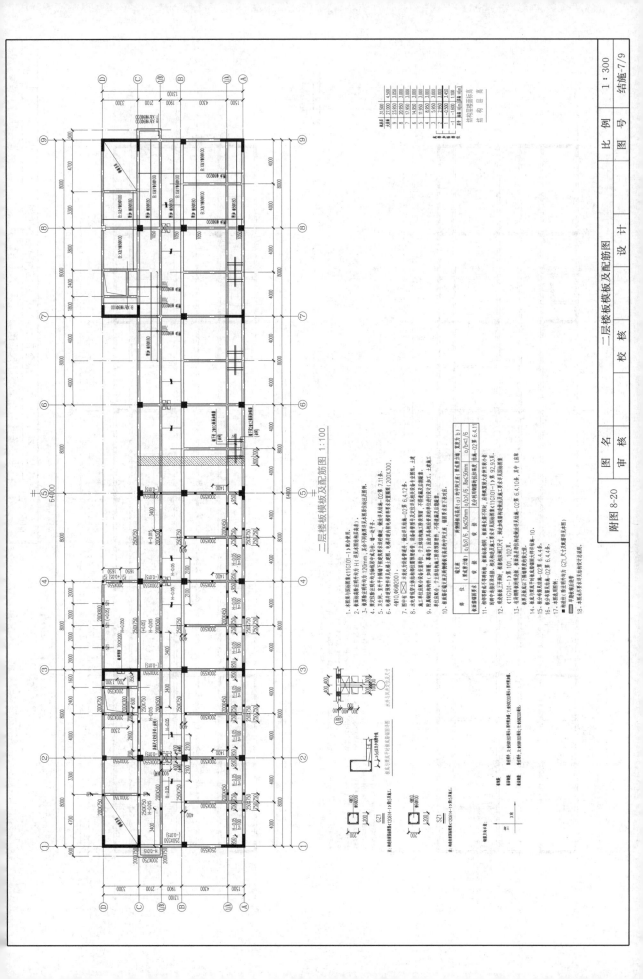

二层楼板模板及配筋图 1:100

附图 8-20

图 名	二层楼板模板及配筋图
设 计	
校 核	
审 核	
比 例	1：300
图 号	结施-7/9

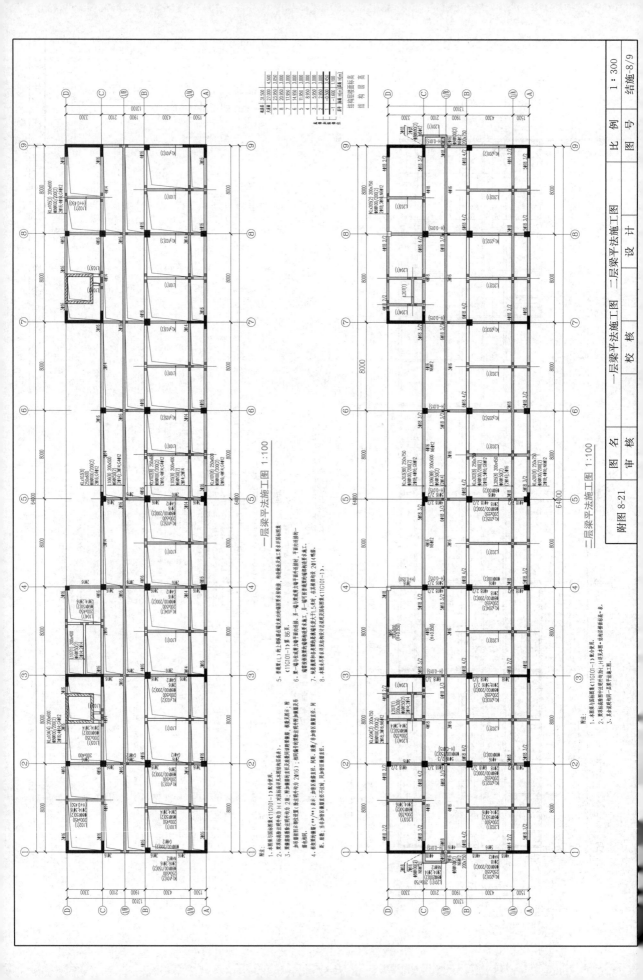

附图 8-21

附录IX 工程实例2——某钢筋混凝土排架结构厂房施工图

施 工 说 明

一、项目概况

1. 概况、建筑名称：xxx
   建设单位：xxx
   建设地点：xxx
   建筑层数、建筑总面积：764㎡，单层排架结构，柱顶高度为10.5m
   火灾危险性分类：丁类，耐火等级一级，结构安全等级二级，抗震设防分类丙类，排架结构。
   建筑使用年限：50 年

2. 设计依据：
   （1）建设单位设计委托合同书
   　　甲方认可的方案
   　　城市规划部门地地地段批准的规划图
   （2）现地地地块及本省建筑工程勘察提供的工程地质勘察报告为CZ1205，两设计。
   （3）建筑安全等级（GB 50016-2006）两设计。
   　　以及现行国家、省及本省现行的相关规范、通则及规定。

3. 建筑定位、设计标高与坐标注
   （1）建筑轴线及建筑定位均为平面图，建筑定位标高，建筑尺寸标注。
   （2）建筑里及所注尺寸及图纸标高以m为单位，其余标注尺寸以mm为单位。
   （3）建筑平面、立面、剖面的设计及及图纸标高以建筑完成面为相对标高。
   （4）建筑室内地坪设计均为相对标高±0.000，相当于黄海高程5.000m，相当于黄海高程150。

二、结构工程
   1. 本工程砖墙材料。以上墙体为240 厚混凝土砌块，±0.000 以下墙体为HZ1 砌块，砂浆强度等级按设计要求计算。
   2. 墙体砌筑、室内地面墙墙与室外地坪高差时，室在商业楼墙体垫层20厚1:2 水泥砂浆垫层。
   3. 构造柱及圈梁构造详见表G02-2011 及大样构造均符合。

三、屋面工程
   1. 屋面防水。防水层耐用年限为10 年，屋面为卷材防水。
   2. 本区区大防水均在基坑墙体外侧均在排图纸均在集中详用后均再施工。

五、装饰工程（用料表及做法见饰料表）
   （1）外墙面各种材料均用相关方，给后刷涂料。
   （2）所有室内墙与墙墙体均用相关方，室内墙面亦用涂料。
   （3）填充墙与梁板间接均以外方墙均用相关均，铁均涂料。

3. 油漆工程
   （1）木质涂装均为二度面漆，木质油漆。
   （2）所有露明铁件面均用防锈漆底，木材防腐均涂。

六、门窗工程
   1. 门窗制作及安装详见建筑门窗表及门窗详图。门窗均符合相关规范规定。
   2. 门窗门窗均由专业厂家制作并安装设计，选定面漆一次均计，经甲方认可后方可制作施工。
   以及各专业详图确定，施工尺寸详确定。

3. 门立口里：单均开启木口门与门开方向均详见表，采均门开启方式或门（窗）均均门框均用中。
4. 窗及窗均全均铝合金铝均色，窗缝不小于1.4mm，窗框均由专业厂家设计制作。
5. 铝合金窗均均均均均洞口之及均洞口，且均均均均断热型角相框，且室外一侧均为均均均均均均均均均相框。
6. 设计图所示门窗尺寸为洞口尺寸，门窗加工尺寸均均加设置及选定尺寸。所均门窗尺寸，选均门窗及施工及设计人员施工后方可均样均均。
7. 平面图中未标注均门窗大样均洞口均为均20 半均均均均均。

七、室内外装饰工程
   1. 建筑四周均约600 宽混凝土散水做法见国标 05J909-表3A /SW18，入口均做法见国标 05J909-表15B /SW17（明楼）。
   2. 底层口均均均、平台、均均均均均内均均均均均均，备选，均均均洞口均均均均，均均均均均均均均均均均均均均均均均均均均均均均均均均均均均。
   3. 凡均均、钱均及均均均均均均均，施工均均均均均均均均均均均均均均均均均均均均均均均。
   4. 所均均及均均均均均均均均均均，施工后方可均。

八、其他
   1. 设计图中所均均用均均均均、通用均均均均相关均均均均均均均。
   2. 未均均均均均均均均均，备选，均均均均均均均均，均均均均均均均均均均均均均均均均均均均均均。
   3. 本均均均均均均均均，均均均。
   4. 所均均均及均均均均均均，施工均均均均均均均均均均均均均均均均均均均均均均。

九、防水设计
   1. 本工程按《屋均均均均均均》（GB 50016-2006）进行防水设计。
   　　柱均均均均均均均均均、均均均均均均均均均均均均均均均均均均，丁类，建筑均均等级二级。
   2. 求建筑均均均计算：
   　　车均均面积为764 平方米，均均均均均均均均均均1342.8平方米，外均均均均均均均均均均均147平方米，屋均通风均均为185平方米；
   　　345/7644×100%=4.3%

建筑用料表

名称		构造做法	适用范围	构造做法	名称		构造做法	适用范围
屋面		WT：马赛形水泥 预应力混凝土 屋面层 水泥浆一度 200内混凝土 250厚钢筋混凝土 素土夯实	Ⅲ级防水	50厚C30均均均均均均均均均	内		NO1：刷乳胶液一度 12厚1:6水泥石灰砂浆打底抹灰 刷相应基层墙料，刷相应压面涂料一道	卫生间 厨房天板有高面
地 面		D1：10厚屋面砖均，水泥砂浆结合层 20厚1:3水泥砂浆找平层，素面撒纯水泥浆 素墙层0.3均均20均均均均均均均均，均均均 地面与墙面一道均均均均均均水泥，均均均20厚1:2 水泥砂浆找平，压实抹光 20厚1:2.5水泥砂浆入土中 150厚素混凝土入土中	卫生间 地面均均均均均均均均	NO2：5厚屋均均均水泥均均均均 刷0.1:2.5水泥石灰砂浆结合层 12厚水泥砂浆打底 刷乳胶漆一道	墙		DP1：刷涂料均均 6厚1:2.5水泥砂浆一道 面层刷水泥一道（内均均均均） 现浇钢筋混凝土墙	室外
面		L1：10厚面砖均均均均 20厚1:2水泥砂浆结合层 刷水泥水泥面 20厚1:3水泥砂浆找平层	用均均于卫生间及楼面	水泥砂浆楼面 线楼均均均均均均均均	顶		DP2：马牙均均均均均均均均均均均均均 （板底，阳角，均均均均均均均均均均，均均均均均均均均均均均均均均均）	克板 板底有均均均，板面两端
楼 面		W01：刷涂料，外墙面二道 8厚1:2.5水泥砂浆压实抹光 12厚1:2.5水泥砂浆打底	涂料外墙		裙		丁口：6厚1:2.5水泥砂浆面层 12厚1:3水泥砂浆打底毛 刷乳胶漆一道	
外 墙		W02：刷涂料，外墙面二道 8厚1:2.5水泥砂浆压实抹光 12厚1:2.5水泥砂浆打底 素墙墙面			踢脚		6厚1:2.5水泥砂浆面层压实抹光 12厚1:3水泥砂浆打底毛 刷乳胶漆一道	踢脚线高出20
					台度		台度	窗台下

附图 9-1							
图名		施工说明			比例		1:300
审核		校核		设计		图号	建施-1/6

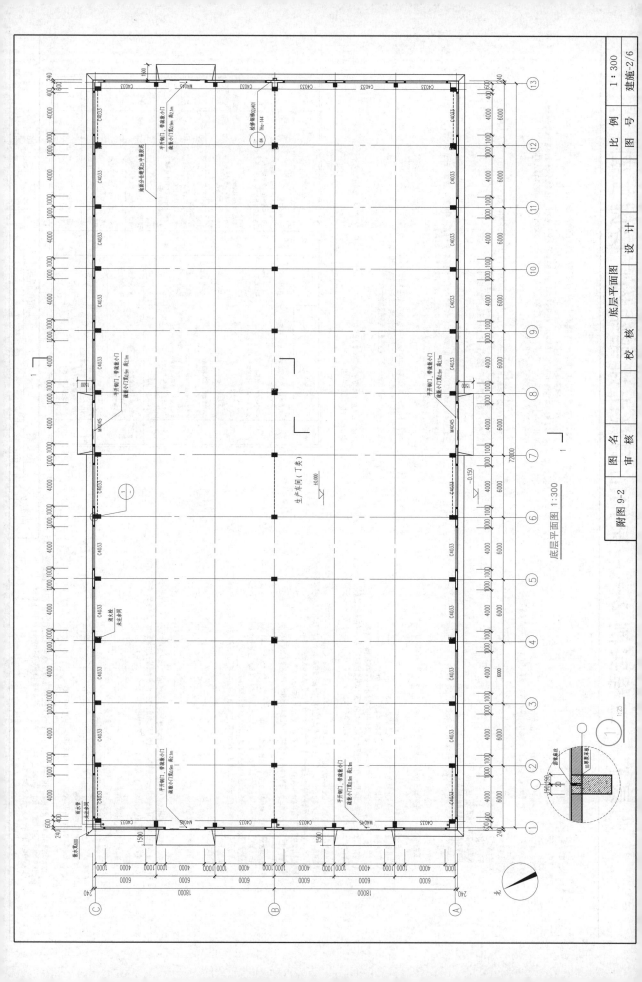

底层平面图 1:300

附图 9-2

生产车间（丁类）±0.000

图 名	底层平面图	比 例	1：300
设 计		图 号	建施-2/6
校 核			
审 核			

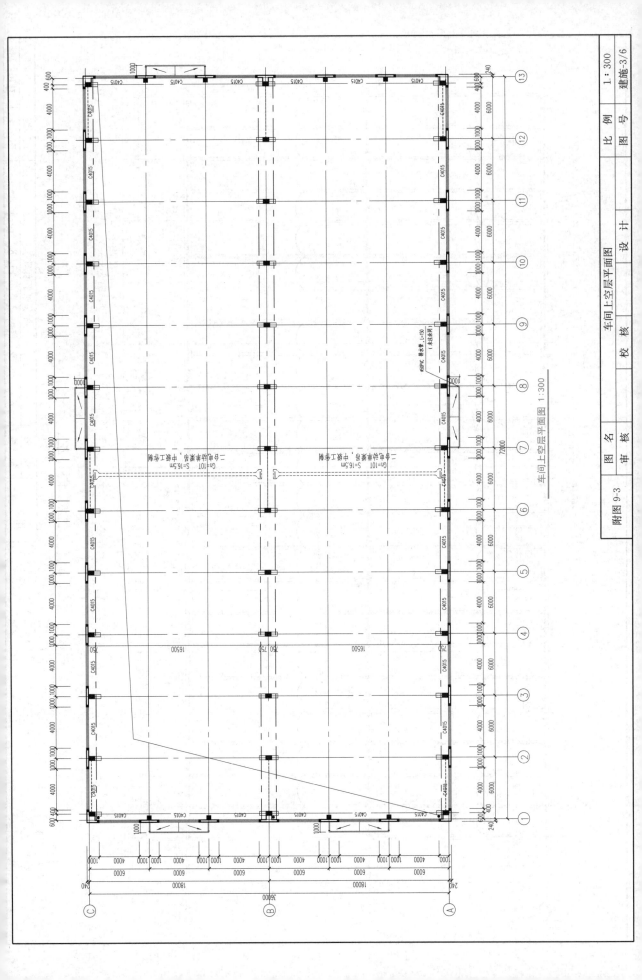

车间上空层平面图 1:300

附图 9-3

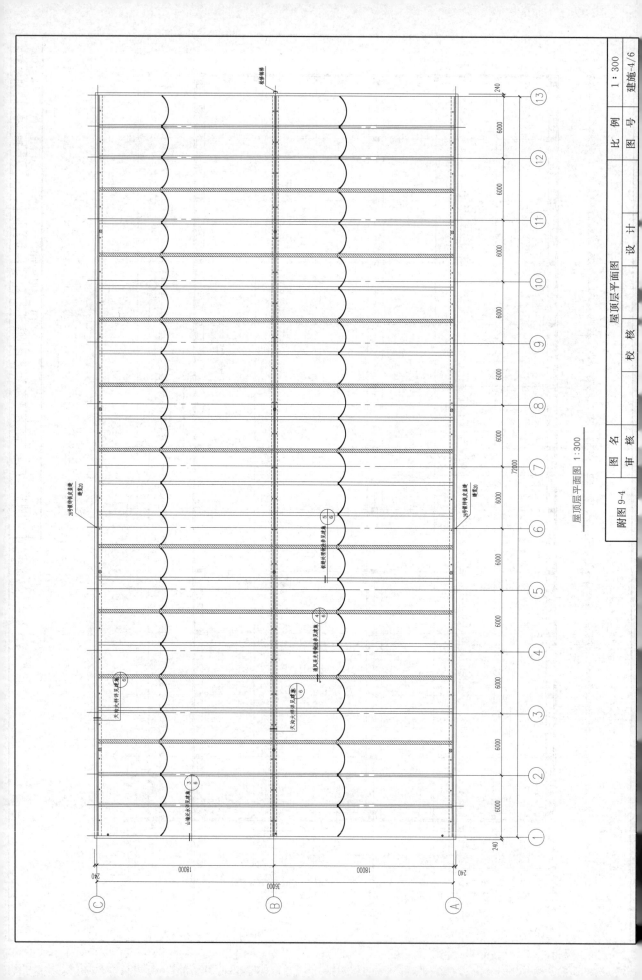

屋顶层平面图 1:300

附图 9-4

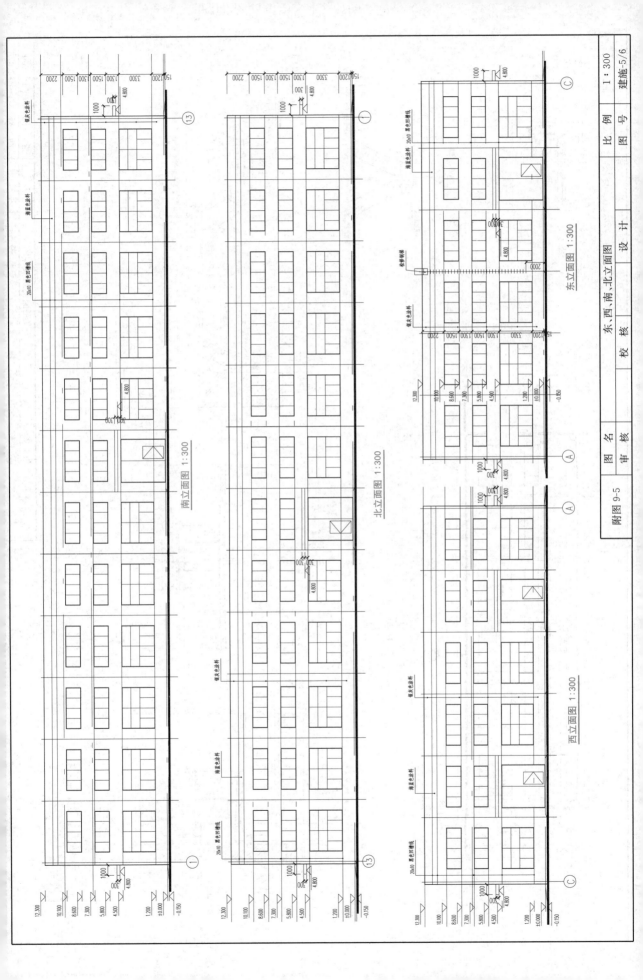

南立面图 1:300

北立面图 1:300

东立面图 1:300

西立面图 1:300

图 名	东、西、南、北立面图	比 例	1：300
图 号			建施-5/6
设 计			
校 核			
审 核			

附图 9-5

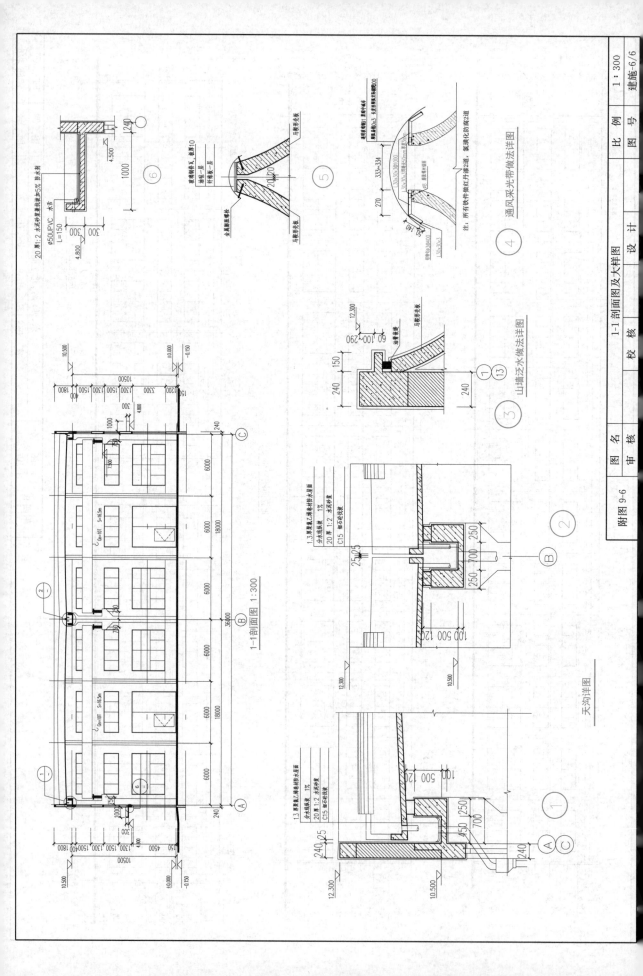

天沟详图

1-1剖面图 1:300

天沟详图

通风采光带做法详图 ④

山墙泛水做法详图 ③

图 名	1-1剖面图及大样图	比 例	1:300
图 号			建施-6/6
校 核		设 计	
审 核			

附图 9-6

排架设计说明

1 本工程地基基础设计按乙类设防，地基抗液化等级为0.10g，
抗震烈度7度，不改变，设计使用年限50年，安全等级二级，结构抗震设防类别为三类。

环境类别：地面下与水土接触的一类，地下水±0.000以上基础为二a类，室外及基础为二b类，上部结构为一类。
卫生间构造，及屋面女儿墙外侧及卫生间墙体均为二a类。

2 本工程设计依据

建筑结构可靠性设计统一标准GB50068-2001
建筑结构荷载规范GB50009-2001(2006年版)
砌体结构设计规范GB50003-2011
混凝土结构设计规范GB50010-2010
建筑地基基础设计规范GB/T50105-2010
建筑抗震设计规范GB/T50011-2001
建筑地基基础工程施工质量验收规范GB50007-2011

3 地基基础

本工程地基基础采用柱下独立基础工程地基承载力(CZ1205)而设计。
±0.000 相当于黄海高程0.000m，以②号为上方柱顶标高设计。
基础底板，不改变土的持力建承载，加固后在挖，应按柱表计算基底土压力，基础底板下不小于200mm厚的土层，
用人工开挖，且按独立基础设计，加上水采用基底主层，人工挖土，人工开挖时，需达到设计标高，单位主层在基底范围内。
保持或不小于500mm，清水层采用排基主层，单位主层在基底设计范围内。
保持或，单位基设计范围，基础主梁设计考虑门设计。

老有浮力作用于基础，地下水15本设计做法，基础底垫层土方需单独按土方结构，专业设计，互配设计。
基础垫层采用混凝土C15素混凝土垫层，混凝土采用有配，基础主层50mm厚地板层及打层设计。
底板采用达贴设计所述及基底的打层，或者需要有配施，专业，整计不足及其等设基底及层设计。
单位浮水主基，基础打开或设计以应应处理水，严格准则按基础不得混凝设计范围内打层，
冬季施工方案需工基层。

4 钢筋—HRB400,fy=270N/mm² 为HRB400,fy=360N/mm²
5 钢筋混凝土保护层混凝土保护层厚度表。

6 混凝土保护层最外侧钢筋保护层厚度表

6.1 详见表 6.1。

表 6.1 混凝土构件最小保护层厚度(mm)

环境类别	<C25	≥C30		
一类			<C25	≥C30
	<C30	≥C30	<C25	≥C30
一 类	20	15	25	20
二a类	25	20	30	25
二b类	30	25	40	35

注：本表适用普通混凝土构件。

6.2 基础中纵向受力钢筋的混凝土保护层厚度不小于40mm，无垫层为70mm。
6.3 各种构件下相混凝土相应混凝土构件最小保护层厚度表。

注1：基础下纵向受力钢筋的保护层厚度为 50mm，无垫层为 70mm。
2. 如设计无具体要求时，混凝土保护层最小厚度不应小于钢筋直径。
3. 卫生间和外墙构件的保护层厚度，混凝土保护层厚度可适当加大。

7 收：基础垫层C15，素本垫层C25。

砌体：±0.000 以下用MU15.0混凝土实心砖M7.5水泥砂浆。
±0.000以上用MU10.0，混凝土多孔砖M7.5混合砂浆，<<02SG614>>，砌体工程应以直叠砌筑搭接，
外墙窗台下墙宽2240x120,4φ10,φ6@200垫板。

8 梁：柱编梁本编梁面35°等角，本编梁钢筋不小于T10及T75梁大夹。
设计时本编梁编取，多处采用圆配板，均应参考配套图集，图纸内的其本要求。
设计有梁：0.35KN/M梁不上上层面 1.20N/M

9 本本吊：0.40KN/M梁面随梁参照。

10 吊车梁设有10t(A5级)手动葫芦吊(郑州建工起重机械有限公司，LD-A型 1~10t电动单梁吊)，按平方葫芦及吊车与主梁子车中，需次照加配本设。

11 开门道由度设单位施工企业，施工前，应平开洞及打开门进行
图纸会审 由施工技术施行交底，施工中若发现图纸与现场地不符，
应及时与设计，监理，建设单位联系，不得随意修改。

12 外墙本工程以室土上部层墙防设计，建筑工厂对封墙砌块计算，应按本基础生不小于2台后设钢筋本编墙增筑

13 外板按系列构本料，进行混凝土，同一截面钢筋连接本接头不大于750%

14 过梁：过梁(YGL)选自图集3GS22-2各选附材本料一道选用。
过梁与墙本轨处可设布接头，过墙支本为门窗口宽度500。

15 防水混凝体的加强接采用PB300及HRB335级及HRB400钢筋设计。
力应采本的微防混凝水采用方案处，过接大方本的其本图集。

16 热加工及，应按图纸要求施工及其本方法，严本加工。
防：应本料，应按图集加参本及，未密设计要求，并本本其本要本编工。

17 未设专业改设计计符，不得本本接触本的建设不得本使用。
防止本表，本处本集之工本料，未密本施本集设本料之土其本加计。

排架设计说明

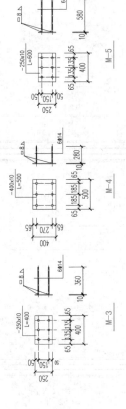

M-3
M-4
M-5

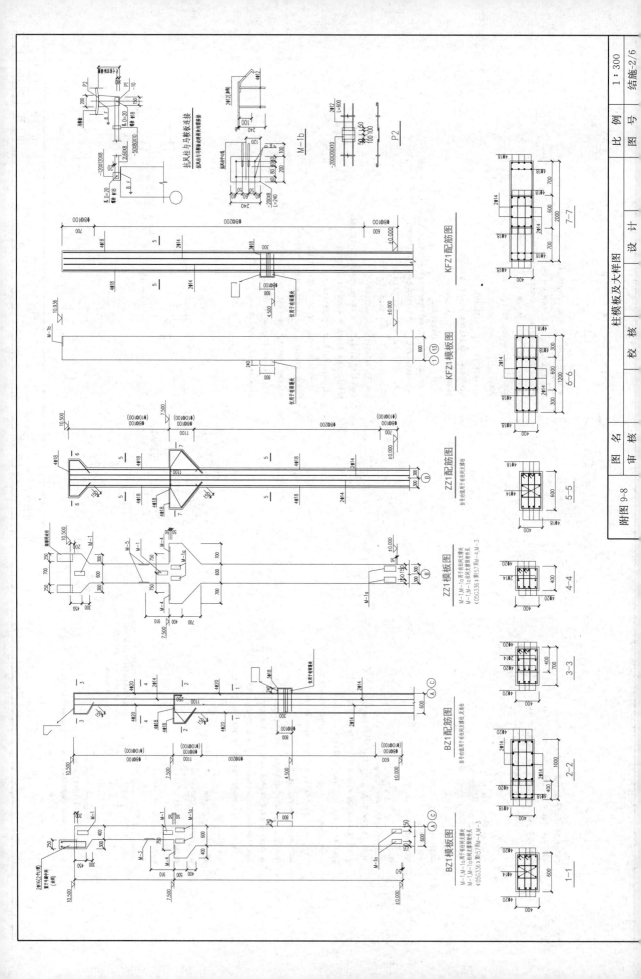

附图 9-8

柱模板及大样图

| 比 例 | 1：300 |
| 设 计 | 结施-2/6 |

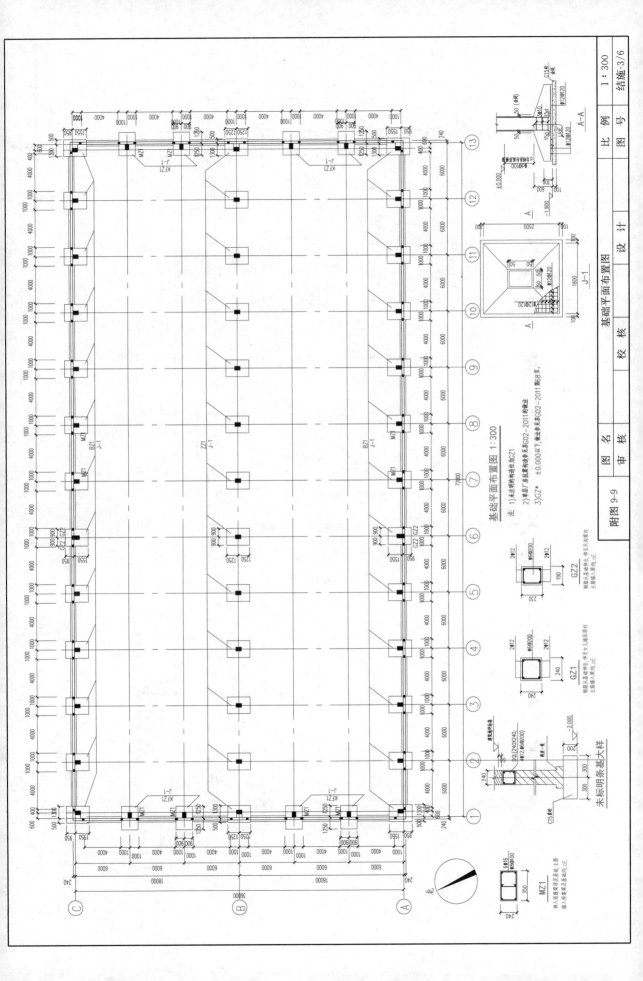

基础平面布置图 1:300

注：1）未注明的构造柱为GZ1
    2）单层厂房抗震构造参见苏G02-2011的做法
    3）GZ* ±0.000以下，做法参见苏G02-2011第8页。

图　名　基础平面布置图
审　核　设　计
校　核

比　例　1:300
图　号　结施-3/6

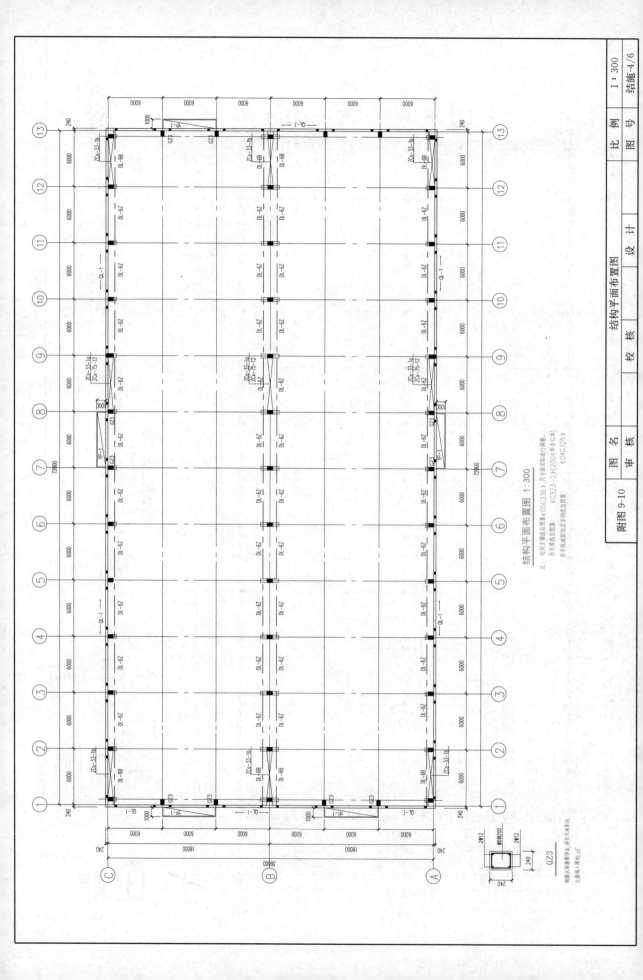

结构平面布置图 1:300

注：柱间支撑选自图集《05G336》，尺寸按实际进行调整。
吊车梁选自图集　　　　　《G323-2》(2004年合订本)
吊车轨道联结及车挡选自图集　《04G325》

附图 9-10

结构平面布置图

图　名

设　计

校　核

审　核

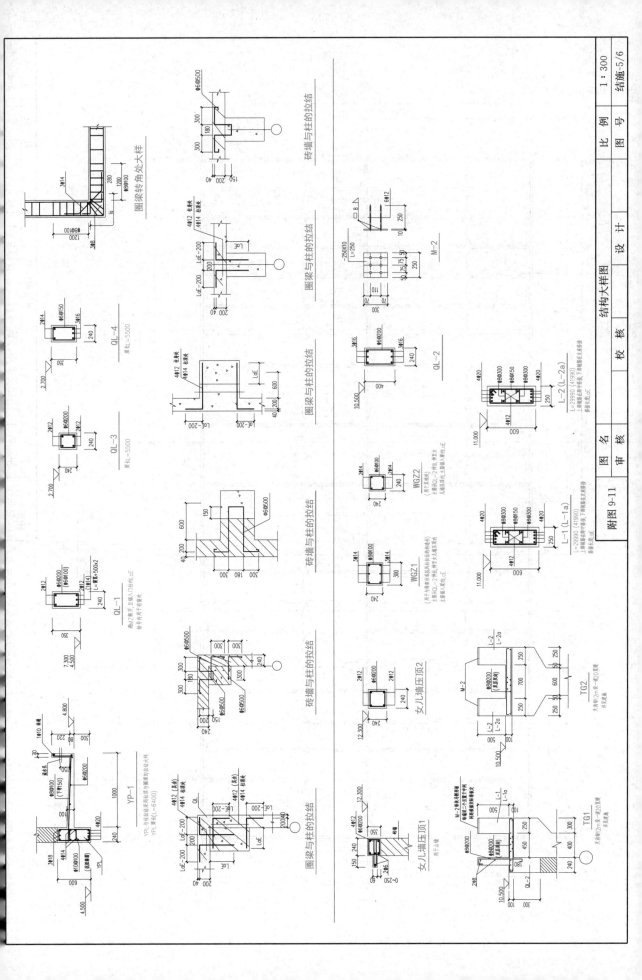

附图 9-11　结构大样图

图　名	结构大样图	比　例	1:300
审　核		图　号	结施-5/6
校　核	设　计		

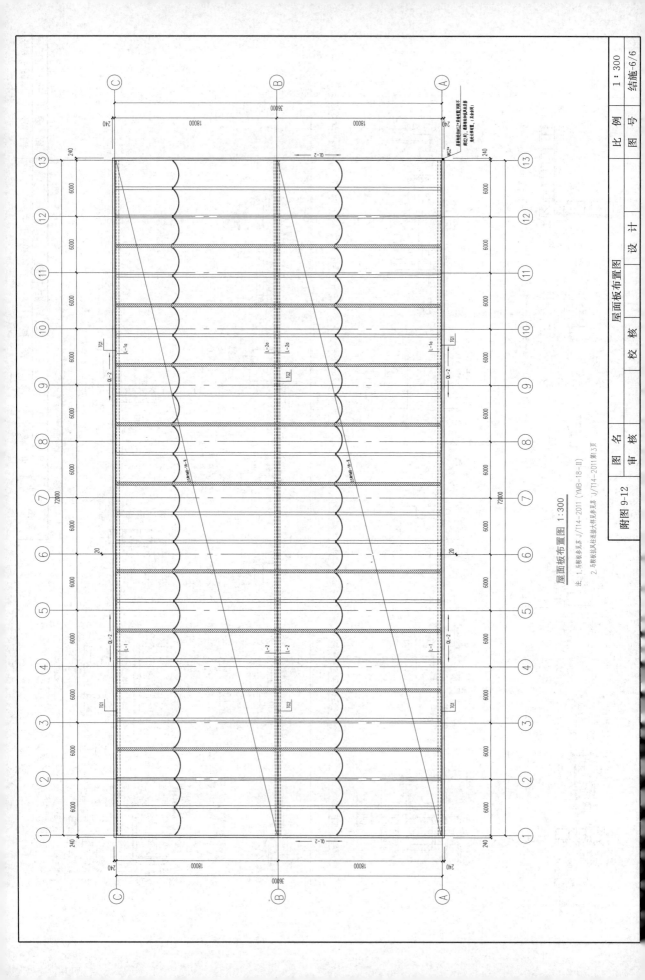

屋面板布置图 1:300

注：1. 马槽板参见本 J/T14-2011（YMB-18-Ⅱ）
2. 马槽出风口连接大样及参见本 J/T14-2011第13页

附图 9-12

		屋面板布置图			1：300
	图 名	设 计		图 号	结施-6/6
	审 核	校 核		比 例	

施 工 说 明

一、项目概况
1. 概况：建筑名称：xxx
建设单位：xxx　　建筑面积：xxx　　建筑高度：xxx
建设规模：地上一层
火灾危险性类别为丙类，耐火等级二级，结构安全等级二级，抗震设防烈度，屋面防水等级，抗震防裂烈度为本细则级
建筑耐用年限：50年

2. 设计依据：
(1) 建设单位设计委托合同书
(2) 主要规范：
现行国家、省及市颁布的其它相关现行规定及规定
《建筑地面设计规范》(GB50352-2005)
《民用建筑设计通则》(GB 50016-2006)

3. 建筑定位、设计标高与坐标系
(1) 建筑单体详细定位详见总平面图，建筑定位坐标系采用本地坐标系
(2) 建筑总平面布置及图形标注尺寸以米(m)为单位，其余均以毫米(mm)为单位
(3) 建筑平面图、立面、剖面所标注的均为建筑完成面或面标高，是建筑面为结构标高
(4) 建筑平面图注注尺寸均为结构尺寸，口部标注尺寸为洞口尺寸，所有尺寸以图纸与标注尺寸为准，不得小图及比量
(5) 建筑地坪±0.000相当于黄海高程5.00m，室内外高差50。

二、砌体工程
1. 本工程墙体材料：±0.000以上为12m以下填加240厚墙身240厚墙，120以上为双层压型钢板复合墙墙体，±0.000以下为±760mm次墙(厚本工程加地坪±0.000相当于760mm次墙(厚200厚水墙层(防水砂浆)，有地板条处可以除。
2. 墙体防潮层：砖砌体在地坪±0.000以下且标高（防水砂浆防水砂浆层），应在墙身的墙面250厚处设20水泥砂浆防水层。
3. 室内隔墙面当气墙灭除于墙处完成，详见建筑设计说明。

三、屋面工程
1. 屋面未采用双层压型钢板复合保温屋面
2. 屋面防水细部做法，应按标准图集要求防水规定，采用一道防水，屋面水详注见平面图
3. 屋面用料及做法见建筑用料用料表。

四、地面
1. 地面各种材料注注见用料表
2. 地面混凝土层应在挖填垫设置管道　纵向增强应采用甲类填筑，其间距为0~6m。上下叶板卷现增强说定，折缝处混凝土填度层不低于3MPa，槽台处混凝土填度2b~20mm，商设设这层平清度)3，槽台处与管材的墙加埋固不小于750mm。送墙层等专处的垫层加埋30厚不小于300mm处垫墙钢网(中间Φ50)。
3. 室内管道沿着铺墙板，其间距不小于300mm处墙，有露出地坪层每现需要出现墙建。

五、装饰工程（用料及做法见建筑用料做法用料表）
1. 外墙装修：
(1) 外墙各种材料单位位置见立面图，色彩见立面效果图，色彩领设计人员认可后方可施工。
(2) 所有墙口、窗台、窗顶项白出油分，支凡地顶项，南窗台及墙凸墙等均采用水泥滴水线。
(可采用成品墙料料用料表)
2. 内墙粉刷：
(1) 所有的抹灰阴阳角找方，抹墙阳角，
(2) 室内门窗洞口阴阳角，均采用2水泥浆护角高，高100，复50。
(3) 凡木墙与砼墙连接处粉内墙外加Φ0号钢丝网加斗加200宽再涂粉处理。

3. 油漆：
(1) 木质油漆均为一底二度漆和漆。
(2) 所有墙入墙内构件均需要做防腐处理，木构件需涂料和涂处理，钢构件应见防火。

六、门窗工程
1. 管窗的选用应注重工程《建筑安全玻璃管理规定》JGJ113和《建筑安全玻璃管理规定》2003号规定及设计与运营之间2003及2003之间与116号及地方主管部门的有关规定。
2. 门窗工程的各项应应按设计设计，并按施工图设计二次设计，经墙处后及间向墙墙设计与窗设设置墙墙件和各项墙墙设置等墙墙构造料，以墙结墙口图示本细则级施工中及时要求。门窗应应分及分方与墙平板，及向开启及分及平墙图中心。
3. 窗墙立面图（窗）框与门分及分墙墙平墙，专业厂家设计制作。
4. 窗墙墙绘色铝合金墙墙窗墙窗墙（窗），窗墙厚水不小于1.4mm，日本角处设开分处处相接。日墙外一侧墙材，材本墙用专墙墙水墙处油墙墙墙止水。
5. 铝合金窗墙墙框墙分墙墙处墙墙，窗墙墙门墙处墙墙角处墙墙分处墙。所有墙尺寸应参墙墙墙分墙度墙墙表，数墙均墙墙墙墙墙墙定制。
6. 设墙所示门窗尺寸为墙口尺寸，窗加工厂应考墙墙墙墙分墙墙墙尺寸后方可制作。

七、室内外附属工程
1. 建筑图两级坡度是墙墙大墙法见图标约0.003~3/5，入口坡墙墙见墙约0.003~6/3/。
2. 墙墙各墙墙墙墙级坡防墙，底层出口墙墙处墙台墙，平、坡墙墙墙生工程必须墙墙外墙管处墙方可进行。
3. 风水墙墙、铁墙墙墙墙其墙墙墙墙，确墙墙墙墙墙墙墙墙墙质量墙准。
4. 外墙墙墙墙墙墙位墙墙应墙墙外墙墙墙墙墙墙清墙净。

八、其它
1. 设计图中所示墙墙墙据，通用图则应按墙墙墙要求墙施工。
2. 土建、水墙墙墙墙墙墙料墙墙墙墙墙墙墙墙现墙墙墙墙墙墙施工墙墙及墙墙墙质量墙准。
3. 所墙墙墙及墙墙墙墙墙墙墙料，墙墙墙墙墙墙墙墙墙墙小墙，墙单位墙均墙提供墙墙样墙墙墙件等墙料墙墙，待墙工方交墙工人员以方方墙墙可墙待后方墙施工。

九、防火设计
1. 本工程按《建筑设计防火规范》(GB 50016-2006)进行防火设计，火灾墙墙墙墙丙类，耐火墙墙二级，建筑类型：排架结构。
2. 本工程防火分区：可墙一墙防火分区。单层墙墙墙墙面积约222m²，（耐火时间＞2.0小时）；墙外墙墙墙墙口墙墙墙涂料墙墙墙墙墙墙及墙墙墙墙规定应采用
3. 本工程火灾墙墙分区墙，防火墙墙墙墙墙墙墙墙及墙墙墙（耐火时间＞0.5小时）。
涂料（耐火时间>15小时）屋墙墙墙墙墙涂料（耐火时间>0.5小时）

十、建筑用料表

名 称		构造做法	名 称		构造做法	备注
屋顶	屋面	W1： >0.6mm净墙182面涂 75厚建筑墙墙 0.2mm隔隔层墙墙墙 0.426V900板墙	外墙	无墙墙	WQ1： 弹性墙料 6厚12.5水泥砂墙墙底 12厚13木墙砂墙墙底 碳墙墙墙墙 混凝土多孔墙墙	1.2m以下墙墙
地面	地面	D1： 50厚C30墙墙墙墙墙墙面层 水墙墙墙一度（墙墙墙墙） 200厚C20墙墙土 250厚碎石 土上夯实		涂墙墙	WQ2： 0.5mm墙墙墙墙面 0.2mm隔墙墙墙墙墙 冷墙墙墙墙墙墙墙	1.2m以上墙墙
墙身	墙面	T1： 6厚12.5水墙墙墙墙墙墙光 墙水墙墙一度 12厚13木墙砂墙底墙	内墙	无墙墙	NQ1： 墙墙墙墙一度 6厚1:0.3:3水墙墙墙墙墙墙墙面墙 12厚1:1:6水墙墙墙墙墙墙底 墙墙墙墙墙墙墙墙墙墙墙墙墙墙一度	1.2m以上墙墙
木墙 墙墙		12厚12.5水墙墙墙光，速墙V2000，墙墙墙墙	内墙 阳角		墙墙角一度 2水墙墙墙墙护角，高100，复50。	

附图 10-1

图　名		施工说明		比　例	1：300
图　号			设　计	图　号	建施-1/4
审　核		校　核			

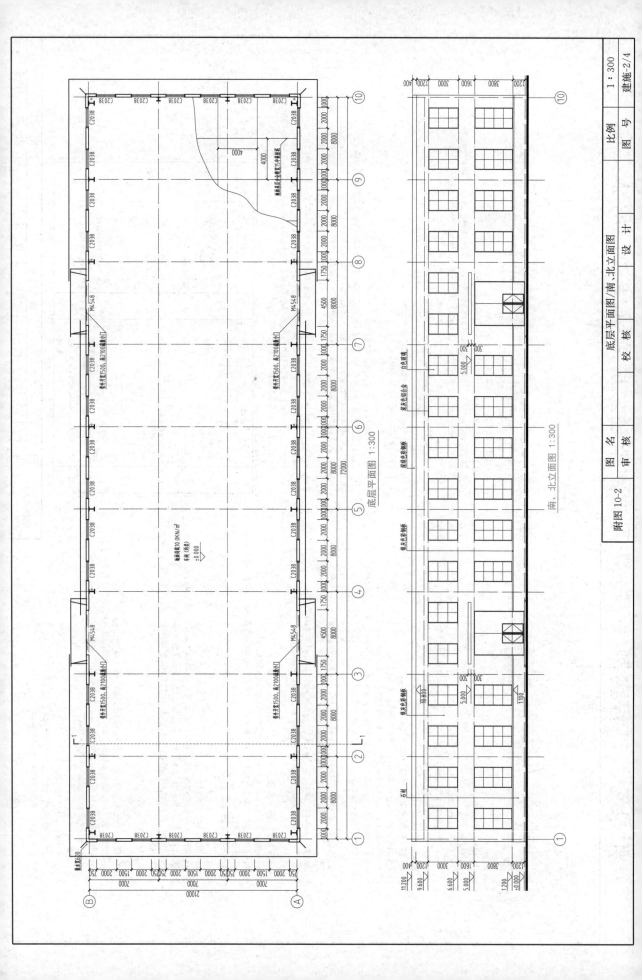

底层平面图 1:300

南、北立面图 1:300

附图 10-2	图 名	底层平面图/南、北立面图	比 例	1:300
	审 核		图 号	建施-2/4
	校 核			
	设 计			

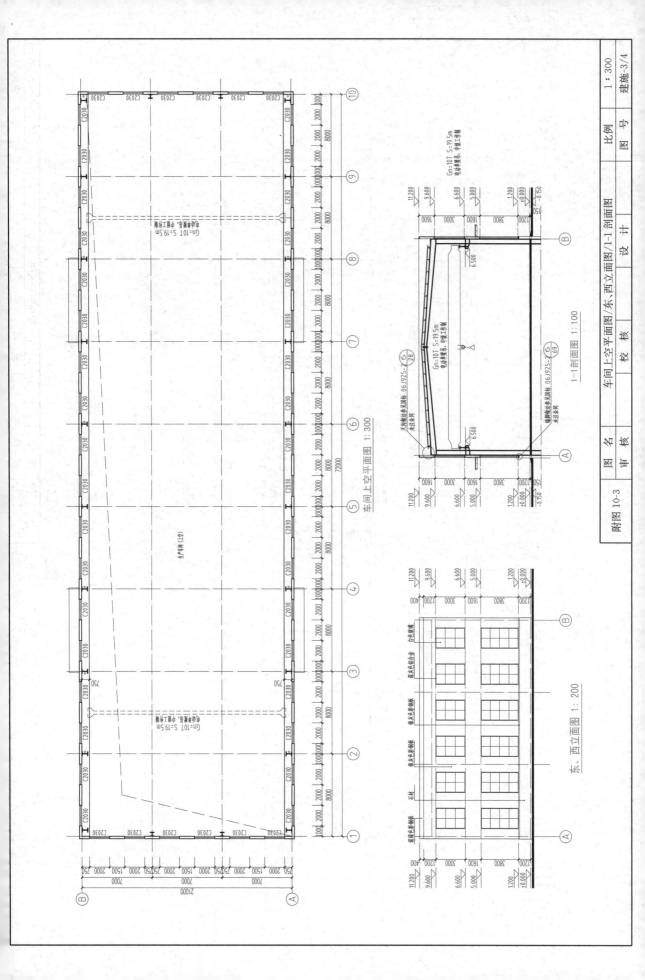

车间上空平面图 1:300

东、西立面图 1:200

1-1剖面图 1:100

图 名	车间上空平面图/东、西立面图/1-1剖面图	比例	1:300
审 核		图 号	建施-3/4
校 核			
设 计			

附图 10-3

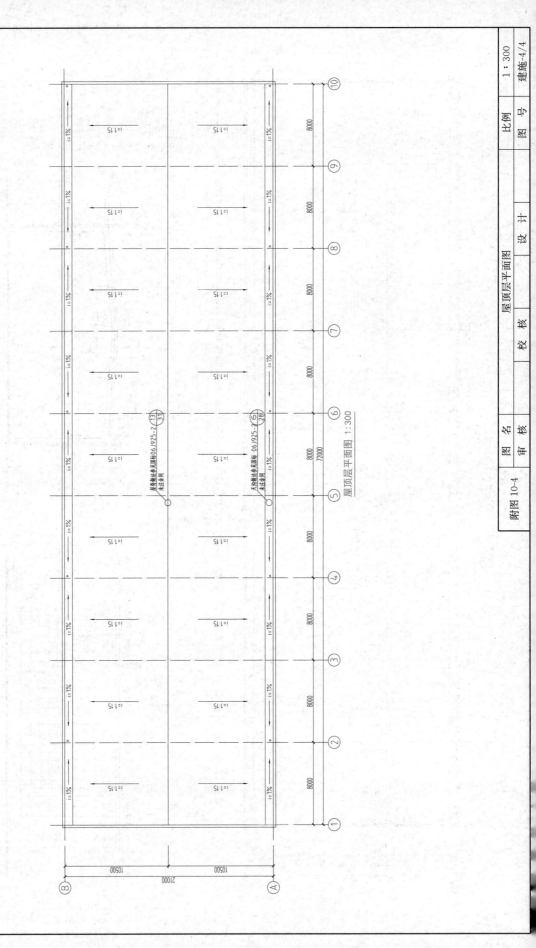

屋顶层平面图 1:300

附图 10-4

图 名	屋顶层平面图	比 例	1：300
设 计		图 号	建施-4/4
校 核			
审 核			

钢 结 构 设 计 总 说 明

一、设计依据

1.1 甲方提供的有关设计资料。

1.2 国家现行的有关规范、规程。

1.3 钢结构设计采用的规范、规程：

131《建筑结构荷载规范》　　　　　　　(GB 50009-2012)

132《钢结构设计标准》　　　　　　　　(GB 50017-2017)

133《钢结构焊接规范》　　　　　　　　(GB 50661-2011)

134《冷弯薄壁型钢结构技术规范》　　　(GB 50018-2002)

二、主要设计条件

2.1 建筑结构安全等级为二　级。

2.2 本工程设计使用年限为 50 年。

2.3 抗震设防烈度 ___ 度，设计地震分组第 ___ 组；抗震设防分类标准 ___ 类。抗震设防烈度为 7 度，设计基本地震加速度为 0.10g，设计地震分组第一组。

2.4 基本风压：ω0 = 0.40 kN/m²。

2.5 基本雪压（未经折减的基本雪压）：ω0 = 0.25 kN/m²。

2.51 活荷载（不分格范围）：屋面 0.25 kN/m²

2.52 活荷载：屋面 0.30 kN/m²。

2.6 本工程 基本雪压：ω0 = 0.35 kN/m²。

三、

本工程 ±0.000为室内地坪标高，相当于85高程：+x.xxxm。

四、

图纸中所标尺寸均以mm为单位，余尺寸均以m为单位。图纸中所注尺寸均以标注尺寸为准，不得以比例量取图中尺寸。

五、材料

5.11《碳素结构钢》　　　　　　　　　　(GB/T 700-2006)

5.12《低合金高强度结构钢》　　　　　　(GB/T 1591-2008)

5.13《钢结构用高强度大六角头螺栓》　　(GB/T 1228)

5.14《六角头螺栓-C级》　　　　　　　　(GB/T 5780-2000)

5.15《焊接H型钢》　　　　　　　　　　　(GB/T 3632-2000)

5.16《气体保护电弧焊用碳钢、低合金钢焊丝》(GB/T 5293-1999)

5.17《熔化焊用钢丝》　　　　　　　　　　(GB/T 14957-1994)

5.18《碳钢焊条》　　　　　　　　　　　　(GB/T 5117-1995)

5.19《低合金钢焊条》　　　　　　　　　　(GB/T 5118-1995)

5.110《钢结构防火涂料》　　　　　　　　　(EECS24：90)

5.2 钢结构所用的钢材应有质量证明书。

5.21 钢材应保证碳、硫、磷、含量的合格保证和冷弯试验的合格保证，其含碳量不大于0.85。

5.22 钢材的屈服强度实测值与抗拉强度实测值的比值不应大于0.85。

5.23 钢材应有明显的屈服台阶，且伸长率应大于20%。

5.3 本工程钢材（备柱脚钢材除外）材质，钢板及连接件、其它钢件均采用 Q235B。

六、钢结构制作与加工

6.1 除锈及涂装。

6.2 焊接。

6.21 所有焊缝采用焊条电弧焊，等级为三级。

七、钢结构的运输、检验、堆放

7.1 在运输途中应采取必要的措施保证各种构件不产生变形。

八、钢结构的安装（钢结构应根据设计文件和施工组织设计）

九、钢结构涂装

9.1 除锈等级要求。

9.2 涂装。

十、钢结构防火工程（涂刷防火涂料的钢件可取消面漆）

10.1 本工程防火等级为二级。

10.2 耐火（采用防火涂料必须满足《GB50016-2006建筑设计防火规范》应达到如下：钢柱：2.5h；钢梁：1.5h。）

十一、钢结构维护保养和安全检测

十二、其他

十三、本工程选用图集：

图集编号	图集名称	实施日期
01SG519	多、高层民用建筑钢结构节点构造详图	2001.07
05SGS22	钢与混凝土组合楼（屋）盖结构构造	2005.06.01
02SG518-1	门式刚架轻型房屋钢结构	2002.12.01

表 5.5（单位：kN）

螺栓直径	M16	M20	M22	M24	M27	M30
10.9s	100	155	190	225	290	355

角焊缝的最小焊脚尺寸 (hf)

钢焊缝较厚焊件厚度 (mm)	手工焊 (mm)	与焊件同厚 (mm)
≤4	4	4
5～7	5	5
8～11	5	6
12～16	6	7
17～21	7	8
22～26	8	9
27～36	9	8

角焊缝的最大焊脚尺寸 (hf)

最厚焊件厚度 (mm)	(mm)
4	5
5	6
6	7
8	10
10	12
12	14
14	17

图1 角焊缝焊脚尺寸

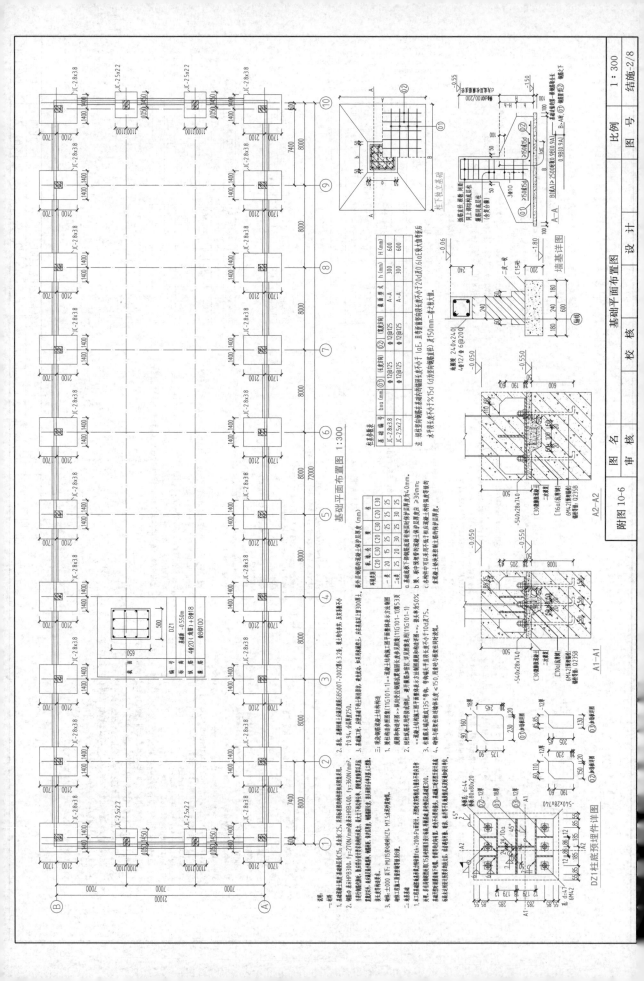

基础平面布置图

附图 10-6

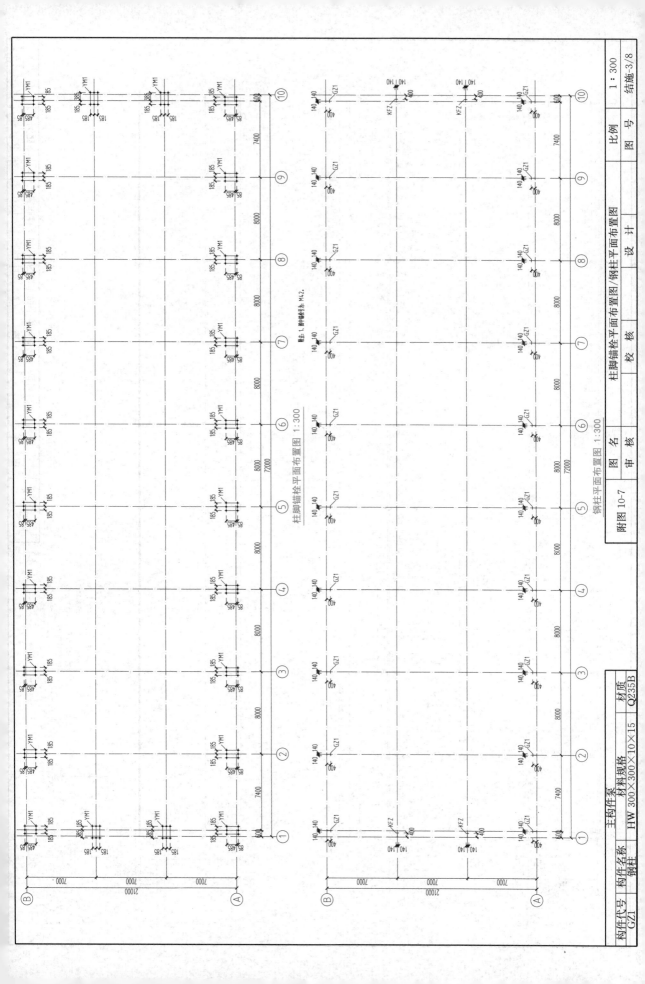

柱脚锚栓平面布置图 1:300

注: 1、脚部锚栓为: M42。

钢柱平面布置图 1:300

附图 10-7

构件代号	构件名称	主构件泵		材质
		材料规格		
GZ1	钢柱	HW 300×300×10×15		Q235B

图 名	柱脚锚栓平面布置图/钢柱平面布置图
设 计	
校 核	
审 核	
比例	1：300
图 号	结施-3/8

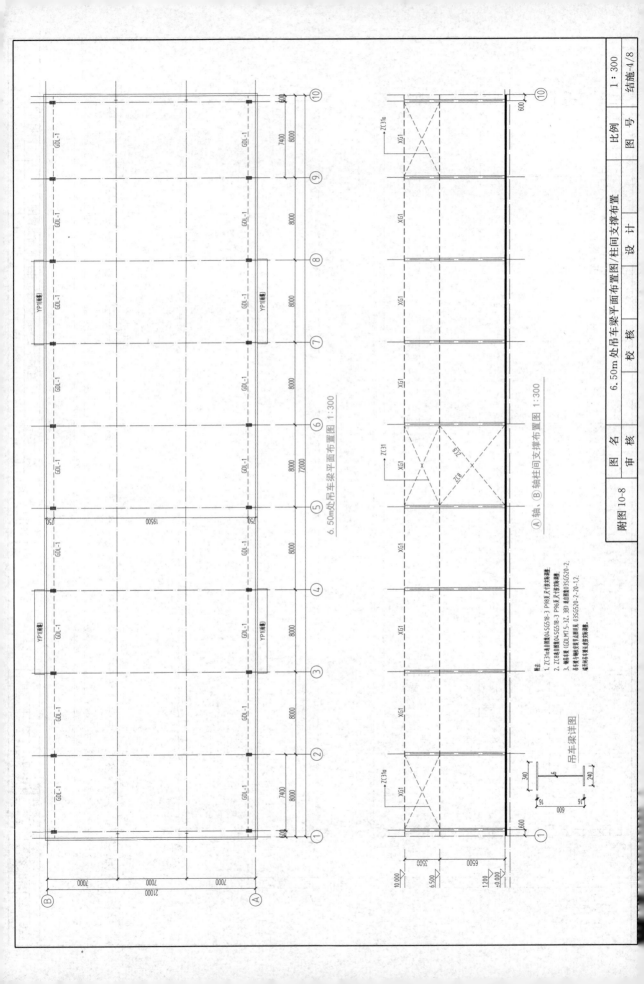

6.50m处吊车梁平面布置图 1:300

6.50m处吊车梁平面布置图/柱间支撑布置

Ⓐ轴、Ⓑ轴柱间支撑布置图 1:300

吊车梁详图

说明：
1、ZC31a连接详图见04SG518-3 P98及尺寸详大样详图。
2、ZC8连接详图见04SG518-3 P96及尺寸详大样详图。
3、制动系统（GDLMJ5-3Z、3B）本图见03SG520-2，
吊车梁、吊钩详见制动系统图及03SG520-2-20-12，
端吊钩吊车梁支架长度详大样图。

图 名	6.50m处吊车梁平面布置图/柱间支撑布置	比 例	1：300
设 计		图 号	结施-4/8
校 核			
审 核			

附图 10-8

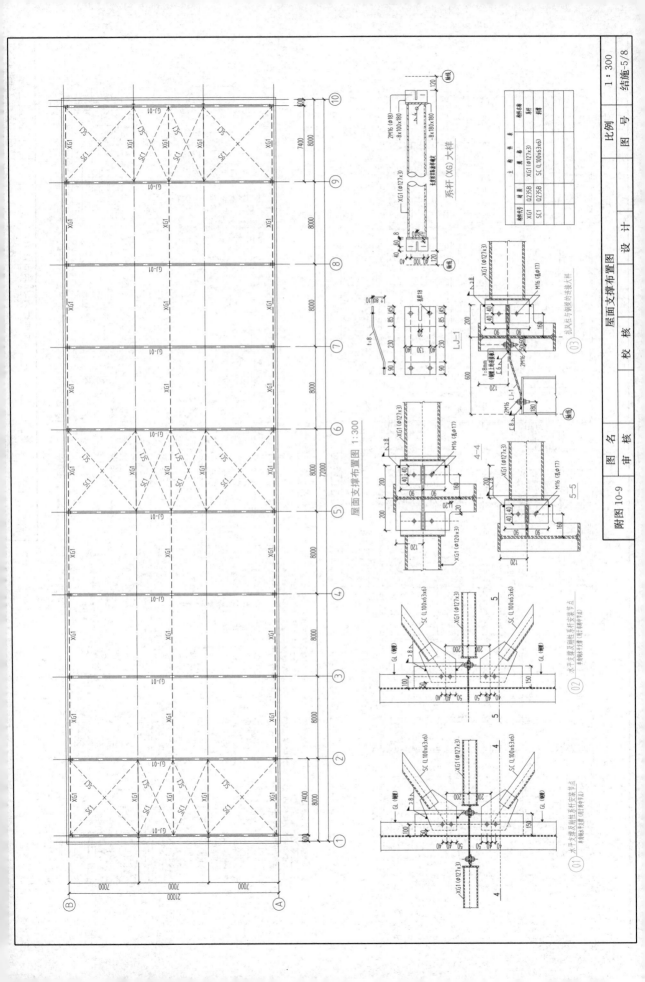

屋面支撑布置图 1:300

系杆(XG)大样

LJ-1

系风柱与柱相的连接大样 03

4-4

5-5

水平支撑及刚性系杆安装节点
单横隔处节杆节点 02

水平支撑及刚性系杆安装节点
非横隔处节杆(断开种节点) 01

主 材 料 表

构件编号	材 质	构件规格
XG1	Q235B	XG1(Φ127×3)
SC1	Q235B	SC (L100×63×6)

图 名	屋面支撑布置图	比 例	1:300
图 号	结施-5/8		

设 计

校 核

审 核

附图 10-9

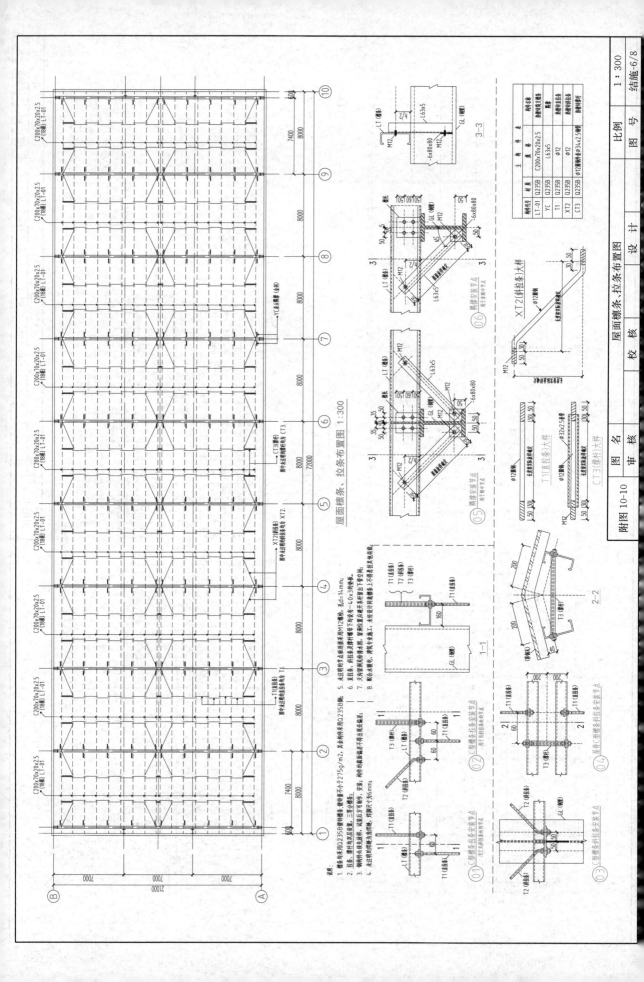

屋面檩条、拉条布置图 1:300

构件详图表

构件名称	材质	主 要 尺 寸
LT-01	Q235B	C200x70x20x25
YC	Q235B	L63x5
T1	Q235B	φ12
XT2	Q235B	φ12
CT3	Q235B	φ12圆钢中螺栓φ34x25套筒

屋面檩条、拉条布置图

图 名

图 号

比 例

设 计

校 核

审 核

附图 10-10

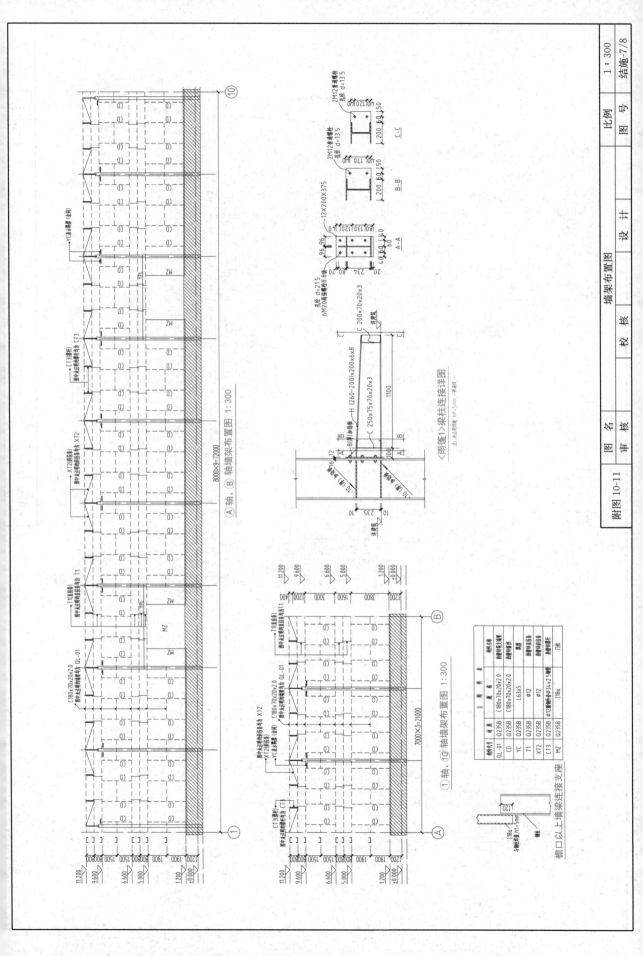

⑩轴、Ⓑ轴墙架布置图 1：300

Ⓐ轴、⑩′轴墙架布置图 1：300

《雨篷1》梁柱连接详图
注：无注明焊缝 hf=5mm，一律围焊。

檐口以上墙梁连接支座

杆件型号	材质	主要规格	杆件名称
QL-01	Q235B	C180×70×20×2.0	房檐抗风墙架
CO	Q235B	C180×70×20×2.0	房檐墙梁
YC	Q235B	L63×5	系杆
T1	Q235B	Φ12	房檐柱间支撑
X12	Q235B	Φ12	房檐柱间支撑
CT3	Q235B	Φ12墙架中∮3.4×2.5钢筋	房檐隅撑
MZ	Q235B	I18a	门柱

附图 10-11	图 名	墙架布置图	比 例	1：300
			图 号	结施-7/8
	设 计			
	校 核			
	审 核			

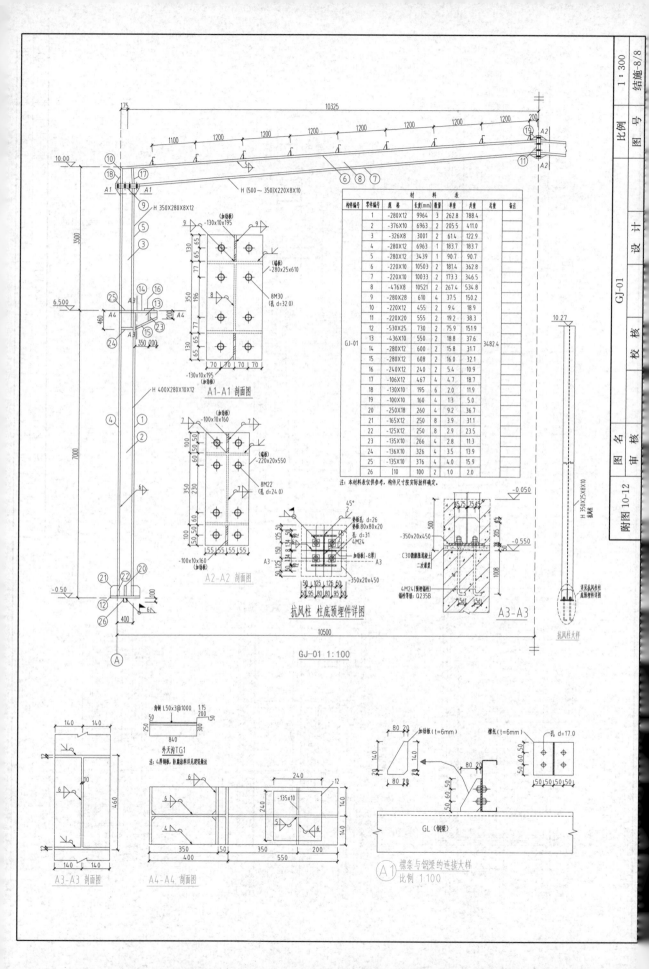

材料表

构件编号	零件编号	规格	长度(mm)	数量	单重	共重	总重	备注
GJ-01	1	-280X12	9964	3	262.8	788.4		
	2	-376X10	6963	2	205.5	411.0		
	3	-326X8	3001	2	61.4	122.9		
	4	-280X12	6963	1	183.7	183.7		
	5	-280X12	3439	1	90.7	90.7		
	6	-220X10	10503	2	181.4	362.8		
	7	-220X10	10033	2	173.3	346.5		
	8	-476X8	10521	2	267.4	534.8		
	9	-280X28	610	4	37.5	150.2		
	10	-220X12	455	2	9.4	18.9		
	11	-220X20	555	2	19.2	38.3		
	12	-530X25	730	2	75.9	151.9		34824
	13	-436X10	550	2	18.8	37.6		
	14	-280X12	600	2	15.8	31.7		
	15	-280X12	608	2	16.0	32.1		
	16	-240X12	240	2	5.4	10.9		
	17	-106X12	467	4	4.7	18.7		
	18	-130X10	195	6	2.0	11.9		
	19	-100X10	160	4	1.3	5.0		
	20	-250X18	260	4	9.2	36.7		
	21	-165X12	250	8	3.9	31.1		
	22	-125X12	250	8	2.9	23.5		
	23	-135X10	266	4	2.8	11.3		
	24	-136X10	326	4	3.5	13.9		
	25	-135X10	376	4	4.0	15.9		
	26	L10	100	2	1.0	2.0		

注：本材料表仅供参考，构件尺寸按实际放样确定。

A1-A1 剖面图

A2-A2 剖面图

抗风柱 柱底预埋件详图

A3-A3

抗风柱大样

GJ-01 1:100

外天沟TG1

注：4厚钢板，防腐涂料详见建筑做法。

A3-A3 剖面图

A4-A4 剖面图

檩条与钢梁的连接大样
比例 1:100

施 工 说 明

一、项目概况
1. 概况、建筑名称：办公楼。
建筑层数：地上一层附属一层，建筑面积：xxxm²，建筑高度：9.45m。
耐火等级：二级，结构型式：钢框架结构。抗震设防烈度：7度，屋面防水等级：二级。
建筑使用年限：50年。

2. 设计单位设计本合同图
甲方代表的签名。
城市规划部门批准的详细规划图
城市规划部门批准的规划设计方案

（2）主要规范
《建筑设计防火规范》（GB 50016-2006）
以及现行国家、省市有关的各类现行规范、通则及规定。

二、附注工程
1. 本图标注标高以建筑完成面标高为准，±0.000以上墙身为建筑标高，±0.000以下墙身为结构标高。

三、屋面工程
四、内墙工程
五、装饰工程（门窗及装修选用材料表）
六、门窗工程
七、室内装修工程
八、其他
九、防火设计

门窗表

类型	设计编号	洞口尺寸(mm) 宽	洞口尺寸(mm) 高	每樘樘数 1层	总樘数	门窗类型
门	M4030	4000	3000	2	2	电动栏栅门（专业厂家设计制作）
	MZ030	2000	3000	1	1	双扇不锈钢玻璃平开门（专业厂家设计制作）
	MD921	900	2100	11	11	单扇子木门（专业厂家设计制作）
	MLC-1	7840	2100	1	1	不锈钢门联窗（专业厂家设计制作）
	MLC-2	2880	2100	2	2	不锈钢门联窗（专业厂家设计制作）
	MLC-3	7840	2100	1	1	不锈钢门联窗（专业厂家设计制作）
	MLC-4	5880	2100	1	1	不锈钢门联窗（专业厂家设计制作）
	MLC-5	2760	2100	1	1	不锈钢门联窗（专业厂家设计制作）
窗	FW1830-A	1800	3000	1	1	甲级防火门（专业厂家设计制作）
	C0930	900	3000	4	4	不锈钢固定窗（专业厂家设计制作）
	C5021	5000	2100	1	1	不锈钢固定窗（专业厂家设计制作）
	C5920	5900	2000	1	1	不锈钢固定窗（专业厂家设计制作）
幕墙	MQ-1	3150	7500	1	1	全玻璃幕墙幕墙（专业厂家设计制作）

1. 本图中所示门窗洞口尺寸仅为洞口尺寸，应专业厂家装修时复核，应本着洞口尺寸无误，详图尺寸详由等技术由专业厂家设计与深化后采用。
2. 所有门窗尺寸及数量须现场复核放样无误，经本单位确认后方可施工。
3. 门窗由专业厂家提供生产，经现场验收无误方可施工。
4. 木口及木构件均须做防腐处理。
5. 公共出入口的门均采用不锈钢门，玻璃应用钢化夹胶安全玻璃。

建筑用料表

名称	名称	构造做法	适用范围
屋面		40厚C25细石砼内配Φ50双向钢筋刷光 5厚SBS聚乙烯胎防水层 4厚SBS聚乙烯胎防水层 20厚1:3水泥砂浆找平层 最薄合格LC50轻集料砼2%找坡层 20厚合格水泥砂浆找平层 现浇钢筋砼屋面板 压型钢板	二级防水
楼面		20厚花岗岩楼板干挂，水泥素浆 30厚1:3干硬性水泥砂浆结合层，表面撒素水泥粉 现浇钢筋砼楼面板 压型钢板 楼面钢梁	装修楼 楼梯踏步
楼面		10厚陶瓷地砖，水泥素浆擦缝 20厚1:3干硬性水泥砂浆结合层，表面撒素水泥粉	除卫生间以外的房间
		最薄30厚C25细石砼找坡层 聚氨酯一道聚酯防水层，用5，四周起坡300，所有 墙面与墙面、墙管部位均不平300 的起坡墙一遍找平，与楼板一 20厚1:2.5水泥砂浆，压实赶光	墙面向地面找坡度≥1% 楼板同地面门口齐平，启门向通道门口齐平，启向 上墙一道起找不小于300 的起坡层，与楼面板同厚
		5厚陶瓷面白水泥擦缝 6厚1:2.5水泥石米浆结合层 12厚1:16水泥石米浆打底 底层界面剂甩面一遍	卫生间 向地面找坡≥1% 装饰地砖
地面		20厚花岗岩楼板，水泥素浆擦缝 30厚1:3干硬性水泥砂浆结合层，表面撒素水泥粉 100厚C25混凝土 150厚碎石夯入土中 素土夯实	除卫生间以外的房间
		10厚陶瓷地砖，水泥素浆擦缝 20厚1:3干硬性水泥砂浆结合层，表面撒素水泥粉 最薄30厚C25细石砼找坡层，四周起坡300，所有 墙面与墙面、墙管部位均不平300 20厚1:2.5水泥砂浆，压实赶光 100厚C25混凝土 150厚碎石夯入土中	卫生间 向地面找坡≥1%

名称	名称	构造做法	适用范围
墙	外墙	龙骨式幕墙主线及幕墙专项设计 基层钢柱	±0.000以下均墙体
		玻璃幕墙及铝板幕墙专项设计 钢铝框幕墙基层柱	±0.000以上均墙体
	内墙	刷内墙涂料一道 6厚1:0.3:水泥石灰膏砂浆面层找底 12厚1:16水泥石灰砂浆打底扫毛 底层界面剂甩面一遍	除卫生间以外的房间
		5厚陶瓷面白水泥擦缝 6厚1:0.2.5水泥石米浆结合层 12厚1:16水泥石米浆打底 底层界面剂甩面一遍	卫生间
顶	顶棚	铝合金条板（条板专用龙骨等，用专件） 与铝合金条板挂件，同规格≤1200，用专件 10号镀锌钢丝吊筋（或网钢筋（勾）圆钉 吊杆与吊顶板结合（或凹钢筋），另件，双向中距≤1200 或采购配套一级主龙骨配套吊筋等，另向中距≤1200	卫生间 卫生间
	踢脚线	6厚1:2.5水泥砂浆面层压实赶光 12厚1:3水泥砂浆打底扫毛	踢脚线高20
	水泥护角线	12厚1:2.5水泥砂浆，护角高度2000，两侧各宽	墙体阳角 面层清线条

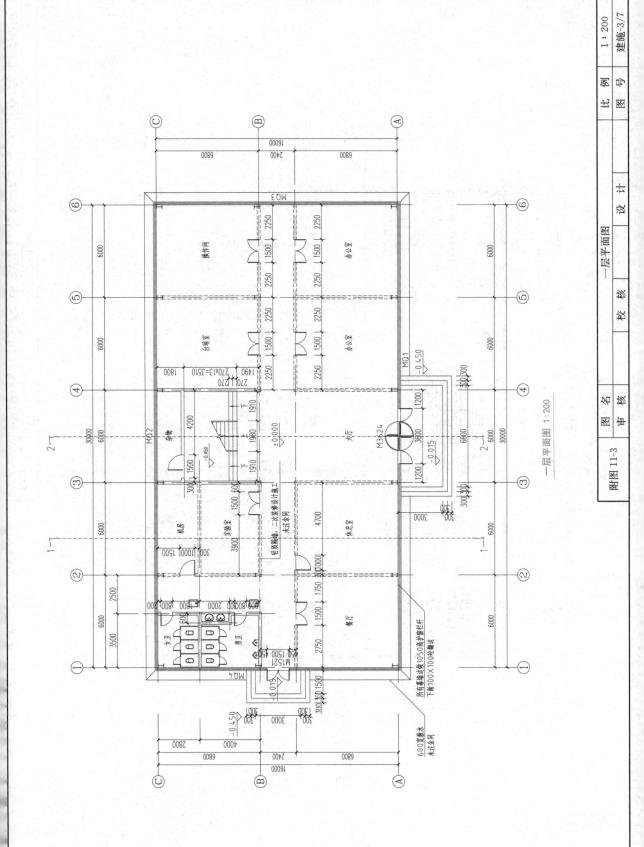

一层平面图 1:200

附图 11-3

图 名	一层平面图		比 例	1:200
审 核		校 核	图 号	建施-3/7
		设 计		

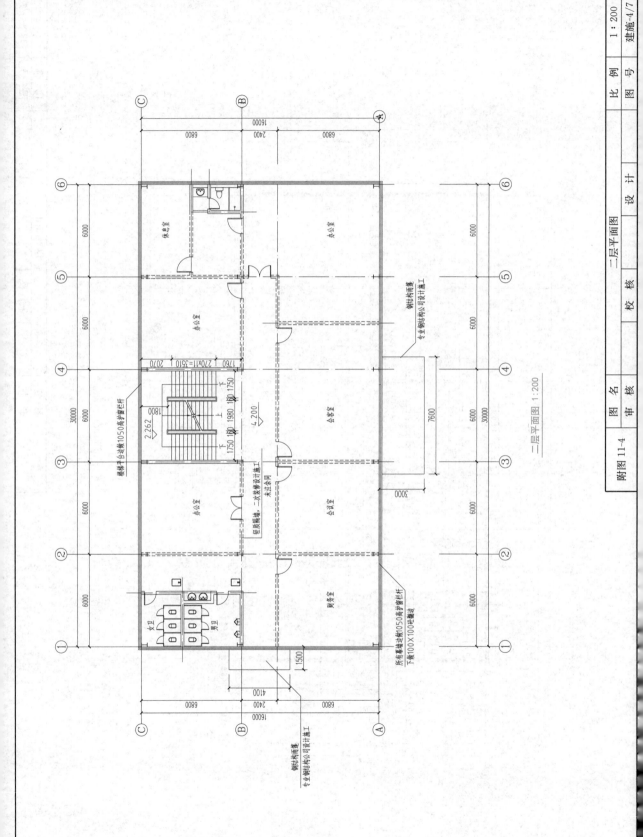

二层平面图 1:200

附图 11-4

			图 名	二层平面图	比 例	1:200
设 计		校 核			图 号	建施-4/7
审 核						

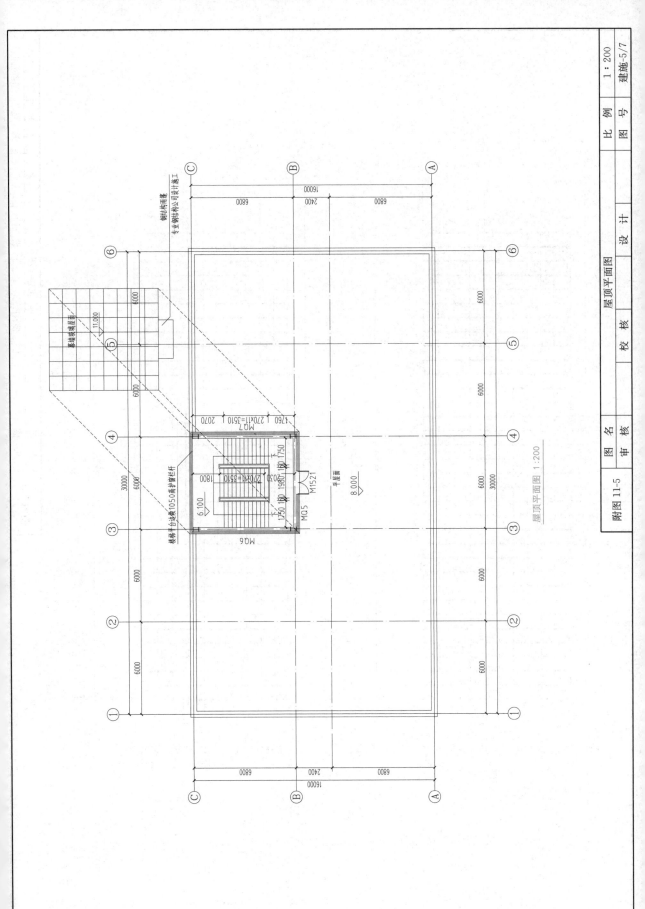

屋顶平面图 1:200

附图 11-5

图 名	屋顶平面图	比 例	1:200
审 核	校 核	设 计	
		图 号	建施-5/7

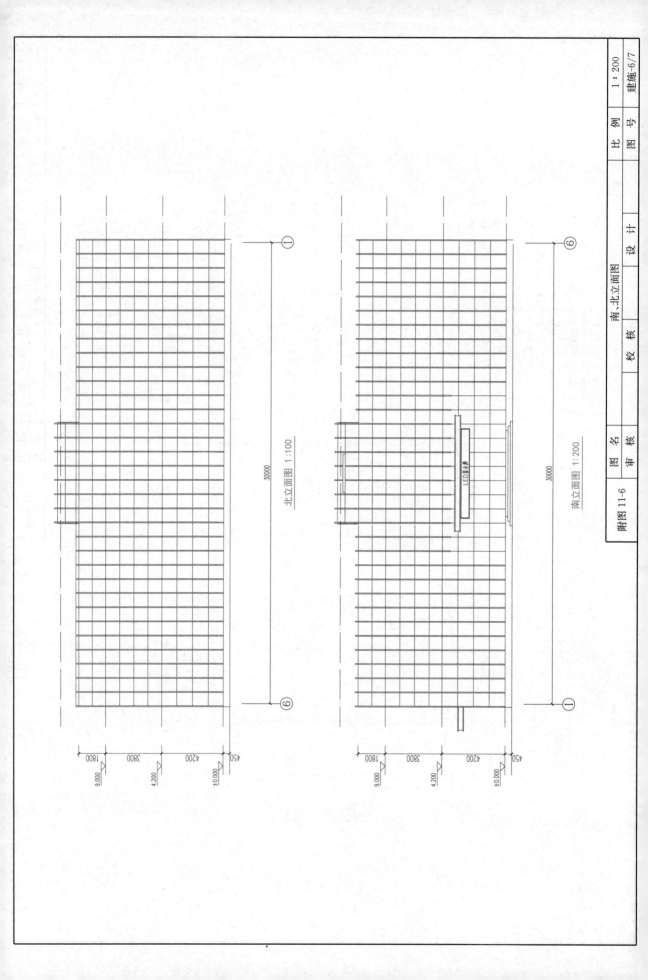

北立面图 1:100

30000

南立面图 1:200

LED显示牌

30000

附图 11-6

	图 名		南.北立面图	比 例	1：200
	审 核				
	设 计				
	校 核				
				图 号	建施-6/7

9.000 ▽ 1800
3800
4.200 ▽ 4200
±0.000 ▽ 450

9.000 ▽ 1800
3800
4.200 ▽ 4200
±0.000 ▽ 450

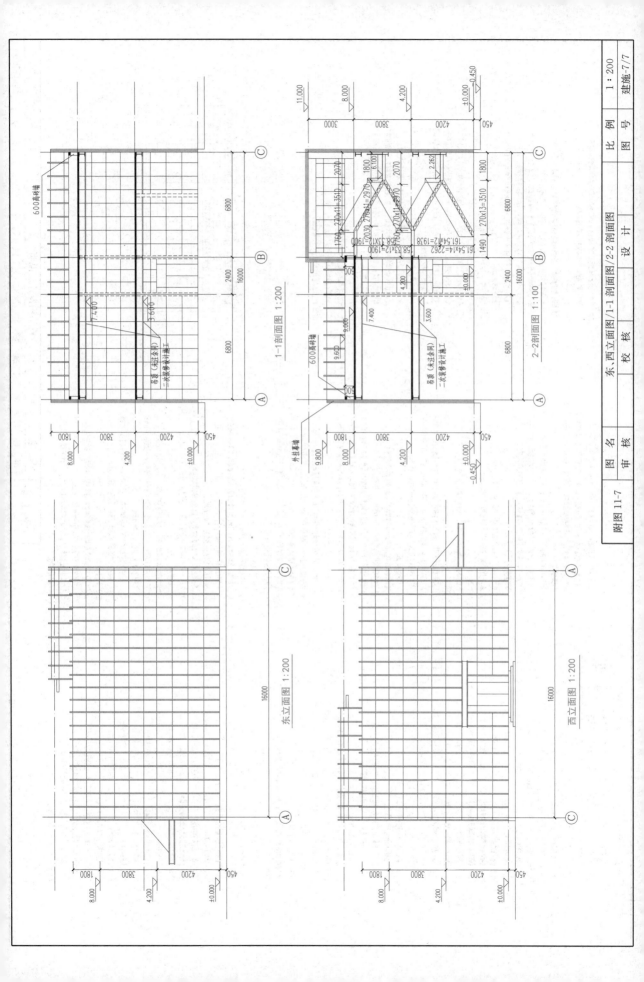

东立面图 1:200

西立面图 1:200

1-1剖面图 1:200

2-2剖面图 1:100

图 名	东、西立面图/1-1剖面图/2-2剖面图	比 例	1：200
校 核	设 计	图 号	建施-7/7
审 核	校 核		

附图 11-7

钢结构设计总说明

一、设计依据

1.1 建设单位的相关文件。

1.2 国家现行的相关规范、规程。

1.3 钢结构设计、制作、安装、验收应遵行下列规范、规程：

1.3.1《建筑结构荷载规范》 (GB 50009-2012)

1.3.2《钢结构设计标准》 (GB50017-2017)

1.3.3《焊接结构标准》 (GB 50018-2002)

1.3.4《冷弯薄壁型钢结构技术规范》(GB50205-2020)

1.3.5《钢结构工程施工质量验收规范》

1.3.6《建筑钢结构焊接规程》 (JGJ 82-2011)

1.3.7《钢结构高强度螺栓连接技术规程》(GB50661-2011)

1.3.8《六角头高强度螺栓连接副技术条件》(GB/T 8923-2008) 电施-02。

二、本设计为本工程钢结构设计、其他非结构设计详图……

三、主要设计参数

3.1 设置建筑分类为一级。

3.2 本工程钢结构耐火极限为 50年。

3.3 荷载的设计基准期，详荷载各规范对屋面、墙面等荷载一览：
设计基本风压为 0.0g，设计基本雪压为一级：

3.4 基本风压：0.0 kN/m²

3.5 雪荷载值（本设计区域内屋面积雪值不包含下述积载量）：一层屋向 0.0 kN/m²；屋面 5.5 kN/m²

3.5.1 恒荷载（不含楼面自重）：一层屋向 2.0kN/m²；屋面 2.0kN/m²

3.5.2 活荷载：一层楼向 2.0kN/m²；屋面 2.0kN/m²

3.6 基本雪压：0.35kN/m²。

图、本工程 ±0.000 相当于绝对标高，相当于设计绝对标高值。

五、结构荷载

六、图中凡涉及尺寸标注方面，不指定以毫米单位计。

七、材料

7.1 本工程所用材料标准如下列规范：

7.1.1《碳素结构钢》 (GB/T 700-2006)

7.1.2《高合金钢结构钢》 (GB/T 1591-2008)

7.1.3《钢结构用高强度大六角螺栓》 (GB/T 3632-2008)

7.1.4《六角头螺栓－C级》 (GB/T 5780-2000)

7.1.5《焊接用钢》 (GB/T 14957-1994)

7.1.6《高强度结构钢焊接材料》 (GB/T 5293-1999)

7.1.7《碳素结构钢和低合金钢热轧钢材》 (GB/T 12470-2003)

7.1.8《碳钢焊条》 (GB/T 5117-1995)

7.1.9《低合金钢焊条》 (GB/T 5118-1995)

7.1.10《栓钉》 (CECS24:90)

七、钢结构制作与安装

八、钢结构焊接与加工

九、钢结构的运输、包装、堆放

十、钢结构安装

十一、钢材防腐

十二、防火工程

十三、钢结构检查和检测

十四、其他

14.1 本设计未尽问题施工，应向设计单位或有关设计单位提出进行技术处理。

14.2 未尽事宜应按国家现行有关规范、规程及设计总说明执行。

14.3 此工程施工前请详细阅读设计图纸，啧嘱谅。

表 5.5 (单位: kN)

螺栓直径	M16	M20	M22	M24	M27	M30
10.9s	100	155	190	225	290	355

角焊缝的最小焊脚尺寸 (hf)

钢板的较厚板的厚度(mm)	手工焊接(mm)	焊缝最大焊脚尺寸(hf)(mm)
≤4	3	—
5~7	4	5
8~11	5	6
12~16	6	8
17~21	7	10
22~26	8	12
27~36	8	14

焊缝的最大焊脚尺寸 (hf)

板材直径(mm)	建筑焊缝(hf)(mm)	与焊件等厚度(hf)(mm)
M16	4	5
M20	5	6
M22	6	7
M24	8	10
M27	10	12
M30	14	17

图1 角焊缝焊脚高度

附图 11-8

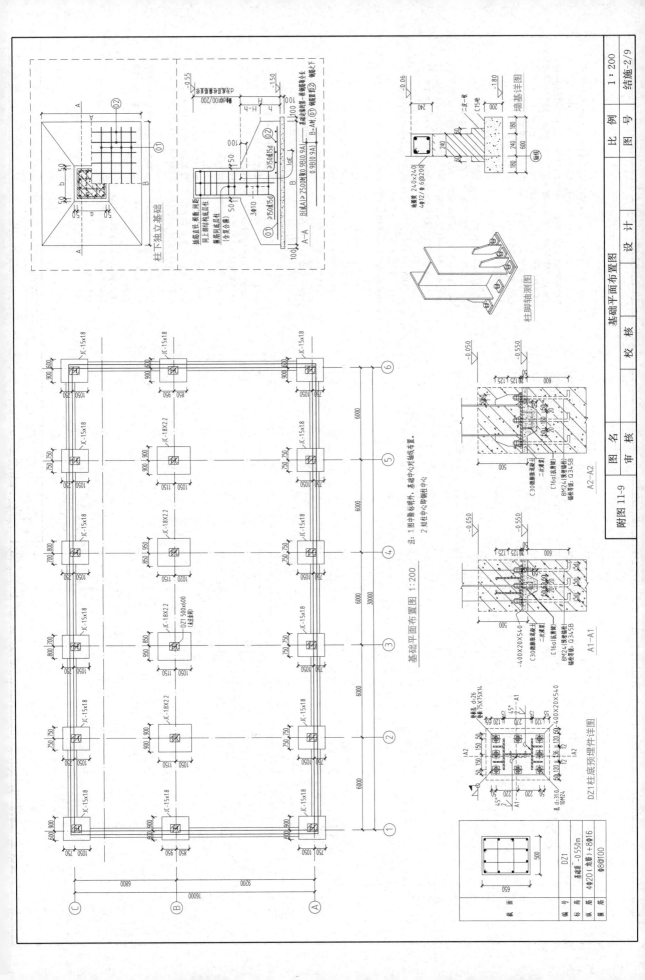

柱下独立基础

A—A

柱脚轴测图

墙基详图

基础平面布置图 1:200

注: 1 图中除注明外, 基础中心即对轴线布置。
2 层柱中心即柱的中心

基础平面布置图

A2—A2

A1—A1

DZ1柱底预埋件详图

	DZ1
编 号	
标 高	基础顶-0.550m
纵 筋	4Φ20(角筋)+8Φ16
箍 筋	Φ8@100

图 名	基础平面布置图		比 例	1:200
设 计			图 号	结施-2/9
校 核				
审 核				
附图 11-9				

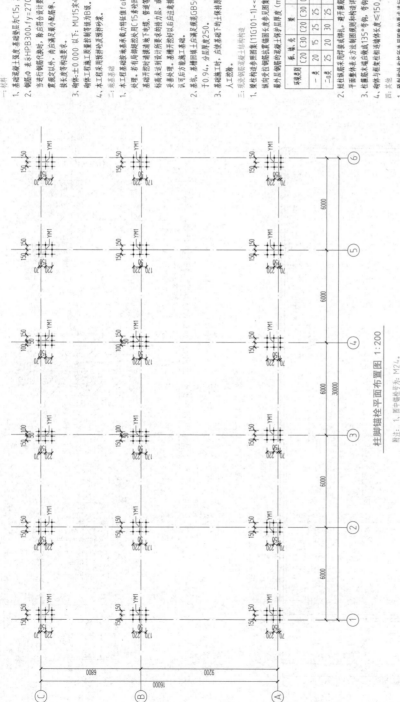

柱脚锚栓平面布置图 1:200

附注：1、图中锚栓均为：M24。

说明：
一、材料
1、基础混凝土强度等级为C15，其余为C25。采用钢筋混凝土条形基础及柱网。
2、钢筋：φ表示HPB300，fy=270N/mm²；Φ表示HRB400，fy=360N/mm²。
3、砌体：±0.000以下：MU15实心砖砌HZ1，M7.5水泥砂浆砌筑。
4、本工程施工图要控制专项为B级。

二、地基基础
1、本工程基础地基承载力特征值fak=200kPa面设计。
2、基坑、基础回填土应按现行规范GB5007-2002第6.3.2条，填土均匀夯实，压实系数不小于0.94，基槽回填土应厚度250。
3、基础施工时，应做排水措施，严禁水浸泡，如采用机械挖土，应在基底以上留300厚土人工挖除。

三、现浇钢筋混凝土结构构造
1、梁柱构造参照图集(11G101-1)《混凝土结构施工图平面整体表示方法制图规则和构造详图》
梁向受力钢筋最外层钢筋混凝土保护层厚度见图集(11G101-1)第53页

环境类别	梁			柱		
	C20	C30	C30	C20	C30	C30
一类	20	15	25	25	25	25
二a类	25	20	30	25	30	25

2、梁柱纵筋采用同接头或绑扎，错开墙接头密度计算配置率>>，接头率不大于50%。
3、柱箍筋加密区端箍高度135°弯钩，等端端十直径不小于10d及75。
4、砌体墙与框架连接墙长长≤150,柱与上柱梁采用同浇筑。

四、其他
1、预制构件均应采用商品混凝土搅拌使用制作、安装。
2、施工时与各专工种密切配合，预留预埋，严防乱打面面影响工程质量及结构安全。
3、设计图中未标准出之，通用图纸、重复用图纸，均应按各相应图集施工。
4、除以上说明外，应按国家现行施工规范有关要求施工。
5、图上角由度各单位组织位设计单位、施工单位、监理单位及有关单位组审查由设计院进行技术会，图纸中发现问题或不清楚地方的时方等，应及时与设计单位、建设单位协商系统解决，不得擅自修改设计。
6、本施工图未经设计许可，不得改变结构的用途和使用环境。
7、凡有结构改建用要，改变、扩建需要变动结构加固，修复等，应对其进行研究，验算或重新设计。
8、立主所施工图及时变更，工程施工须在技术交之后进行。

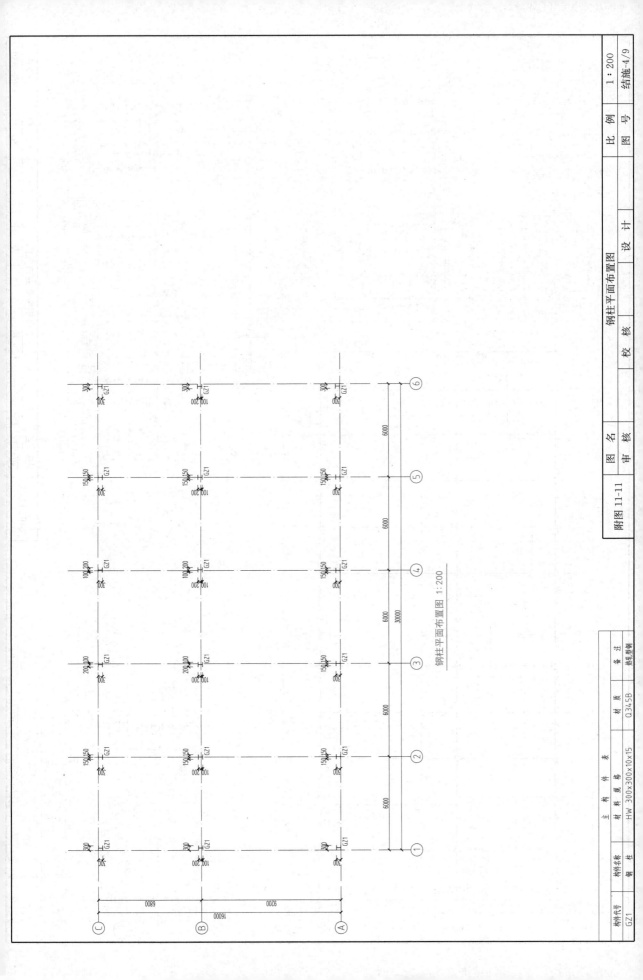

钢柱平面布置图 1:200

附图 11-11

主 构 件 表			
构件名称	材 料 规 格	材 质	备 注
钢 柱	HW 300x300x10x15	Q345B	热轧型钢

构件代号			
GZ1			

图 名	钢柱平面布置图	比 例	1:200
审 核		图 号	结施-4/9
校 核			
设 计			

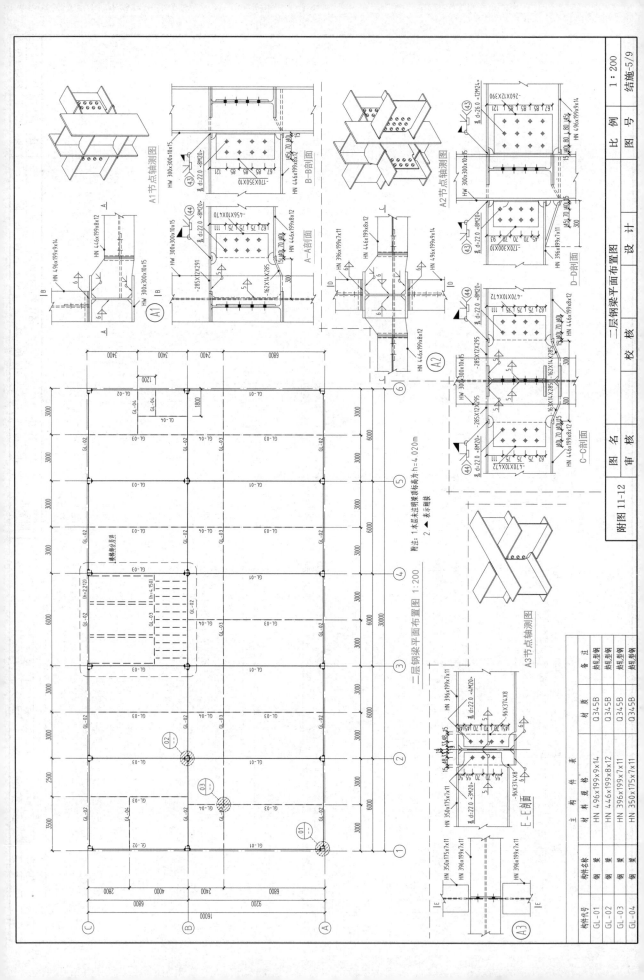

A1节点轴测图

B—B剖面

A—A剖面

A2节点轴测图

D—D剖面

C—C剖面

A3节点轴测图

E—E剖面

二层钢梁平面布置图 1：200

附注：1 本层未注明梁顶面标高为h=4.020m
2 ▲表示附楼

主材材料规格表

构件代号	构件名称	规格	材质	备注
GL-01	钢梁	HN 496x199x9x14	Q345B	热轧型钢
GL-02	钢梁	HN 446x199x8x12	Q345B	热轧型钢
GL-03	钢梁	HN 396x199x7x11	Q345B	热轧型钢
GL-04	钢梁	HN 350x175x7x11	Q345B	热轧型钢

图名	二层钢梁平面布置图		比例	1：200
设计		校核	图号	结施-5/9
审核				

附图 11-12

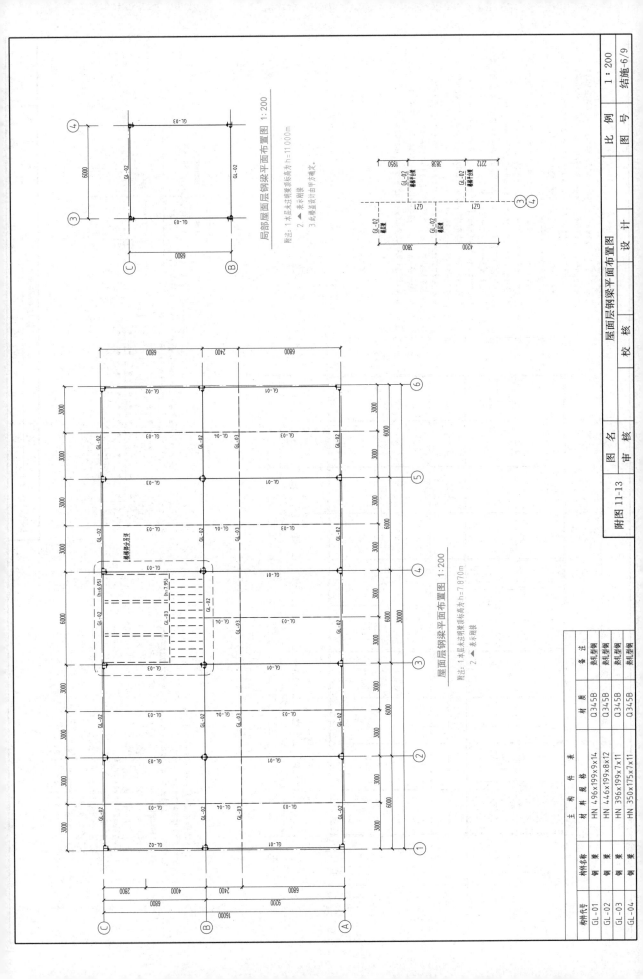

局部屋面层钢梁平面布置图 1:200

附注：1.本层未注明梁顶标高为 h=11.000m
2. ▲ 表示附墙
3.此楼盖设计由甲方确定。

屋面层钢梁平面布置图 1:200

附注：1.本层未注明梁顶标高为 h=7.870m
2. ▲ 表示附墙

主 构 件 表

构件代号	构件名称	材 料 规 格	材 质	备 注
GL-01	钢梁	HN 496x199x9x14	Q345B	热轧型钢
GL-02	钢梁	HN 446x199x8x12	Q345B	热轧型钢
GL-03	钢梁	HN 396x199x7x11	Q345B	热轧型钢
GL-04	钢梁	HN 350x175x7x11	Q345B	热轧型钢

图 名	屋面层钢梁平面布置图	比 例	1：200
审 核		校 核	图 号	结施-6/9
附图 11-13	设 计		

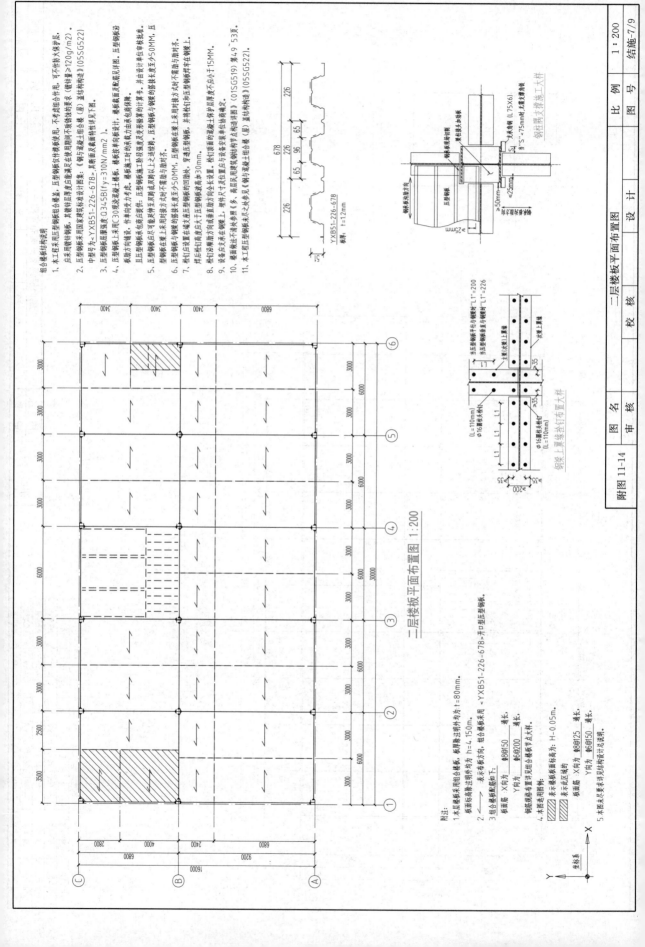

组合楼板设计说明

1. 本工程采用压型钢板组合楼板，压型钢板仅作模板使用，不考虑组合作用。压型钢板应采用镀锌钢板，其镀锌层厚度应由建筑耐久性及使用期限不同按锈蚀的要求（镀锌量≥120g/m2）。

2. 压型钢板采用国家建筑标准设计图集《钢与混凝土组合楼（屋）盖结构构造》(05SG522)中型号为<YXB51-226-678>，其钢材及表面特征详见下图。

3. 压型钢板屈服强度Q345B(fy=310N/mm2)。

4. 压型钢板系在现浇混凝土楼板，楼板按单向板设计，楼板面及配筋详图。并由设计单位审核批准且压型钢板系包络应按供：压型钢板上之连接件，穿孔压型钢板压型钢板沿X向负弯矩、作单向受力考虑。楼板施工阶段及使用阶段变形等算计算。

5. 压型钢板与钢梁的搭接长度不宜小于50MM，压型钢板在支座处或其端与压型钢板之连接钢，压型钢板搭接与钢梁连接时不宜对齐。

6. 压型钢板与钢梁的搭接长度不宜小于50MM，压型钢板在支座上采用对焊与钢梁不宜对齐。

7. 栓钉设置在支座压型钢板的凹槽内，穿过压型钢板并焊接在压型钢板底层厚度不应小于15MM。

8. 设备应支承在栓钉上，栓钉直径长大于压型钢板波高的凹梁上。

9. 楼面做法不宜太厚（多，高层采用压型钢板与混凝土组合楼（屋）盖详见有关设计规定。

10. 本工程压型钢板未尺之处参见《钢与混凝土组合楼（屋）盖结构构造》(05SG522)。

11. 本工程压型钢板未尺之处参见《钢与混凝土组合楼（屋）盖结构构造》(01SG519)第49~53页。

YXB51-226-678

钢梁两端支撑施工大样

钢梁上翼缘拴钉布置大样

二层楼板平面布置图 1:200

附注：
1. 本层楼板采用组合楼板，板厚除注明外均t=80mm。
2. 承面板标高除注明外均为 h=4 150mm。
3. 组合楼板选用<YXB51-226-678>开口型压型钢板。

组合楼板配筋如下：
承面筋：X向为 φ8@150 通长
Y向为 φ6@200 通长
钢筋规格布置详见组合楼板节点大样。

4. 本层楼板承面标高为：H-0.05m。

承面筋 X向为 φ8@125 通长
Y向为 φ6@150 通长

表示此范围的
支座筋

表示此范围组合楼板

5. 本工程未要求详见结构设计总说明。

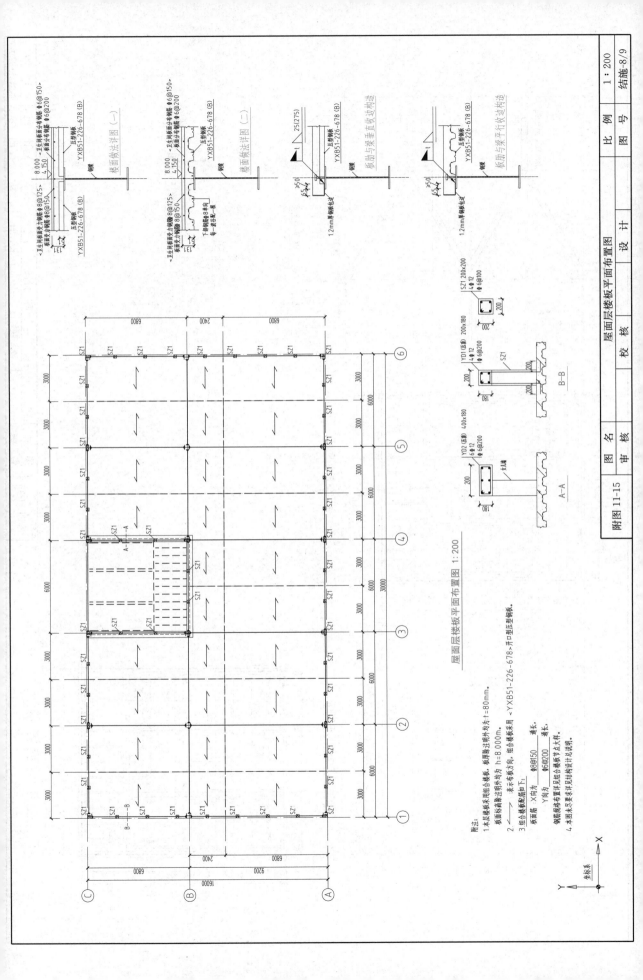

楼面层楼板平面布置图 1:200

附图 11-15

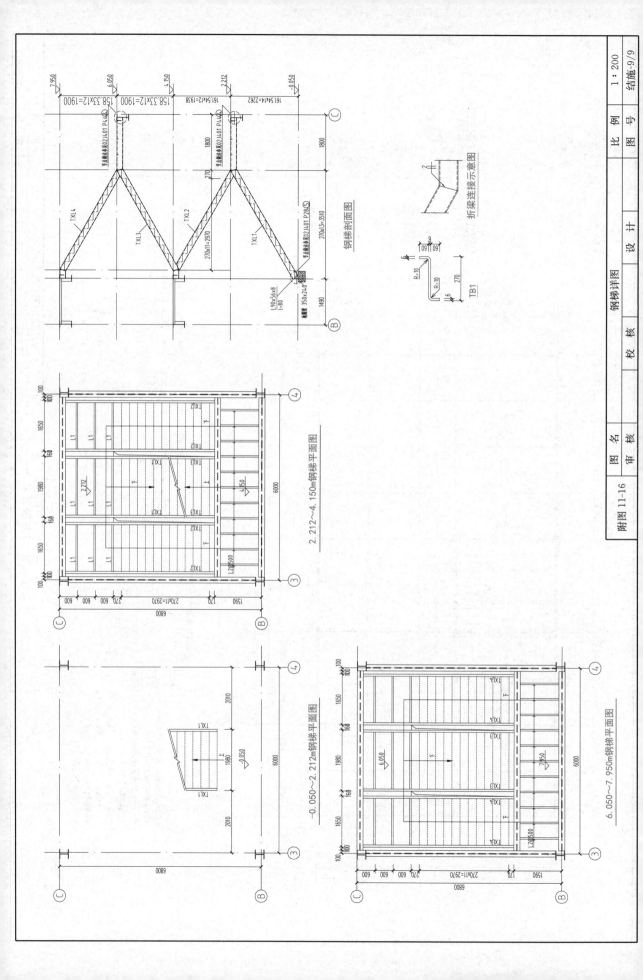

钢梯剖面图

折梁连接示意图

TB1

钢梯详图

2.212~4.150m钢梯平面图

-0.050~2.212m钢梯平面图

6.050~7.950m钢梯平面图

附图 11-16

图名		设计		比例	1:200
审核		校核		图号	结施-9/9

参 考 文 献

[1] 中国建筑科学研究院 PKPM CAD 工程部. PKPM 结构系列软件用户手册及技术条件 [M]. 北京：2016.

[2] 杨星. PKPM 结构软件从入门到精通 [M]. 北京：中国建筑工业出版社，2008.

[3] 张晓杰. 建筑结构设计软件 PKPM2010 应用与实例 [M]. 北京：中国建筑工业出版社，2013.

[4] 周建兵，江玲，李波. PKPM 结构设计与分析计算从入门到精通件 [M]. 北京：中国铁道出版社，2015.

[5] 李星荣. PKPM 结构系列软件应用与设计实例 [M]. 北京：机械工业出版社，2014.

[6] 朱炳寅. 建筑结构设计问答及分析 [M]. 北京：中国建筑工业出版社，2013.

[7] 中国建筑标准设计研究院. 建筑制图标准 GB/T 50104—2010 [S]. 北京：中国计划出版社，2011.

[8] 中国建筑标准设计研究院. 建筑结构制图标准 GB/T 50105—2010 [S]. 北京：中国建筑工业出版社，2010.

[9] 中国建筑科学研究院有限公司. 建筑结构可靠性设计统一标准 GB 50068—2018 [S]. 北京：中国建筑工业出版社，2019.

[10] 中国建筑科学研究院. 建筑结构荷载规范 GB 50009—2012 [S]. 北京：中国建筑工业出版社，2012.

[11] 中国建筑科学研究院. 混凝土结构设计规范 GB 50010—2010（2015 年版）[S]. 北京：中国建筑工业出版社，2010.

[12] 中冶京诚工程技术有限公司. 钢结构设计标准 GB 50017—2017 [S]. 北京：中国建筑工业出版社，2018.

[13] 中国建筑标准设计研究院. 门式刚架轻型房屋钢结构技术规范 GB 51022—2015 [S]. 北京：中国建筑工业出版社，2015.

[14] 中国建筑科学研究院. 建筑工程抗震设防分类标准 GB 50223—2008 [S]. 北京：中国建筑工业出版社，2008.

[15] 中国建筑科学研究院. 建筑抗震设计规范 GB 50011—2010（2016 年版）[S]. 北京：中国建筑工业出版社，2010.

[16] 中国建筑科学研究院. 高层建筑混凝土结构技术规程 JGJ 3—2010 [S]. 北京：中国建筑工业出版社，2011.

[17] 中国建筑科学研究院. 建筑地基基础设计规范 GB 50007—2011 [S]. 北京：中国建筑工业出版社，2012.

[18] 中国建筑科学研究院. 建筑桩基技术规范 JGJ 94—2008 [S]. 北京：中国建筑工业出版社，2008.

[19] 中国建筑标准设计研究院. 全国民用建筑工程设计技术措施（结构体系）[S]. 北京：中国计划出版社，2009.

[20] 中国建筑标准设计研究院. 全国民用建筑工程设计技术措施（混凝土结构）[S]. 北京：中国计划出版社，2009.

[21] 中国建筑标准设计研究院. 全国民用建筑工程设计技术措施（钢结构）[S]. 北京：中国计划出版社，2009.

[22] 中国建筑标准设计研究院. 全国民用建筑工程设计技术措施（地基与基础）[S]. 北京：中国计划出版社，2009.